高职高专"十三五"规划教材

机械设计基础

主　编　郭谆钦　李　倩
副主编　王承文　李　刚　钱　萍
主　审　关云飞

北　京
冶金工业出版社
2021

内 容 提 要

本书是根据教育部制定的《高职高专教育机械设计基础课程教学基本要求》以及目前教学改革发展要求编写的，内容突出高等职业教育的特点，并贯彻最新的国家标准。

全书共分 14 章，内容包括平面机构及自由度计算、平面连杆、凸轮以及间歇运动机构（棘轮机构、槽轮机构、不完全齿轮机构、螺旋机构）、齿轮传动、蜗杆传动、带传动、链传动、轮系、轴、轴承、连接（螺纹连接、键连接、销连接、联轴器与离合器）、实训等内容。各章配有一定数量的习题供学习时选用。

本书可作为高等职业学校、高等专科学校、成人高校、广播电视大学、函授及自学教材，也可供相关工程技术人员参考。

图书在版编目（CIP）数据

机械设计基础/郭谆钦，李倩主编. —北京：冶金工业
出版社，2017.1（2021.6 重印）
高职高专"十三五"规划教材
ISBN 978-7-5024-7447-8

Ⅰ.①机⋯ Ⅱ.①郭⋯ ②李⋯ Ⅲ.①机械设计—
高等职业教育—教材 Ⅳ.①TH122

中国版本图书馆 CIP 数据核字（2017）第 002809 号

出 版 人 苏长永
地 址 北京市东城区嵩祝院北巷 39 号 邮编 100009 电话 (010)64027926
网 址 www.cnmip.com.cn 电子信箱 yjcbs@cnmip.com.cn
责任编辑 俞跃春 杜婷婷 美术编辑 彭子赫 版式设计 孙跃红
责任校对 禹 蕊 责任印制 李玉山
ISBN 978-7-5024-7447-8
冶金工业出版社出版发行；各地新华书店经销；北京虎彩文化传播有限公司印刷
2017 年 1 月第 1 版，2021 年 6 月第 4 次印刷
787mm×1092mm 1/16；19.75 印张；478 千字；301 页
43.00 元
冶金工业出版社 投稿电话 (010)64027932 投稿信箱 tougao@cnmip.com.cn
冶金工业出版社营销中心 电话 (010)64044283 传真 (010)64027893
冶金工业出版社天猫旗舰店 yjgycbs.tmall.com
（本书如有印装质量问题，本社营销中心负责退换）

前　言

本书是根据教育部制定的《高职高专教育机械设计基础课程教学基本要求》（机械类专业适用），并结合编者多年从事教学、生产实践的经验编写而成的，可供机械类、近机械类专业使用，参考学时数为 50~80 学时。

本书主要特点如下：

（1）采用案例驱动的形式，全书围绕一单级斜齿圆柱齿轮减速器展开。在带传动设计、齿轮设计、轴的设计、轴承、连接等章节中都围绕着该减速器进行举例，有较强的系统性与完整性，便于学生全面掌握减速器的设计过程。

（2）充分考虑高职高专机械类及近机械类专业的特点，特别强调实践性环节。在引出抽象的定义和概念时，尽可能从常见的工程实践出发，着力于应用的分析，省略或简化了数学的推导过程。

（3）为联系实际和便于自学，教学内容采用图文并茂的形式。图形力求简单明了，文字表达力求深入浅出。

（4）为深化教学内容、提高学习效率和方便学生自我测试，本书在各章之后均列出了形式多样化的习题（如填空、选择、判断、简答和计算等）。

（5）采用国际单位，尽量采用已颁布的最新国家标准和有关技术规范、数据和资料。

参加本书编写的有长沙航空职业技术学院郭谆钦、王承文、李刚、钱萍、彭彬、谭目发，河南工业贸易职业学院李倩。本书由郭谆钦和李倩担任主编，王承文、李刚、钱萍担任副主编，关云飞担任主审。

本书所有实践数据来源于湖南湘潭电机集团有限公司，在此表示衷心地感谢！

由于编者水平有限，书中缺点和不妥之处，敬请广大读者批评指正。

编　者

2016 年 8 月

目　录

1 绪 论

人们在日常生活和生产过程中，广泛使用着各种各样的机械，以减轻其劳动强度，提高工作效率和产品质量，特别是在某些特殊场合，只能借助机械来代替人进行工作。随着科学技术和工业生产的飞速发展，计算机技术、电子技术与机械技术有机结合，实现了机电一体化，促使机械产品向高速、高效、精密、多功能和轻量化方向发展。当前，机械产品的技术水平已成为衡量一个国家现代化程度的重要标志之一。

1.1 本课程性质、内容、任务和学习方法

1.1.1 课程性质

本课程是一门重要的专业基础课，综合应用各先修课程（如工程力学、公差配合与技术测量、机械制图、金属材料与热处理等）的基础理论和生产知识，解决一般工作条件下的常用机构和通用机械零部件的分析和设计问题；培养学生掌握机械中的基本知识和基本技能，为今后专业技术课的学习奠定基础，为将来科学使用和维护机械设备及可持续发展提供必要的技能储备。

1.1.2 课程内容

本课程的主要内容是研究机械中的常用机构、通用零部件的工作原理、结构特点、运动特性、基本设计理论、计算方法，以及一些零部件的选用原则、国家有关标准、机器设备的使用和维护等。

1.1.3 课程任务

（1）使学生了解常用机构及通用零部件的工作原理、类型、特点及应用等基本知识。

（2）使学生掌握常用机构的基本理论、设计理论和设计方法，掌握通用零部件的失效形式、设计准则与设计方法。

（3）使学生具备机械设计实验技能和设计简单机械及传动装置的基本技能。

1.1.4 学习方法

（1）本课程将多门先修课程的理论应用到实际中去，解决有关实际问题，因此，先修课程的掌握程度直接影响到本课程的学习。

（2）本课程的各部分内容都是按照工作原理、结构、强度计算、使用维护的顺序介绍的，有其自身的系统性，学习时应注意这一特点。

（3）由于实践中的问题很复杂，很难用纯理论的方法来解决，因此常常采用很多的经验公式、参数以及简化计算等，这样往往会给学生造成"不讲道理"、"没有理论"等

错觉，这点必须在学习过程中逐步适应。

（4）计算步骤和计算结果不像基础课那样具有唯一性。

（5）计算对解决设计问题虽然重要，但并不是唯一所要求的能力。学生必须逐步培养把理论计算与结构设计、工艺等结合起来解决设计问题的能力。

总之，本课程的综合性及实践性较强，在学习时要注重理解和应用，注意在实验、实习和生产中多观察、多思考，逐步培养分析问题、解决问题的能力。

1.2 机械的基本知识

1.2.1 常用机械设备分析

人类通过长期的生产实践，创造和发展了机器。在日常生活中，常见的机器有自行车、缝纫机、洗衣机、搅拌机等；在生产活动中，常见的机器有汽车、各种机床、内燃机等。

机器的种类繁多，其构造、工作原理和用途各不相同，下面以内燃机为例，说明机器的构造及工作原理。如图 1-1 所示为单缸内燃机。它由汽缸体 1、活塞 2、连杆 3、曲轴 4、齿轮 5、6、凸轮 7、顶杆 8、进气阀 9 和排气阀 10 等组合而成，其工作原理如下：燃气通过进气阀 9 被下行的活塞 2 吸入汽缸，然后进气阀关闭，活塞上行压缩燃气，点火使燃气在汽缸中燃烧，燃烧的气体膨胀产生压力，推动活塞下行，通过连杆 3 带动曲轴 4 转动，向外输出机械能。当活塞再次上行时，排气阀 10 打开，废气通过排气阀排出。

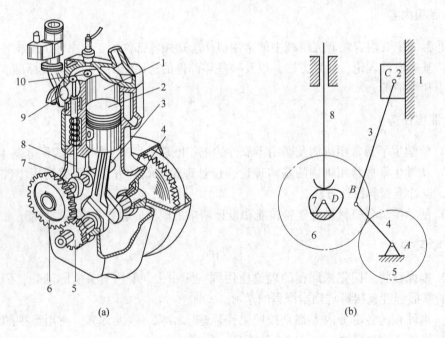

(a)   (b)

图 1-1 内燃机

(a) 外形图；(b) 传动示意图

1—汽缸体；2—活塞；3—连杆；4—曲轴；5，6—齿轮；7—凸轮；8—顶杆；9—进气阀；10—排气阀

1.2.2 机器和机构

由以上实例可以说明，机器具有以下三个共同的特征：

（1）是一种人为的实物的组合；

（2）各实物之间具有确定的相对运动；

（3）能代替或减轻人的劳动，完成有用的机械功或实现能量的转换。

同时具备以上三个特征的称为机器。只具备前两个特征的称为机构。一台机器包含一个或多个机构，但从运动的观点看，机器和机构之间并无区别，所以通常将机器和机构统称为机械。

如图1-1（b）所示，内燃机由三大机构组成，分别是曲柄滑块机构（由1、2、3、4组成）、齿轮机构（由5、6和机架组成）和凸轮机构（由7、8和机架组成）。

常用的机构有齿轮机构、连杆机构、凸轮机构、带传动机构、链传动机构和间歇机构等。

1.2.3 构件和零件

组成机器的各个相对运动的单元体称为构件，机器中不可拆的制造单元体称为零件。

构件可以是单一零件，如图1-1（a）所示，内燃机的曲轴4；也可以是多个零件的刚性组合体。如图1-2所示为内燃机中的连杆，它是由连杆体1、连杆盖2、连杆套3、连杆瓦4，5、螺栓6、螺母7、开口销8等组成。显然，构件是运动的单元，而零件是制造的单元。

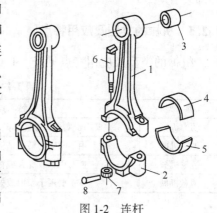

图1-2 连杆

零件可分为两类：一类是在各种机器中都普遍使用的零件称为通用零件，如螺栓、螺母、滚动轴承等；另一类是在某些特定类型机器中才使用的零件，称为专用零件，如活塞、曲轴等。机械的基础是机构、构件和零件。

1.2.4 机器的组成及功能

一台完整的机器通常由以下几部分组成：

（1）动力装置。动力装置是机器的动力来源，有电动机、内燃机、燃气轮机、液压电动机等。现代机器大多采用电动机，而内燃机主要用于运输机械、工程机械和农业机械等。

（2）传动装置。传动装置将动力装置的运动和动力变换成执行装置所需的运动和动力并传递到执行部分。

传动装置是机器的重要组成部分之一，现代工业中运用的主要传动方式有四种，分别是机械传动、液压传动、气动传动、电动传动。其中机械传动是一种最基本的传动方式，应用也最普遍。按传递运动和动力方式的不同，机械传动的分类如下：

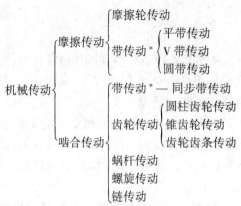

（注：带 * 号者属挠性传动，其余属直接接触类传动。）

（3）执行装置。执行装置是直接完成机器预定功能的工作部分，如车床的卡盘和刀架、汽车的车轮、船舶的螺旋桨、带式运输机的输送带等。

（4）控制及辅助装置。控制装置用以控制机器的启动、停车、正反转、运动和动力参数改变及各执行装置间的动作协调等。自动化机器的控制系统能使机器进行自检、自动数据处理和显示、自动控制和调节、故障诊断、自动保护等。辅助装置则有照明、润滑、冷却装置等。

1.2.5　机械的类型及应用特点

机械的类型及应用特点见表 1-1。

表 1-1　机械的类型及应用特点

类　型	特　点	应用实例
动力机械	主要用于实现机械能和其他形式能量间的转换	如电动机、内燃机、发电机、液压机等
加工机械	主要用于改变物料的结构形状、性质或状态	如各类机床、包装机、轧钢机等
运输机械	主要用于改变人或物料的空间位置	如输送机、轮船、飞机、汽车等
信息机械	主要用于获取或处理各种信息	如复印机、摄像机、传真机等

1.3　本课程案例

1.3.1　减速器案例

本课程的带传动、齿轮传动、轴、轴承、键等零部件的设计与选用都将围绕着一个案例进行，即单级斜齿圆柱齿轮传动减速器，如图 1-3 所示。这样有利于学习的系统性及实用性，经过本课程的学习，学生基本可以设计出一个完整的减速器。

【案例】　如图 1-3 所示为一单级斜齿圆柱齿轮减速器传动的传动方案图，已知工作机为带式运输机，输入功率 $P_W = 9kW$，转速 $n_W = 100r/min$，减速

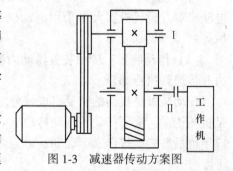

图 1-3　减速器传动方案图

器使用年限为 10 年，单班制工作，轻微冲击，批量生产，试设计该减速器。

1.3.2 电动机选择

电动机已经标准化、系列化，应按照工作机的要求，根据传动方案选择电动机的类型、容量和转速，并在产品目录中查出其型号和尺寸。

1.3.2.1 电动机类型和结构形式的选择

电动机分类：

$$
电动机
\begin{cases}
交流电动机
\begin{cases}
异步交流电动机
\begin{cases}
笼型 \\
绕线型
\end{cases} \\
同步交流电动机
\end{cases} \\
直流电动机
\end{cases}
$$

一般工厂都采用三相交流电，因而多采用交流电动机，其中以普通笼型异步电动机应用最多。目前应用最广的是 Y 系列自扇冷式笼型三相异步电动机，其结构简单、启动性能好、工作可靠、价格低廉、维护方便，适用于不易燃、不易爆、无腐蚀性气体、无特殊要求的场合。如运输机、机床、风机、农机、轻工机械等。在经常需要启动、制动和正、反转的场合（如起重机），则要求电动机转动惯量小、过载能力大，应选用起重及冶金用三相异步电动机 YZ 型（笼型）或 YZR 型（绕线型）。

1.3.2.2 确定电动机功率

电动机功率的选择直接影响到电动机的工作性能和经济性能的好坏。如果所选电动机功率小于工作要求，则不能保证工作机正常工作，使电动机经常过载而提早损坏；如果所选电动机功率过大，则电动机经常不能满载运行，功率因数和效率较低，从而增加电能消耗、造成浪费，因此，在设计中一定要选择合适的电动机功率。

确定电动机功率的原则是电动机的额定功率 P_e 稍大于电动机工作功率 P_d，即 $P_e \geqslant P_d$，这样电动机在工作时就不会过热，一般情况下可以不校验电动机的起动转矩和发热。

如图 1-4 所示的带式运输机，其所需要的电动机输出功率为

$$P_d = \frac{P_W}{\eta} \tag{1-1}$$

式中 P_W——工作机所需输入功率，kW；

   η——电动机至工作机主动端之间的总效率。

工作机所需功率 P_W 由机器的工作阻力和运动参数（线速度或转速）求得

$$P_W = \frac{Fv}{1000\eta_W} \tag{1-2}$$

或

$$P_W = \frac{Tn_W}{9550\eta_W} \tag{1-3}$$

式中 F——工作机的工作阻力，N；

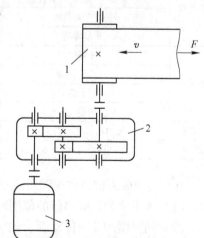

图 1-4 带式运输机传动简图
1—工作机；2—传动装置；3—电动机

v——工作机卷筒的线速度，m/s；

T——工作机的阻力矩，N·m；

n_W——工作机卷筒的转速，r/min；

η_W——工作机的效率。

由电动机至工作机的传动总效率 η 为

$$\eta = \eta_1 \cdot \eta_2 \cdot \eta_3, \cdots, \eta_n \qquad (1\text{-}4)$$

式中，η_1、η_2、η_3，…，η_n 分别为传动装置中各传动副（齿轮、蜗杆、带或链）、轴承、联轴器的效率，其概略值可按表 1-2 选取。由此可知，设计中应初选联轴器、轴承类型及齿轮精度等级，以便于确定各部分的效率。

表 1-2 机械传动和摩擦副的效率概略值

种 类		效率 η	种 类		效率 η
圆柱齿轮传动	6 级和 7 级精度齿轮传动（油润滑）	0.98~0.99	摩擦传动	平摩擦轮传动	0.85~0.92
	8 级精度的一般齿轮传动（油润滑）	0.97		槽摩擦轮传动	0.88~0.90
	9 级精度的一般齿轮传动（油润滑）	0.96		卷绳轮	0.95
	加工齿的开式齿轮传动（脂润滑）	0.92~0.96	联轴器	十字滑块联轴器	0.97~0.99
	铸造齿的开式齿轮传动	0.90~0.93		齿式联轴器	0.99
锥齿轮传动	6 级和 7 级精度齿轮传动（油润滑）	0.97~0.98		弹性联轴器	0.99~0.995
	8 级精度的一般齿轮传动（油润滑）	0.94~0.97		万向联轴器（$\alpha \leqslant 3°$）	0.97~0.98
	加工齿的开式齿轮传动（脂润滑）	0.92~0.95		万向联轴器（$\alpha > 3°$）	0.95~0.97
	铸造齿的开式齿轮传动	0.88~0.92	滑动轴承	润滑不良	0.94（一对）
蜗杆传动	自锁蜗杆（油润滑）	0.40~0.45		润滑正常	0.97（一对）
	单头蜗杆（油润滑）	0.70~0.75		润滑特好（压力润滑）	0.98（一对）
	双头蜗杆（油润滑）	0.75~0.82		液体摩擦	0.99（一对）
	三头和四头蜗杆（油润滑）	0.80~0.92	滚动轴承	球轴承（稀油润滑）	0.99（一对）
	环面蜗杆传动（油润滑）	0.85~0.95		滚子轴承（稀油润滑）	0.98（一对）
带传动	平带无压紧轮的开式传动	0.98		卷筒	0.96
	平带有压紧轮的开式传动	0.97	减（变）速器	单级圆柱齿轮减速器	0.97~0.98
	平带交叉传动	0.90		双级圆柱齿轮减速器	0.95~0.96
	V 带传动	0.96		行星圆柱齿轮减速器	0.95~0.98
链传动	焊接链	0.93		单级锥齿轮减速器	0.95~0.96
	片式关节链	0.95		双级圆锥-圆柱齿轮减速器	0.94~0.95
	滚子链	0.96		无级变速器	0.92~0.95
	齿形链	0.97		摆线-针轮减速器	0.90~0.97
复滑轮组	滑动轴承（$i = 2~6$）	0.90~0.98	丝杆传动	滑动丝杆	0.30~0.60
	滚动轴承（$i = 2~6$）	0.95~0.99		滚动丝杆	0.85~0.95

计算传动装置的总效率时需注意以下几点：

（1）表中所列为效率值的范围时，一般取中间值；

（2）同类型的几对传动副、轴承或联轴器，均应单独计入总效率；

（3）轴承效率均指一对轴承的效率；

（4）蜗杆传动效率与蜗杆的头数及材料有关，设计时应先按头数并估计效率，等设计出蜗杆的传动参数后再最后确定效率，并校核电动机所需功率。

1.3.2.3 确定电动机的转速

同一类型、相同额定功率的电动机也有几种不同的转速。低速电动机的极数多、外廓尺寸及重量较大、价格较高，但可使传动装置的总传动比及尺寸减小，高转速电动机则与其相反。设计时应综合考虑各方面因素选取适当的电动机转速。三相异步电动机有四种常用的同步转速，即 3000r/min、1500r/min、1000r/min、750r/min，一般多选用同步转速为 1500r/min 或 1000r/min 的电动机。

可由工作机的转速要求和传动机构合理传动比范围，推算出电动机转速的可选范围，即

$$n_d = (i_1 \cdot i_2, \cdots, i_n)n_W \tag{1-5}$$

式中　　n_d——电动机可选转速范围；

$i_1, i_2, \cdots, i_n$——各级传动机构的合理传动比范围。

根据选定的电动机类型、结构、容量和转速由设计手册查出电动机型号，并记录其型号、额定功率、满载转速、中心高、轴伸尺寸、键连接尺寸等。

【例 1-1】　如图 1-3 所示为一单级斜齿圆柱齿轮减速器传动的传动方案图，已知工作机输入功率 $P_W = 9kW$，转速 $n_W = 100r/min$，减速器使用年限为 10a，单班制工作，轻微冲击，批量生产，试选择合适的电动机。

解：（1）选择电动机类型。按已知的工作要求和条件，选用 Y 型全封闭笼型三相异步电机。

（2）选择电动机功率。所需的电动机输出功率为

$$P_d = \frac{P_W}{\eta}$$

由于电动机至工作机之间的总效率为

$$\eta = \eta_1 \cdot \eta_2^2 \cdot \eta_3 \cdot \eta_4$$

式中　η_1——带传动的效率；

η_2——轴承的效率；

η_3——齿轮传动的效率；

η_4——联轴器的效率。

$$\eta = 0.96 \times 0.99^2 \times 0.97 \times 0.99 = 0.90$$

所以

$$P_d = \frac{P_W}{\eta} = \frac{9}{0.90} kW = 10kW$$

（3）确定电动机转速。按合理的传动比范围，取 V 带传动的传动比为 $i_1 = 2 \sim 4$，单级齿轮传动比 $i_2 = 3 \sim 5$，则合理总传动比的范围为 $i = 6 \sim 20$

$$n_d = i \cdot n_W = (6 \sim 20) \times 100r/min$$

$$n_d = (600 \sim 2000)r/min$$

符合这一范围的同步转速有 750r/min、1000r/min、1500r/min，再根据计算出的功率，由机械设计手册查出有三种适用的电动机型号，其技术参数与传动比的比较情况见表 1-3。

表 1-3　电动机选择

方案	电动机型号	额定功率 P_e/kW	电动机转速/$r \cdot min^{-1}$		传动装置的传动比		
			同步转速	满载转速 n_m	总传动比 i	带 i_1	齿轮 i_2
1	Y180L-8	11	750	730	7.3	2.2	3.32
2	Y160L-6	11	1000	970	9.7	3	3.23
3	Y160M-4	11	1500	1460	14.6	3.5	4.17

综合考虑电动机和减速器的尺寸、重量以及带传动和减速器的传动比，比较三个方案可知：方案 1 的电动机转速低，外廓尺寸及重量较大，价格较高，虽然总传动比不大，但因电动机转速低，导致传动装置尺寸较大。方案 3 电动机转速较高，但总传动比大，传动装置尺寸较大。方案 2 适中，比较适合。因此选定电动机型号为 Y160L-6，所选电动机的额定功率 $P_e = 11kW$，满载转速 $n_m = 970r/min$，总传动比适中，传动装置结构较紧凑。所选电动机的主要外形尺寸和安装尺寸如表 1-4 所示。

表 1-4　电动机参数

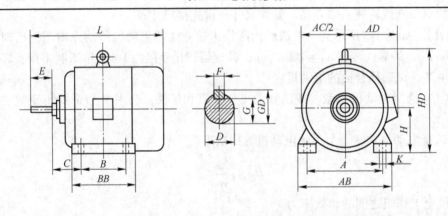

(mm)

中心高 H	外形尺寸 $L \times (AC/2 + AD) \times HD$	底脚安装尺寸 $A \times B$	地脚螺栓孔直径 K	轴伸尺寸 $D \times E$	装键部位尺寸 $F \times G$
160	645×418×385	254×254	15	42×110	12×37

1.3.3　计算减速器的运动和动力参数

为进行传动件的设计计算，应首先推算出各轴的转速、功率和转矩。一般由电动机至工作机之间运动传递的路线推算各轴的运动和动力参数。应注意：功率一般按实际需要的电动机输出功率 P_d 计算，转速则取满载转速 n_m。现以本课程案例（见图 1-3）为例加以说明。

（1）各轴转速。

电动机轴　　　　　　　　　　$n_m = 970r/min$

Ⅰ 轴　　　　　　　$n_1 = \dfrac{n_m}{i_1} = \dfrac{970}{3} r/min = 323r/min$

Ⅱ轴
$$n_{\text{Ⅱ}} = \frac{n_{\text{I}}}{i_2} = \frac{323}{3.23}\,\text{r/min} = 100\text{r/min}$$

工作机轴
$$n_{\text{W}} = n_{\text{Ⅱ}} = 100\text{r/min}$$

（2）各轴的输入功率。

电动机轴
$$P_{\text{d}} = 10\text{kW}$$

Ⅰ轴
$$P_{\text{I}} = P_{\text{d}} \cdot \eta_1 = 10 \times 0.96\text{kW} = 9.6\text{kW}$$

Ⅱ轴
$$P_{\text{Ⅱ}} = P_{\text{I}} \cdot \eta_2 \cdot \eta_3 = 9.6 \times 0.99 \times 0.97\text{kW} = 9.22\text{kW}$$

工作机轴
$$P_{\text{w}} = P_{\text{Ⅱ}} \cdot \eta_2 \cdot \eta_4 = 9.22 \times 0.99 \times 0.99\text{kW} = 9\text{kW}$$

（3）各轴输入转矩。

电动机输出转矩
$$T_{\text{d}} = 9550\frac{P_{\text{d}}}{n_{\text{m}}} = 9550 \times \frac{10}{970}\,\text{N} \cdot \text{m} = 98.5\text{N} \cdot \text{m}$$

Ⅰ轴
$$T_{\text{I}} = T_{\text{d}} \cdot i_1 \cdot \eta_1 = 98.5 \times 3 \times 0.96\text{N} \cdot \text{m} = 283.5\text{N} \cdot \text{m}$$

Ⅱ轴
$$T_{\text{Ⅱ}} = T_{\text{I}} \cdot i_2 \cdot \eta_2 \cdot \eta_3 = 283.5 \times 3.23 \times 0.99 \times 0.97\text{N} \cdot \text{m} = 879.4\text{N} \cdot \text{m}$$

工作机轴
$$T_{\text{w}} = T_{\text{Ⅱ}} \cdot \eta_2 \cdot \eta_4 = 879.4 \times 0.99 \times 0.99\text{N} \cdot \text{m} = 862\text{N} \cdot \text{m}$$

运动和动力参数的计算结果列于表 1-5。

表 1-5　减速器运动和动力参数

参数 ＼ 轴名	电动机轴	Ⅰ轴	Ⅱ轴	工作机轴
转速 $n/\text{r} \cdot \text{min}^{-1}$	970	323	100	100
输入功率 P/kW	10	9.6	9.22	9
输入转矩 $T/(\text{N} \cdot \text{m})$	98.5	283.5	879.4	862
传动比 i	3		3.23	1
效率 η	0.96		0.96	0.98

习　题

1-1　术语解释

（1）机器；　　　（2）机构；　　　（3）构件；　　　（4）零件。

1-2　填空

（1）构件是_____的单元，零件是_____的单元。

（2）_____是机构与机器的总称。

1-3　选择

（1）机床的主轴是机器的_____。

　　　A. 动力部分；　　　B. 工作部分；　　　C. 传动装置；　　　D. 自动控制部分。

（2）下列各机械中属于机构的是_____。

　　　A. 铣床；　　　B. 拖拉机；　　　C. 千斤顶；　　　D. 发电机。

1-4　判断

（1）机构就是具有相对运动的构件的组合（　　　）；

（2）构件是加工制造的单元，零件是运动的单元（　　　）。

1-5 简答

（1）机器有哪些特征？

（2）如何学好这门课？

1-6 分析

观察身边常见的机械设备，以自己最熟悉的机械设备（如缝纫机、洗衣机、摩托车、汽车等）为例，填写表 1-6。

表 1-6　习题 1-6

机械设备名称	原动机	传动方式	列出主要机构	列出主要构件和零件

1-7 计算

如图 1-5 所示为带式运输机的传动方案，已知卷筒直径 $D = 500\text{mm}$，运输带的有效拉力 $F = 1500\text{N}$，运输带速度 $v = 2\text{m/s}$，卷筒效率为 0.96，长期连续工作。试选择合适的电动机，并确定各轴动力参数。

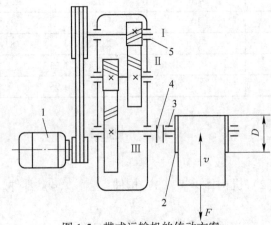

图 1-5　带式运输机的传动方案

1—电动机；2—卷筒；3—向心滚子轴承；4—联轴器；5—圆锥滚子轴承

习 题 答 案

1-1 术语解释

（1）机器是确定相对运动的构件的组合并能完成有用的机械功或实现能量的转换和传递。

（2）机构是确定相对运动的构件的组合。

（3）构件是机构中具有独立运动的部分，构件是机械中运动的单元。

（4）零件是机械中最小的制造单元，是不可拆的，如螺栓、螺母等。

1-2 填空

（1）运动；制造。

（2）机械。

1-3 选择

（1）B；（2）C。

1-4 判断

（1）√；（2）×。

1-5 简答

（1）答：机器具有以下三个特征：

1）是一种人为的多种构件的组合体；

2）各部分形成运动单元，且各运动单元之间具有确定的相对运动；

3）能完成有用的机械功或实现能量的转换和传递。

（2）答：本课程的综合性及实践性较强，在学习时要注重理解和应用，注意在实验、实习和生产中多观察、多思考，逐步培养分析问题、解决问题的能力。

1-6 分析（见表1-7）。

表 1-7 习题答案 1-6

机械设备名称	原动机	传动方式	列出主要机构	列出主要构件和零件
机床	电动机	带传动、齿轮传动等	变速箱，操纵机构等	齿轮、带轮、键、销等
汽车	内燃机	带传动、齿轮传动等	变速箱，操纵机构等	齿轮、带轮、键、销等
起重机	内燃机	液压传动、齿轮传动等	液压缸、变速箱等	吊钩、齿轮、螺钉等
洗衣机	电动机	带传动、齿轮传动等	带轮机构、齿轮机构等	带、带轮、键、销等

1-7 计算（见表1-8）。

表 1-8 习题答案 1-7

参数 轴名	电动机轴	I轴	II轴	III轴	工作机轴
转速 $n/r \cdot min^{-1}$	960	343	141.7	76.2	76.2
输入功率 P/kW	3.75	3.6	3.42	3.19	3
输入转矩 $T/(N \cdot m)$	37.3	100.2	230.7	399.7	376
传动比 i	2.8		2.42	1.86	1
效率 η	0.96		0.95	0.93	0.91

2 平面机构及自由度计算

所有构件均在同一平面或相互平行的平面内运动的机构称为平面机构。如图 2-1 所示为平面凸轮机构。反之，如果构件的运动不在同一平面内，称为空间机构。如图 2-2 所示为空间螺旋机构。工程中常用机构大多数是平面机构，本章主要讨论平面机构。

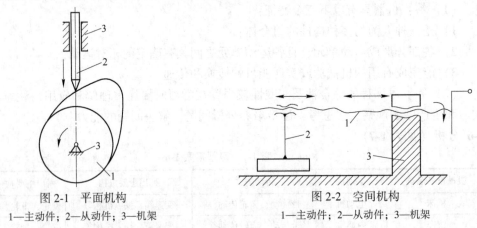

图 2-1 平面机构
1—主动件；2—从动件；3—机架

图 2-2 空间机构
1—主动件；2—从动件；3—机架

2.1 平面机构的组成及运动副

2.1.1 平面机构的组成

平面机构中的构件按其运动性质不同可以分为三类：主动件、从动件、机架。

（1）主动件（或原动件）。机构中由外界给定运动规律的活动构件。图 2-1 及图 2-2 中的构件 1 是主动件，它们往往由电动机或原动机驱动。

（2）从动件。机构中随主动件运动的其他活动构件。图 2-1 及图 2-2 中的构件 2 是从动件，它们随主动件 1 运动。

（3）机架。机构中固定不动的构件，它支撑着机构中的活动构件。图 2-1 及图 2-2 中的构件 3 是机架，它支撑着主动件 1 和从动件 2 等活动构件。

2.1.2 运动副

机构由若干个相互连接起来的构件组成。机构中两构件之间直接接触并能作决定相对运动的可动连接称为运动副。图 2-3（b）为内燃机的轴与轴承之间的连接、活塞与汽缸之间的连接、凸轮与推杆之间的连接、两齿轮的齿和齿之间的连接等。

两构件间的平面运动副按接触性质可分为低副和高副。

2.1.2.1 低副

两构件通过面接触所构成的运动副统称为低副。根据两构件间的相对运动形式，低副又分为移动副和转动副。

（1）移动副：只允许两构件做相对移动的低副称为移动副，图 2-3（a）中构件 1 与构件 2 组成的是移动副。

（2）转动副：只允许两构件做相对转动的低副称为转动副或铰链，图 2-3（b）中构件 1 与构件 2 组成的是转动副。

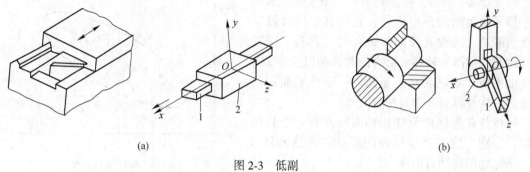

（a）   （b）

图 2-3 低副

（a）移动副；（b）转动副

低副是面接触，在承受载荷时压强较低，便于润滑，不易磨损，在机械中应用最广。

2.1.2.2 高副

两构件通过点接触或线接触构成的运动副统称为高副。

图 2-4（a）为凸轮 1 与从动件 2 构成的凸轮副；图 2-4（b）为两相互啮合的轮齿构成的齿轮副；图 2-4（c）为火车轮 1 与钢轨 2 构成的高副。图中构件 2 相对于构件 1 既可沿接触点处切线 t—t 方向移动，又可绕接触点 A 转动，但沿接触处法线方向的相对移动受到约束。

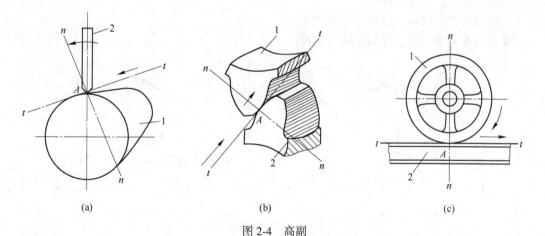

（a）   （b）   （c）

图 2-4 高副

（a）凸轮副；（b）齿轮副；（c）火车轮 1 与钢轨 2 构成的高副

高副是点或线接触，在接触部分的压强较高，易磨损。

任何一个机构都是由主动件、从动件、机架通过运动副连接而成的。因此，主动件、从动件、机架及运动副是组成机构的四大要素。

2.1.3　构件的自由度和约束

2.1.3.1　自由度

自由度是构件相对于参考系所具有的独立运动的数目。

如图 2-5 所示，在直角坐标系 xOy 中，有一个作平面运动的自由构件，它与其他构件没有任何联系（即没有任何约束）时，具有 3 个独立运动，即沿 x 轴和 y 轴方向的移动以及在 xOy 平面内绕 A 点的转动。显然，一个作平面运动的自由构件具有 3 个自由度。

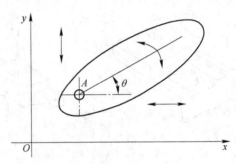

图 2-5　构件的自由度

构件在空间内无任何约束时共有 6 个自由度，分别为沿 3 个坐标轴的移动自由度和绕 3 个坐标轴的转动自由度。

2.1.3.2　约束

当构件与其他构件组成运动副之后，构件的某些独立运动受到限制，自由度会随之减少，这种对构件之间的独立运动所加的限制称为约束。运动副每引入一个约束，构件就失去一个自由度。

如图 2-6（a）所示，构件与机架在 A 点用转动副连接起来，则构件沿 x 轴和 y 轴方向的移动都将受到限制，仅剩下在 xOy 平面内绕 A 点的转动。

如图 2-6（b）所示，构件与机架在 B 点形成高副连接，则构件沿 y 轴方向的移动将受到限制，还剩下 x 轴方向的移动和在 xOy 平面内绕 A 点的转动。

由以上分析，可得出结论：

低副引入 2 个约束，保留 1 个自由度；

高副引入 1 个约束，保留 2 个自由度。

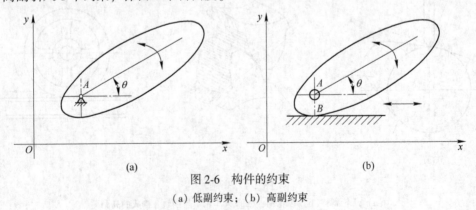

(a)　　　　　　　　　　　　　　　　　　　(b)

图 2-6　构件的约束

(a) 低副约束；(b) 高副约束

2.2　平面机构运动简图

在对机构进行运动分析和设计时，为了使问题简化，只考虑与运动有关的运动副的数目、类型及相对位置，不考虑与运动无关的因素，如构件的形状、运动副的具体构造等，仅用简单线条和规定符号表示构件和运动副，并按一定比例画出各运动副的位置，这种表示机构各构件间相对运动关系的简单图形，称为机构运动简图。

只是为了表示机构的结构组成及运动原理而不严格按比例绘制的机构运动简图，称为机构示意图。

表 2-1 列出了常用运动副和构件的表示方法。

表 2-1 常用运动副和构件的表示方法

名　称			表　示　符　号
	机　架		
	轴、杆		
构件	三副元素构件		
	固定连接构件		
平面低副	转动副	固定铰链	
		活动铰链	
	移动副	与机架组成的移动副	
		两活动构件组成的移动副	

名　称		表　示　符　号
平面高副	外啮合齿轮副	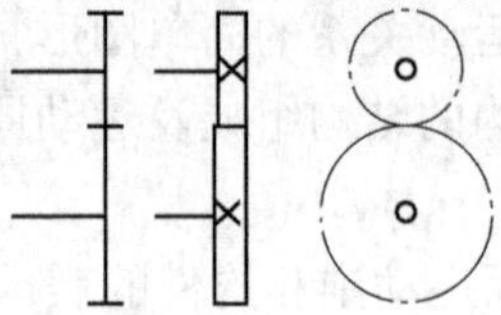
	内啮合齿轮副	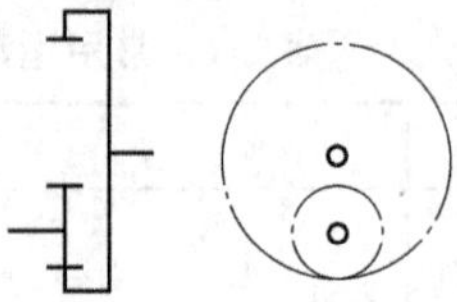
	凸轮副	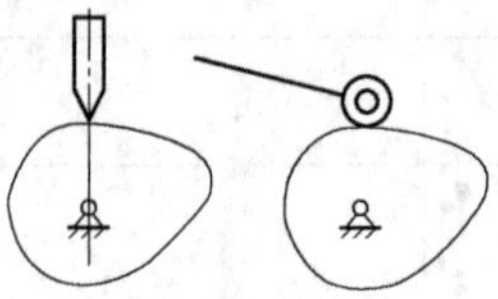

绘制机构运动简图的一般步骤如下：

（1）分析机构的组成和运动，找出机架、主动件与从动件。

（2）从主动件开始，按照运动传递的顺序，分析各构件之间相对运动的性质和接触情况，确定构件数目、运动副的类型和数目。

（3）合理选择视图平面。应选择能充分表明各构件相对运动关系的平面为视图平面。

（4）选择合适的比例尺，长度比例尺用 μ_1 表示，在机械设计中规定如下：

$$\mu_1 = \frac{实际长度}{图示长度}(\text{mm})$$

（5）按比例定出各运动副之间的相对位置，用构件和运动副的规定符号绘制机构运动简图。转动副代号用大写英文字母表示，构件代号用阿拉伯数字表示，机构主动件的运动用箭头标明。

【例 2-1】 试绘制图 2-7 缝纫机脚踏板机构的运动简图。

解：（1）分析机构的组成和运动，找出机架、主动件与从动件。

从图 2-7（a）可知，该机构由 4 个构件组成。缝纫机体为机架，脚踏板为主动件，连杆和曲轴为从动件。

（2）从主动件开始，按照运动传递的顺序，分析各构件之间相对运动的性质和接触情况，确定构件数目、运动副的类型和数目。

脚踏板 1 与连杆 2、连杆 2 与曲轴 3、曲轴 3 与机架 4、机架 4 与脚踏板 1 分别组成转动副。共有 4 个转动副。

（3）合理选择视图平面。

该机构为平面机构，故选择与各构件运动平面相平行的平面为视图平面。

（4）选择合适的比例尺 μ_1。

（5）按比例定出各运动副之间的相对位置，用构件和运动副的规定符号绘制机构运动简图，如图 2-7（b）所示。标注构件代号、转动副代号、用箭头表示原动件运动。

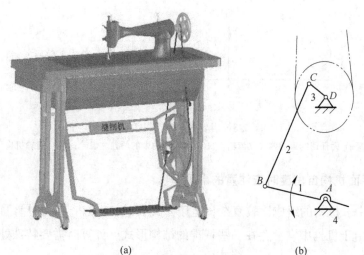

(a)　　　　　　　　　　　(b)

图 2-7　缝纫机脚踏板机构

(a) 缝纫机脚踏板机构；(b) 机构运动简图

2.3　平面机构的自由度计算

2.3.1　平面机构的自由度计算公式

机构相对于机架所具有的独立运动数目，称为机构的自由度。用 F 表示。

下面以齿轮机构为例，推导机构自由度计算公式。

平面内没受任何约束的物体有 3 个自由度，如图 2-8（a）所示，平面内两齿轮没有任何约束，故自由度为：

$$F = 3n = 3 \times 2 = 6$$

式中　n ——机构中活动构件数目。

如图 2-8（b）所示，此时增加了两个低副，由于每个低副限制两个自由度，故现在该机构自由度为：

$$F = 3n - 2P_L = 3 \times 2 - 2 \times 2 = 2$$

式中　P_L —— 机构中的低副数目。

如图 2-8（c）所示，两个齿轮啮合在一起，形成一个高副，而高副限制 1 个自由度，故该机构的最后自由度为：

$$F = 3n - 2P_L - P_H = 3 \times 2 - 2 \times 2 - 1 \times 1 = 1$$

式中　P_H —— 机构中的高副数目。

故平面机构的自由度 F 计算公式为

$$F = 3n - 2P_L - P_H \tag{2-1}$$

【例 2-2】　试计算图 2-7 缝纫机脚踏板机构的自由度。

解：该机构具有 3 个活动构件（构件 1、2、3），4 个低副（转动副 A、B、C、D），没有高副。按式（2-1）求得自由度为

$$F = 3n - 2P_L - P_H = 3 \times 3 - 2 \times 4 - 0 = 1$$

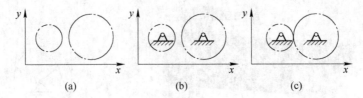

图 2-8　齿轮机构的自由度计算

（a）无任何约束的两独立齿轮；（b）有低副约束的两独立齿轮；（c）齿轮机构

2.3.2　计算平面机构自由度时应注意的事项

实际工作中，机构的组成比较复杂，运用公式 $F = 3n - 2P_L - P_H$ 计算自由度时可能出现差错，这是由于机构中常存在一些特殊的结构形式，计算时需要特殊处理。

2.3.2.1　复合铰链

两个以上构件组成两个或多个共轴线的转动副，即为复合铰链。如图 2-9 所示，构件 1、2、3 在 A 处共组成两个共轴线转动副，当有 m 个构件在同一处构成复合铰链时，就构成（$m-1$）个转动副。在计算机构自由度时，应仔细观察是否有复合铰链存在，以免算错运动副的数目。

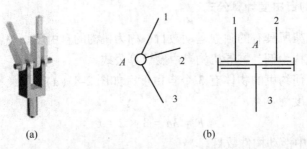

图 2-9　复合铰链

（a）复合铰链外形图；（b）复合铰链简图

【例 2-3】　观察图 2-10 所示惯性筛机构的运动简图，计算其自由度。

解：C 处为复合铰链，含有 2 个转动副。该机构具有 5 个活动构件（构件 2、3、4、5、6），7 个低副（转动副 A、B、C、D、E 和移动副 F），没有高副。即 $n=5$，$P_L=7$，$P_H=0$。

由式（2-1）得

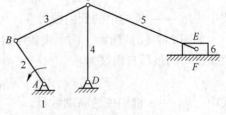

图 2-10　惯性筛机构

$$F = 3n - 2P_L - P_H = 3 \times 5 - 2 \times 7 - 0 = 1$$

2.3.2.2　局部自由度

不影响机构整体运动的、局部独立运动的自由度，称为局部自由度。图 2-11 的凸轮机构中，滚子绕其自身轴线的转动并不影响凸轮与从动件间的相对运动，而是为减少高副接触处的磨损，将滑动摩擦变为滚动摩擦，因此滚子绕其自身轴线的转动为机构的局部自由度。计算时应视滚子与从动件为一体，将该运动副去掉，再计算自由度。此时该机构中，$n=2$，$P_L=2$，$P_H=1$，该机构自由度为

$$F = 3n - 2P_L - P_H = 3 \times 2 - 2 \times 2 - 1 = 1$$

计算结果与实际情况相符。

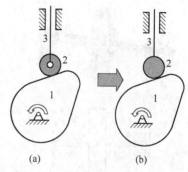

图 2-11　凸轮机构的局部自由度
1—凸轮；2—滚子；3—从动件

2.3.2.3　虚约束

机构中不产生实际约束效果的重复约束称为虚约束。图 2-12（a）所示的火车车轮联动机构中，三构件 *AB*、*CD*、*EF* 平行且相等，此三构件的动端点 *B*、*C*、*E* 的运动轨迹均与构件 *BC* 上对应点的运动轨迹重合。去除杆件 *CD*，对机构整体运动不产生影响。计算自由度时，虚约束应当去除。如图 2-12（b）所示，此时该机构中，$n=3$，$P_L=4$，$P_H=0$，该机构自由度为

$$F = 3n - 2P_L - P_H = 3 \times 3 - 2 \times 4 - 0 = 1$$

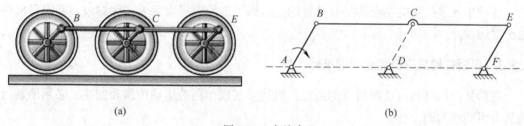

（a）　　　　　　　　　　　　　（b）

图 2-12　虚约束
（a）火车车轮联动机构；（b）火车车轮联动机构中的虚约束

平面机构的虚约束常出现于下列情况中：

（1）当两构件组成多个移动副，且其导路互相平行或重合时，则只有一个移动副起约束作用，其余都是虚约束。图 2-13 缝纫机引线机构中，装针杆 3 在 *A*、*B* 处分别与机架组成导路重合的移动副。计算机构自由度时只能算一个移动副，另一个为虚约束。

（2）当两构件构成多个转动副，且轴线互相重合时，则只有一个转动副起作用，其余转动副都是虚约束。图 2-14 中两个轴承支撑一根轴，只能看作一个回转副。

（3）对传递运动不起独立作用的对称部分为虚约束。图 2-15 行星轮系中，三个对称布置的行星轮 2、2′和 2″只需要一个便可传递运动，其余两个对传递运动不起独立作用，为虚约束。计算时应去除行星轮 2′和 2″及其运动副。

（4）轨迹重合。如果在特定约束下的运动轨迹与在没有该约束作用下的运动轨迹一致，则该约束为虚约束。如图 2-12 车轮联动机构。

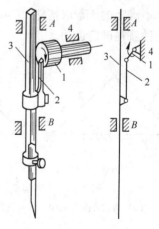

图 2-13　两构件组成
多个移动副
1—曲柄；2—连杆；
3—从动件；4—机架

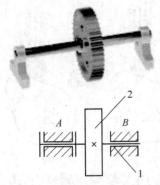

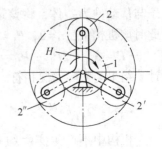

图 2-14　两构件构成多个转动副　　　　　　　　图 2-15　行星轮系

1—轴承；2—齿轮

虚约束的作用：

1）可提高承载能力并使机构受力均匀，图 2-15 中采用多个行星轮等。

2）增加机构的刚度，如机床导轨、图 2-14 中的轴与轴承等。

3）使机构运动顺利，避免运动不确定，图 2-12 中的车轮等。

各种出现虚约束的场合都是有条件的，否则，虚约束将会变为实际约束，并阻碍机构的正常运动。

2.3.3　平面机构具有确定运动的条件

机构是由构件和运动副组成的系统，机构要实现预期的运动传递和变换，必须使其运动具有可能性和确定性。

图 2-16（a）机构，自由度 $F=0$；图 2-16（b）机构，自由度 $F=-1$；机构不能运动。

图 2-17 为五杆机构，自由度 $F=2$，若取构件 1 为主动件，当只给定主动件 1 的位置角 ψ_1 时，从动件 2、3、4 的位置既可为实线位置，也可为虚线所处的位置，因此其运动是不确定的。若取构件 1、4 为主动件，使构件 1、4 都处于给定位置 ψ_1、ψ_4 时，才使从动件获得确定运动。

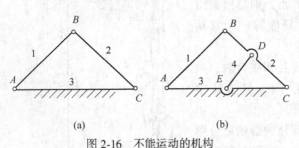

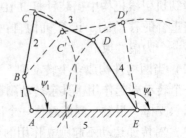

图 2-16　不能运动的机构　　　　　　图 2-17　运动不确定的机构

（a）机构自由度 $F=0$；（b）机构自由度 $F=-1$

图 2-7 缝纫机脚踏板机构的自由度 $F=1$，若有两个主动件 1、3，则主动件数大于自由度数，机构会产生运动干涉，运动链中最薄弱的构件或运动副可能被破坏。

综上所述，机构具有确定运动的条件是：机构自由度数 $F>0$ 且机构主动件的数目 W 与其自由度数 F 相等。即

$$W = F > 0 \qquad\qquad (2\text{-}2)$$

【例 2-4】 计算图 2-18（a）所示筛料机构的自由度，并判断机构运动是否确定。

解：（1）处理特殊情况。机构中的滚子 7 处有一个局部自由度，将滚子 7 与顶杆 8 焊成一体；顶杆 8 与机架 9 在 E 和 E' 组成两个导路重合的移动副，其中之一为虚约束，去掉移动副 E'；C 处是复合铰链，含有两个转动副。处理后如图 2-18（b）所示。

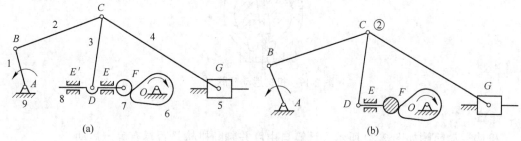

图 2-18　筛料机构

(a) 筛料机构运动简图；(b) 处理后的筛料机构运动简图

（2）计算机构自由度。$n=7$，$P_L=9$，$P_H=1$，该机构自由度为

$$F = 3n - 2P_L - P_H = 3 \times 7 - 2 \times 9 - 1 = 2$$

（3）判定机构运动的确定性。机构有两个原动件，可得

$$W = F = 2 > 0$$

所以机构运动确定。

习　题

2-1 填空

（1）构件在＿＿＿＿＿＿＿＿＿＿＿＿＿的平面内运动的机构称为平面机构。

（2）组成运动副的两构件只能作＿＿＿＿＿＿＿＿＿＿的低副称为移动副。

（3）组成运动副的两构件之间只能作＿＿＿＿＿＿＿＿＿＿＿＿的低副称为转动副或铰链。

（4）构件通过＿＿＿＿＿＿＿＿＿＿＿＿＿＿＿＿＿＿构成的运动副称为高副。

（5）平面机构自由度的计算公式为＿＿＿＿＿＿＿＿＿＿＿＿。

2-2 判断

（1）若有 m 个构件在同一处构成复合铰链，则连接处有 m 个转动副。　　　（　　）

（2）不影响机构整体运动的、局部独立运动的自由度，称为局部自由度。　　　（　　）

（3）机构中不产生实际约束效果的重复约束称为虚约束。　　　（　　）

（4）两构件组成多个移动副其导路互相平行或重合时，只有一个移动副起约束作用。

（　　）

（5）两构件构成多个转动副其轴线互相重合时，只有一个转动副起约束作用。

（　　）

（6）机构具有确定运动的条件是 $W = F \geqslant 1$。　　　（　　）

2-3 绘图

绘制如图 2-19 所示机构运动简图。

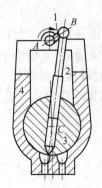

图 2-19　机构运动简图（1）

2-4　计算

机构运动简图如图 2-20 所示，计算自由度并判断机构是否具有确定运动。

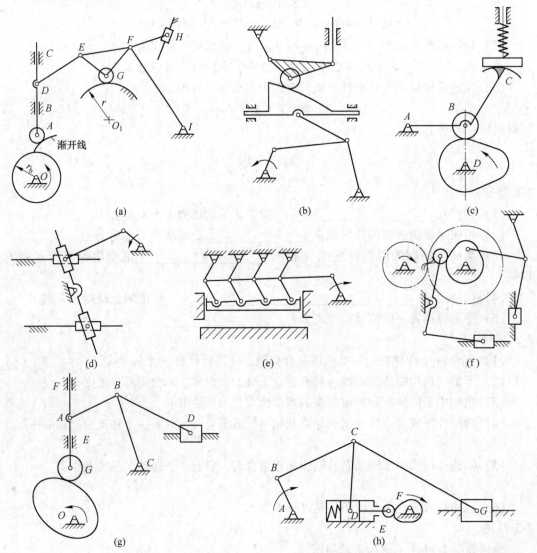

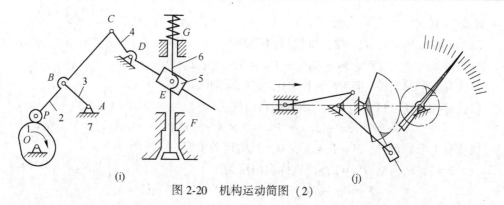

图 2-20　机构运动简图（2）

2-5　改错

如图 2-21 所示各机构运动简图在组成上是否合理？如不合理，请提出修改方案。

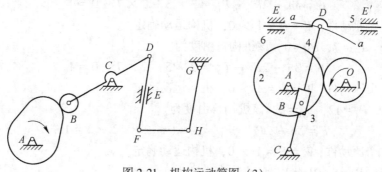

图 2-21　机构运动简图（3）

习 题 答 案

2-1　填空

（1）同一平面或相互平行。

（2）相对移动。

（3）相对转动。

（4）点接触或线接触。

（5）$F = 3n - 2P_L - P_H$。

2-2　判断

（1）×；（2）√；（3）√；（4）√；（5）√；（6）√。

2-3　绘制机构运动简图（图 2-22）。

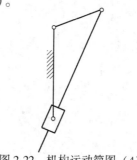

图 2-22　机构运动简图（4）

2-4 计算

（a）$n=7$，$P_L=9$，$P_H=2$，机构自由度为
$$F = 3n - 2P_L - P_H = 3 \times 7 - 2 \times 9 - 2 = 1$$
机构有 1 个原动件，$W = F = 1 > 0$，机构运动确定。

（b）$n=8$，$P_L=11$，$P_H=1$，该机构自由度为
$$F = 3n - 2P_L - P_H = 3 \times 8 - 2 \times 11 - 1 = 1$$
机构有 1 个原动件，$W = F = 1 > 0$，机构运动确定。

（c）$n=3$，$P_L=3$，$P_H=2$，该机构自由度为
$$F = 3n - 2P_L - P_H = 3 \times 3 - 2 \times 3 - 2 = 1$$
机构有 1 个原动件，$W = F = 1 > 0$，机构运动确定。

（d）$n=5$，$P_L=7$，$P_H=0$，该机构自由度为
$$F = 3n - 2P_L - P_H = 3 \times 5 - 2 \times 7 - 0 = 1$$
机构有 1 个原动件，$W = F = 1 > 0$，机构运动确定。

（e）$n=5$，$P_L=7$，$P_H=0$，该机构自由度为
$$F = 3n - 2P_L - P_H = 3 \times 5 - 2 \times 7 - 0 = 1$$
机构有 1 个原动件，$W = F = 1 > 0$，机构运动确定。

（f）$n=9$，$P_L=12$，$P_H=2$，该机构自由度为
$$F = 3n - 2P_L - P_H = 3 \times 9 - 2 \times 12 - 2 = 1$$
机构有 1 个原动件，$W = F = 1 > 0$，机构运动确定。

（g）$n=6$，$P_L=8$，$P_H=1$，该机构自由度为
$$F = 3n - 2P_L - P_H = 3 \times 6 - 2 \times 8 - 1 = 1$$
机构有 1 个原动件，$W = F = 1 > 0$，机构运动确定。

（h）$n=7$，$P_L=9$，$P_H=1$，该机构自由度为
$$F = 3n - 2P_L - P_H = 3 \times 7 - 2 \times 9 - 1 = 2$$
机构有 2 个原动件，$W = F = 2 > 0$，机构运动确定。

（i）$n=6$，$P_L=8$，$P_H=1$，该机构自由度为
$$F = 3n - 2P_L - P_H = 3 \times 6 - 2 \times 8 - 1 = 1$$
机构有 1 个原动件，$W = F = 1 > 0$，机构运动确定。

（j）$n=6$，$P_L=8$，$P_H=1$，该机构自由度为
$$F = 3n - 2P_L - P_H = 3 \times 6 - 2 \times 8 - 1 = 1$$
机构有 1 个原动件，$W = F = 1 > 0$，机构运动确定。

2-5 略。

3 平面连杆机构

在各种机械中，原动件输出的运动一般以匀速旋转和往复直线运动为主，而实际生产中机械的各种执行部件要求的运动形式却是千变万化的，为此人们在生产劳动的实践中创造了平面连杆机构、凸轮机构、齿轮机构等常用机构。平面连杆机构特别是其中的平面四杆机构是工程中最常见的机构之一。本章将对它的类型、特性加以分析，同时讨论这类机构的运动分析及结构设计等。

3.1 概　述

3.1.1 定义

平面连杆机构是由若干个构件通过低副连接而成的机构，又称为平面低副机构。

3.1.2 分类

平面连杆机构可分类如下：

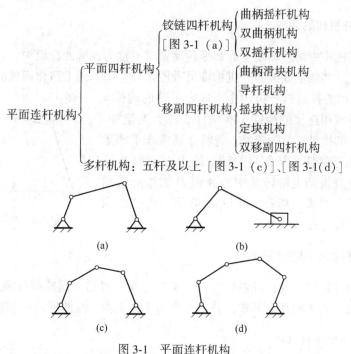

图 3-1　平面连杆机构

(a) 铰链四杆机构；(b) 移副四杆机构；(c) 五杆机构；(d) 多杆机构

由 4 个构件通过低副连接而成的平面连杆机构，称为平面四杆机构。它是平面连杆机构中最常见的形式，也是组成多杆机构的基础。本章主要讨论平面四杆机构。

3.1.3　平面连杆机构特点和应用

平面连杆机构的主要优点：

（1）平面连杆机构中的运动副都是低副，组成运动副的两构件之间为面接触，因而承受的压强小、便于润滑、磨损较轻，可以承受较大的载荷。

（2）构件形状简单，加工方便，构件之间的接触是由构件本身的几何约束来保持的，所以构件工作可靠。

（3）在原动件等速连续运动的条件下，当各构件的相对长度不同时，可使从动件实现多种形式的运动，满足多种运动规律的要求。

（4）利用平面连杆机构中的连杆可满足多种运动轨迹的要求。

平面连杆机构的主要缺点：

（1）根据从动件所需要的运动规律或轨迹来设计连杆机构比较复杂，而且精度不高。

（2）连杆机构运动时产生的惯性力难以平衡，所以不适用于高速的场合。

平面连杆机构广泛应用于各种机械，随着电子计算机应用的普及、计算速度及设计软件功能的不断提高，使设计速度与精度大大提高，使复杂的设计问题可以解决，因此平面连杆机构的应用范围更加广泛。

3.2　铰链四杆机构

3.2.1　铰链四杆机构的组成

当平面四杆机构中的运动副全部都是转动副时，称为铰链四杆机构。它是平面四杆机构最基本的形式，其他形式的四杆机构都可看做是在它的基础上演化而成的。

如图 3-2 所示的铰链四杆机构中，固定不动的构件 4 称为机架，与机架相连接的构件 1 和构件 3 称为连架杆，连接两个连架杆的构件 2 称为连杆。连杆 2 通常作平面运动，连架杆 1 和连架杆 3 绕各自的转动副中心 A 和 D 转动。如果连架杆绕机架上的转动中心 A 或 D 做整周转动时，则称为曲柄，如果只能在小于 360° 的某一角度范围内往复摆动，则称为摇杆。

图 3-2　铰链四杆机构

3.2.2　铰链四杆机构的基本形式

对于铰链四杆机构来说，可根据两个连架杆运动形式的不同或根据曲柄的数量不同，将铰链四杆机构分为 3 种基本形式，分别为曲柄摇杆机构、双曲柄机构和双摇杆机构。

3.2.2.1　曲柄摇杆机构

在铰链四杆机构中，如果两个连架杆之一为曲柄，另一个为摇杆，则称为曲柄摇杆机构。如图 3-3 所示的搅拌机构及图 3-4 所示的缝纫机踏板机构均为曲柄摇杆机构，搅拌机构是以曲柄 AB 为主动件并作匀速转动，摇杆 CD 为从动件作变速往复摆动。缝纫机踏板机构是以摇杆 CD 为主动件做往复摆动，曲柄 AB 为从动件做定轴转动。此外，颚式破碎机和剪切机等都是铰链四杆机构的典型应用。

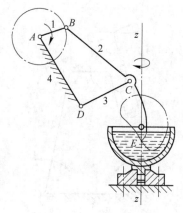

图 3-3 搅拌机构

1—曲柄；2—连杆；3—摇杆；4—机架

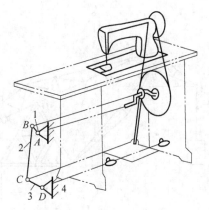

图 3-4 缝纫机踏板机构

1—曲柄；2—连杆；3—摇杆；4—机架

3.2.2.2 双曲柄机构

两个连架杆均为曲柄的四杆机构称为双曲柄机构。如图 3-5 所示的惯性筛机构及图 3-6 所示的机车车轮联动机构均为双曲柄机构。惯性筛机构中，主动曲柄 AB 等速回转一周时，曲柄 CD 变速回转一周，使筛子 EF 获得加速度，从而将被筛选的材料分离。机车车轮联动机构是平行四边形机构，它使各车轮与主动轮具有相同的速度，其内含有一个虚约束 2，以防止在曲柄与机架共线时运动的不确定性。

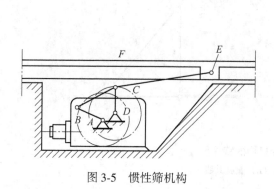

图 3-5 惯性筛机构

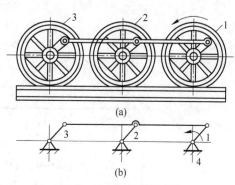

图 3-6 机车车轮联动机构

1，3—火车轮；2—虚约束

3.2.2.3 双摇杆机构

两连架杆均为摇杆的四杆机构称为双摇杆机构，如图 3-7 所示的起重机及图 3-8 所示电风扇摇头机构，均为双摇杆机构。

如图 3-7 所示起重机中，当 CD 杆摆动时，连杆 CB 上悬挂重物的点 M 在近似水平直线上移动。图 3-8 所示的摇头机构中，电动机安装在摇杆 4 上，铰链 A 处有一个与连杆 1

固接在一起的蜗轮。电动机转动时,电动机轴上的蜗杆带动蜗轮迫使连杆 1 绕 *A* 点做整周转动,从而使连架杆 2 和 4 做往复摆动,达到风扇摇头的目的。

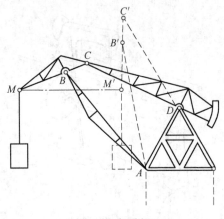 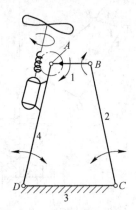

图 3-7　起重机　　　　　　　　　　　图 3-8　电风扇摇头机构

3.2.3　铰链四杆机构类型的判别

3.2.3.1　曲柄存在的条件

铰链四杆机构的三种基本形式的区别在于连架杆是否为曲柄,下面讨论连架杆成为曲柄的条件。

如图 3-9 所示为铰链四杆机构回转过程中连架杆 *AB*、机架 *AD* 拉直共线和重叠共线两个特殊位置,此时构成三角形 BCD。由三角形的边长关系可得:

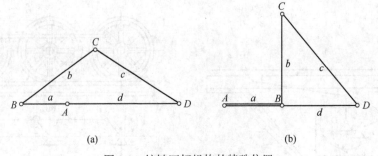

(a)　　　　　　　　　　　　　　(b)

图 3-9　铰链四杆机构的特殊位置

(a) 拉直共线;(b) 重叠共线

在图 3-9 (a) 中
$$a + d \leqslant b + c \tag{3-1}$$

在图 3-9 (b) 中
$$d - a + b \geqslant c \ \text{即} \ a + c \leqslant b + d \tag{3-2}$$

$$d - a + c \geqslant b \ \text{即} \ a + b \leqslant c + d \tag{3-3}$$

将以上三式的任意两式相加,可得

$$a \leqslant b \tag{3-4}$$

$$a \leqslant c \tag{3-5}$$

$$a \leqslant d \tag{3-6}$$

由式（3-4）、式（3-5）、式（3-6）可知，曲柄 AB 为最短杆，BC、CD、AD 杆中必有一个最长杆。从而推出曲柄存在的条件如下：

（1）最短构件与最长构件的长度之和小于或等于其余两构件长度之和。

（2）最短构件或其相邻构件应为机架。

3.2.3.2　铰链四杆机构类型的判别

根据曲柄存在的条件可得如下推论：

（1）当最短构件与最长构件的长度之和大于其余两构件长度之和时，只能得到双摇杆机构。

（2）当最短构件与最长构件的长度之和小于或等于其余两构件长度之和时（见表3-1）：

1）最短构件的相邻构件为机架时得到曲柄摇杆机构；

2）最短构件为机架时得到双曲柄机构；

3）最短构件的对面构件为机架时得到双摇杆机构。

表 3-1　铰链四杆机构 3 种类型与机架的关系

以最短构件邻边作为机架		以最短构件作为机架	以最短构件对边作为机架
曲柄摇杆机构	曲柄摇杆机构	双曲柄机构	双摇杆机构

3.3　移副四杆机构

3.3.1　移副四杆机构的组成

当平面四杆机构中的运动副中至少有一个移动副时，称为移副四杆机构。移副四杆机构又可分为单移副四杆机构（只含一个移动副）和双移副四杆机构（含有两个移动副）。移副四杆机构可看成由铰链四杆机构扩大转动副演化而来，其演化过程如图3-10所示。

图3-10 中 e 为曲柄中心 A 直至槽中心线的垂直距离，称为偏距。当 $e \neq 0$ 时，称为偏置曲柄滑块机构；当 $e=0$ 时，称为对心曲柄滑块机构。

如图 3-11 所示的移副四杆机构中，它由 1、2、3、4 四个构件组成，其中构件 4 称为导杆（因滑块 3 只能沿着构件 4 滑移，构件 4 起导向作用），构件 3 称为滑块。它与导杆 4 形成移动副。连接构件 1 和滑块 3 的构件 2 称为连杆。连杆 2 通常作平面运动，构件 1 绕转动副中心 A 转动或摆动。如果 1 绕机架上的转动中心 A 做整周转动时，则称为曲柄，如果只能在小于360°的某一角度范围内往复摆动，则称为摇杆。

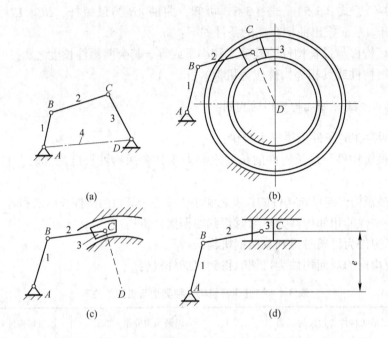

图 3-10　曲柄摇杆机构的演化
1—曲柄；2—连杆；3—摇杆；4—机架

3.3.2　单移副四杆机构的基本形式

3.3.2.1　曲柄滑块机构

曲柄滑块机构如图 3-12 所示，它是以导杆 4 作为机架，曲柄 1 做整周转动，通过连杆 2 带动滑块 3 在机架（导杆）4 上做往复直线运动。

曲柄滑块机构广泛用于各种机械中，如内燃机、空气压缩机、冲床和剪床等。

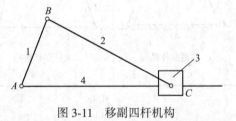

图 3-11　移副四杆机构

3.3.2.2　导杆机构

当以滑块对面构件 1 作为机架时，得到导杆机构。如图 3-13、图 3-14 所示，通常构件 2 为主动件，导杆 4 也参与活动，故称为导杆机构。

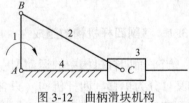

图 3-12　曲柄滑块机构

（1）转动导杆机构。当构件长度 $L_1 < L_2$ 时，构件 2 和导杆 4 能做整周转动，故称转动导杆机构，如图 3-13（a）所示。

图 3-13（b）所示为刨床的刀具运动机构，是转动导杆机构的应用实例。

（2）摆动导杆机构。当构件长度 $L_1 > L_2$ 时，构件 2 能做整周转动，而导杆 4 只能作摆动，故称为摆动导杆机构，如图 3-14（a）所示。

图 3-14（b）所示为牛头刨床的工作台运动机构，是摆动导杆机构的应用实例。

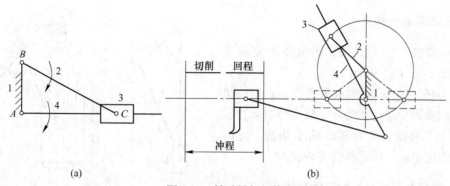

图 3-13　转动导杆机构

（a）运动简图；（b）刨床刀具运动机构

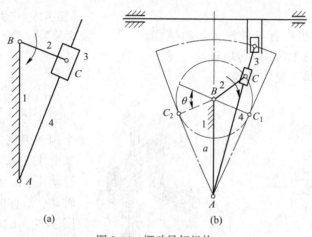

图 3-14　摆动导杆机构

（a）运动简图；（b）刨床工作台运动机构

3.3.2.3　摇块机构

当以滑块的相邻构件 2 作为机架，得到摇块机构，如图 3-15（a）所示。

图 3-15（b）所示为翻斗车的翻斗机构是摇块机构的应用实例。油缸 3 中的压力油驱动活塞杆 4 移动时，带动车厢 1 绕转动副中心 B 翻转，当达到一定的角度时，将货物自动卸下。

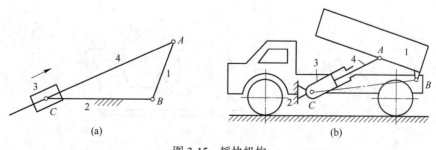

图 3-15　摇块机构

（a）运动简图　（b）翻斗车的翻斗机构

3.3.2.4 定块机构

当以滑块 3 作为机架，则可得到定块机构，如图 3-16（a）所示。

图 3-16（b）所示抽水泵机构，是定块机构的应用实例。通过摆动杆 1 拉动导杆 4 在滑块 3 中上下移动，从而实现抽水功能。此时滑块 3 固定不动，所以称为定块机构。

3.3.3　双移副四杆机构的基本形式

如果平面四杆机构中出现两个移动副，则称为双移副机构。

常见的双移副机构有三种形式：曲柄移动导杆机构（见图 3-17）、双转块机构（见图 3-18）和双滑块机构（见图 3-19）。

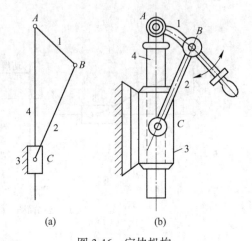

图 3-16　定块机构

（a）运动简图；（b）抽水泵机构

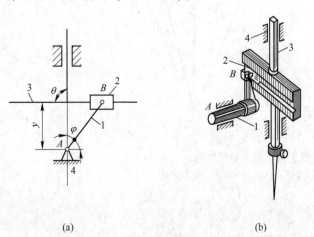

图 3-17　曲柄移动导杆机构

（a）运动简图；（b）缝纫机的刺布机构

（1）曲柄移动导杆机构。如图 3-17（a）所示，机构由 4 个构件组成，其中导杆 3 分别和滑块 2 以及机架 4 组成两个移动副，1 为曲柄，可做整周转动，故称曲柄移动导杆机构。图 3-17（b）所示为缝纫机的刺布机构，是曲柄移动导杆机构的应用实例。

（2）双转块机构。如图 3-18（a）所示，机构由 4 个构件组成，其中构件 3 分别和滑块 2 以及滑块 4 组成两个移动副，构件 2 和 4 在一定范围内转动，故称双转块机构。图 3-18（b）所示为十字沟槽联轴器机构，是双转块机构的应用实例。

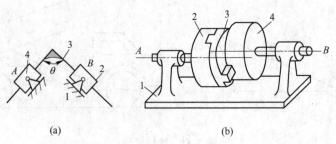

（a）　　　　　　　　　　　　　　　（b）

图 3-18　双转块机构

（a）运动简图；（b）十字沟槽联轴器

（3）双滑块机构。如图 3-19（a）所示，机构由 4 个构件组成，其中机架 3 分别和滑块 2 以及滑块 4 组成两个移动副，构件 2 和 4 均可沿着机架 3 滑动，故称双滑块机构。图 3-19（b）所示为椭圆仪，是双滑块机构的应用实例。

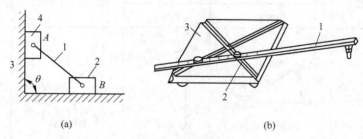

（a）   （b）

图 3-19   双滑块机构

（a）运动简图；（b）椭圆仪

3.3.4   单移副四杆机构类型的判别

3.3.4.1   构件与相邻两构件做整周转动的条件

如图 3-20 所示移副四杆机构中，滑块 3 和导杆 4 不可能与它们的相邻两构件做整周转动，能与相邻两构件做整周转动的只有构件 1 和连杆 2。

由实验与分析可得，构件 1 和连杆 2 哪个短，哪个就能与相邻两构件做整周转动。即：

（1）若 $L_1 < L_2$，则构件 1 能与相邻两构件做整周转动，如图 3-20（a）所示，此时连杆 2 能相对构件 1 做整周转动，导杆 4 也能相对构件 1 做整周转动。

（2）若 $L_1 > L_2$，则构件 2 能与相邻两构件做整周转动，如图 3-20（b）所示，此时构件 1 能相对连杆 2 做整周转动，滑块 3 也能相对连杆 2 做整周转动。

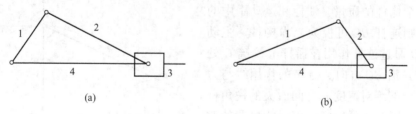

（a）   （b）

图 3-20   构件与相邻两构件整周转动

（a）$L_1 < L_2$；（b）$L_1 > L_2$

3.3.4.2   单移副四杆机构类型的判别

由以上分析可得（见表 3-2）：

（1）当以导杆 4 作为机架时，得到曲柄滑块机构。

（2）当以滑块的对边（构件 1）作为机架，得到导杆机构。

1）当 $L_1 < L_2$ 时，连杆 2 与导杆 4 都能相对构件 1 做整周转动，故为转动导杆机构；

2）当 $L_1 > L_2$ 时，此时只有连杆 2 能相对构件 1 做整周转动，故为摆动导杆机构。

（3）当以连杆 2 作为机架时，得到摇块机构。

（4）当以滑块 3 作为机架时，得到定块机构。

表 3-2　单移副四杆机构的类型

以导杆 4 为机架	以滑块对边（构件 1）作为机架		以连杆 2 作为机架	以滑块 3 作为机架
	$L_1 < L_2$	$L_1 > L_2$		
![曲柄滑块机构] 曲柄滑块机构	![转动导杆机构] 转动导杆机构	![摆动导杆机构] 摆动导杆机构	![摇块机构] 摇块机构	![定块机构] 定块机构

3.4　平面四杆机构的基本特性

平面四杆机构由于其构造的特殊性，在使用过程中会出现其他机构所不具有的特性，这些特性在某些方面给传动带来便利，而有些会使传动不便甚至卡死，怎样合理利用这些特性，使传动获得最大效益，是我们下面将要探讨的。

3.4.1　压力角与传动角

3.4.1.1　压力角

压力角：力与速度所夹的锐角，用 α 表示。

如图 3-21 所示的曲柄摇杆机构中，如果不考虑各个构件的质量、惯性和运动副中的摩擦力，则连杆 BC 可视为二力构件。主动件曲柄 AB 通过连杆作用在摇杆上铰链 C 处的驱动力 F 沿 BC 方向。力 F 的作用线与力作用点 C 处的绝对速度 v_c 之间所夹的锐角称为压力角，用 α 表示。它随着机构位置的改变而变化，是重要的参数。

力 F 可分解为两个相互垂直的分力，即沿 C 点速度 v_c 方向的分力 F_t 和沿摇杆 CD 方向的分力 F_n，其计算公式为

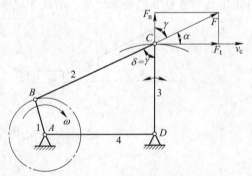

图 3-21　曲柄摇杆机构的压力角与传动角
1—曲柄；2—连杆；3—摇杆；4—机架

$$F_t = F\cos\alpha \qquad (3\text{-}7)$$

$$F_n = F\sin\alpha \qquad (3\text{-}8)$$

分力 F_t 是推动摇杆 CD 运动的有效分力，它能够做功，随着压力角 α 的减小而增大；而分力 F_n 对摇杆 CD 产生拉力，并在运动副中引起摩擦力，是一个有害分力，随着压力角 α 的减小而减小。由式（3-7）及式（3-8）可知，在驱动力 F 一定的条件下，压力角 α 越

小，有效分力 F_t 就越大，有害分力 F_n 就越小，对机构的传动越有利，传动效率越高。

3.4.1.2 传动角

压力角 α 的余角称为传动角，用 γ 表示。

$$\gamma = 90° - \alpha \qquad (3-9)$$

如图 3-21 所示，传动角 γ 是驱动力 F 与有害分力 F_n 之间的夹角。同样有：

$$F_t = F\sin\gamma \qquad (3-10)$$
$$F_n = F\cos\gamma \qquad (3-11)$$

在工程上常用传动角 γ 的大小来衡量机构的传力性能。由式（3-10）及式（3-11）可知，传动角 γ 越大，机构的传力性能就越好；传动角 γ 越小，机构传力越困难，传动效率越低。所以传动角 γ 应尽量大，它是反映机构传力性能的另一个重要参数。

3.4.1.3 最小传动角的检验

在机构的运动过程中，传动角同样也是随着机构的位置不同而变化的。为了保证机构的正常工作并具有良好的传力性能，一般要求机构的最小传动角 γ_{min} 大于或等于其许用传动角 $[\gamma]$，即

$$\gamma_{min} \geqslant [\gamma] \qquad (3-12)$$

对于一般机械，通常取许用传动角 $[\gamma] \geqslant 40°$；对于高速和大功率机械，应使 $[\gamma] \geqslant 50°$；对于小功率的控制机构和仪表，许用传动角 $[\gamma]$ 可略小于 $40°$。

为了便于检验，必须要确定最小传动角 γ_{min} 出现的位置，并且要检验最小传动角 γ_{min} 值是否满足上述许用值。

研究表明，对于图 3-22 所示的曲柄摇杆机构来说，在机构的运动过程中，最小传动角 γ_{min} 分别出现在曲柄与机架重叠共线和拉直共线的位置 AB_1C_1D 和 AB_2 C_2D 之一。这两个位置的传动角分别为 γ_{min1} 和 γ_{min2}。

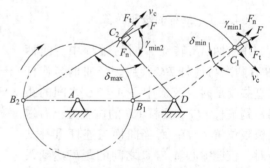

图 3-22 最小传动角出现的两个位置

（1）当连杆与从动件的夹角 δ 为锐角时，则 $\gamma = \delta$。如图 3-22 所示，当连杆与从动件的夹角达到最小值 δ_{min} 时，γ 亦达到最小值 γ_{min1}。此时 $\gamma_{min1} = \delta_{min}$。

（2）当连杆与从动件的夹角 δ 为钝角时，则 $\gamma = 180° - \delta$。如图 3-22 所示，当连杆与从动件的夹角达到最大值 δ_{max} 时，γ 达到最小值 γ_{min2}。此时，$\gamma_{min2} = 180° - \delta_{max}$。

比较这两个位置的传动角 γ_{min1} 和 γ_{min2}，其中较小的一个为该机构的最小传动角。即

$$\gamma_{min} = \min[\gamma_{min1}, \gamma_{min2}] \qquad (3-13)$$

3.4.1.4 其他常用四杆机构的最小传动角

（1）曲柄滑块机构。对于如图 3-23 所示的偏置曲柄滑块机构，当曲柄 AB 为主动件时，最小传动角出现在曲柄与机架垂直的位置。

（2）导杆机构。对于如图 3-24 所示的摆动导杆机构，当曲柄 *BC* 为主动件时，由于在任何位置上，曲柄通过滑块对导杆的作用力始终垂直于导杆 *AC*，而导杆 *AC* 上力作用点的速度总是垂直于导杆，故传动角 γ 始终等于 90°，所以摆动导杆机构具有良好的传力性能。

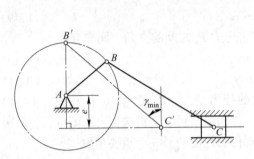

图 3-23　曲柄滑块机构的最小传动角

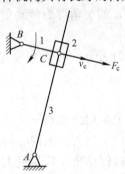

图 3-24　导杆机构的最小传动角
1—曲柄；2—滑块；3—导杆

3.4.2　急回特性

在如图 3-25 所示的曲柄摇杆机构中，设曲柄 *AB* 为主动件，曲柄 *AB* 以等角速度 ω 作顺时针转动，摇杆 *CD* 为从动件并做往复摆动。

3.4.2.1　摇杆的极限位置

在曲柄 *AB* 转动一周的过程中，曲柄 *AB* 有两次与连杆 *BC* 共线。当曲柄与连杆拉直共线是时，铰链中心 *A* 与 *C* 之间的距离达到最长 AC_2，摇杆 *CD* 的位置处于右端的极限位置 C_2D；而当曲柄与连杆重叠共线时，铰链中心 *A* 与 *C* 之间的距离达到最短 AC_1，摇杆 *CD* 位于左端极限位置 C_1D。

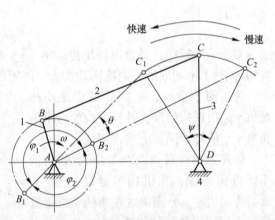

图 3-25　曲柄摇杆机构
1—曲柄；2—连杆；
3—摇杆；4—机架

3.4.2.2　摇杆的摆角

摇杆的两个极限位置 C_1D 和 C_2D 之间所夹的角称为摇杆的摆角，用 ψ 表示。

3.4.2.3　曲柄的极位夹角

摇杆处于两个极限位置时，曲柄位置所在直线之间所夹的锐角，称为极位夹角，用 θ 表示。

3.4.2.4　机构的急回特性

如图 3-25 所示，当曲柄 *AB* 以等角速度 ω 由位置 AB_1 顺时针转到位置 AB_2 时，曲柄所

转过的角度为 $\varphi_1 = 180° + \theta$。此时摇杆由左极限位置 C_1D 顺时针运动到右极限位置 C_2D，摇杆摆过的角度为 ψ，摇杆的这个过程称为工作行程或正行程。设这一过程所用的时间为 t_1，则铰链 C 的平均速度为 $v_1 = \overparen{C_1C_2} / t_1$。当曲柄 AB 继续按顺时针转动，从位置 AB_2 转到位置 AB_1 时，曲柄所转过的角度为 $\varphi_2 = 180° - \theta$。此时摇杆由右极限位置 C_2D 摆回到左极限位置 C_1D，摇杆摆过的角度仍然为 ψ，摇杆的这个过程称为空回行程或反行程。设这一过程所用的时间为 t_2，则铰链 C 的平均速度为 $v_2 = \overparen{C_2C_1} / t_2$

虽然摇杆来回摆动的摆角 ψ 相同，但所对应的曲柄转角不等，由于 $\varphi_1 > \varphi_2$，所以 $t_1 > t_2$，即 $v_2 > v_1$，说明当曲柄等速转动时，摇杆来回摆动的速度不同，返回时速度较大。机构的这种性质，称为机构的急回特性。

通常用行程速度变化系数（行程速比系数）K 来表示这种特性，即

$$K = \frac{\text{从动件回程平均速度}}{\text{从动件工作平均速度}} = \frac{\overparen{C_2C_1}/t_2}{\overparen{C_1C_2}/t_1} = \frac{t_1}{t_2} = \frac{\varphi_1}{\varphi_2} = \frac{180° + \theta}{180° - \theta} \qquad (3-14)$$

上式表明，行程速度变化系数 K 与极位夹角 θ 有关。当 $\theta = 0°$ 时，$K = 1$，表明机构没有急回特性。当 $\theta > 0°$ 时，可知 $K > 1$，说明机构具有急回特性。θ 越大，K 值就越大，急回特性也越显著，但是机构的传动平稳性也会下降。通常取 $K = 1.2 \sim 2.0$。

将式（3-14）整理后，机构极位夹角 θ 的计算公式为

$$\theta = 180° \times \frac{K - 1}{K + 1} \qquad (3-15)$$

3.4.2.5　机构具有急回特性的条件

综上所述，平面四杆机构具有急回特性的条件可归纳如下：
（1）主动件以等角速度做整周运动。
（2）输出从动件具有正行程和反行程的往复运动。
（3）机构的极位夹角 $\theta > 0°$。

3.4.2.6　其他常用四杆机构的急回特性

（1）曲柄滑块机构。
如图 3-26（a）所示的偏置曲柄滑块机构，机构的极位夹角 $\theta > 0°$。因此，当曲柄等速转动时，偏置曲柄滑块机构可实现急回运动。而对于如图 3-26（b）所示的对心曲柄滑块机构，其极位夹角 $\theta = 0°$。因此，对心曲柄滑块机构没有急回特性。
（2）导杆机构。
如图 3-27 所示导杆机构，其极位夹角等于导杆摆角，故 $\theta > 0°$，有急回特性。
在工程实际中，为了提高生产效率应将机构的工作行程安排在平均速度较低的行程，而将机构的空回行程安排在平均速度较高的行程。如牛头刨床和往复式运输机等机械就是利用了机构的急回特性。

3.4.3　死点

3.4.3.1　死点位置

如图所示 3-28 所示的曲柄摇杆机构，若以摇杆 CD 为主动件，当摇杆摆到两个极限位

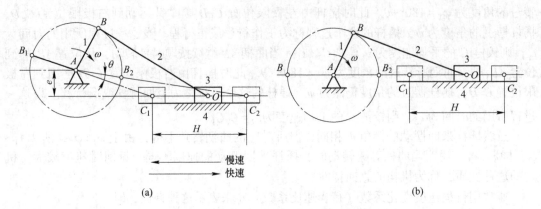

图 3-26　曲柄滑块机构的急回特性

（a）偏置曲柄滑块机构；（b）对心曲柄滑块机构

1—曲柄；2—连杆；3—摇杆；4—机架

置 C_1D 和 C_2D 时，连杆 BC 与曲柄 AB 两次共线。在这两个位置，机构的压力角 $\alpha = 90°$，相应地有传动角 $\gamma = 0°$。由式（3-7）可知 $F_t = F\cos\alpha = F\cos90° = 0$。此时，无论连杆 BC 对曲柄 AB 的作用力多大，都不能使曲柄 AB 转动，机构处于静止的状态，机构的这种位置称为机构的死点。如图 3-28 所示两处点画线位置即为死点位置。缝纫机的踏板机构就是这种情况，容易卡死或反转。

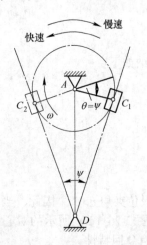

图 3-27　导杆机构的急回特性

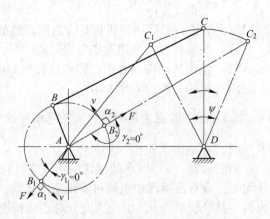

图 3-28　曲柄摇杆机构死点位置

　　由上述分析可知，四杆机构中是否存在死点取决于从动件与连杆是否存在共线的位置。对于曲柄摇杆机构来说，当以曲柄为主动件时，摇杆与连杆不可能出现共线位置，故不会出现死点；当以摇杆为主动件时，曲柄与连杆存在共线位置，所以会出现死点。

　　曲柄滑块机构当以曲柄为主动件时，无死点位置；当以滑块为主动件时，曲柄与连杆会出现两次共线，如图 3-29 所示。在此两处，$\alpha = 90°$、$\gamma = 0°$，为死点位置。

　　导杆机构当以曲柄为主动件时，无死点位置；当以摇杆为主动件时，会出现两处死点位置，如图 3-30 所示。在此两处，$\alpha = 90°$、$\gamma = 0°$。

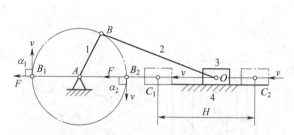

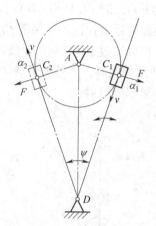

图 3-29 曲柄滑块机构的死点位置
1—曲柄；2—连杆；3—滑块；4—机架

图 3-30 导杆机构的死点位置

3.4.3.2 死点位置的克服

死点位置会使机构的从动件出现卡死或运动不确定的现象，对传动机构是不利的。为了消除死点位置的不良影响，工程上常用以下方法通过死点。

（1）加装飞轮，利用飞轮的惯性通过死点。如图 3-31 所示的缝纫机踏板机构，曲柄 AB 连着皮带轮，皮带轮直径较大，具有一定的惯性，可带动机构通过死点。

（2）利用机构错位排列的方法渡过死点。如图 3-32 所示的机车车轮联动机构，当一个机构处于死点位置时，可借助另一个机构来越过死点。

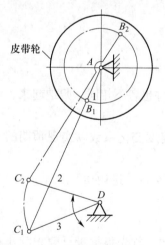

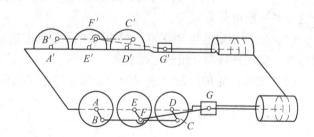

图 3-31 缝纫机踏板机构
1—曲柄；2—连杆；3—摇杆

图 3-32 车轮联动机构

3.4.3.3 死点位置的利用

在工程实际中，有时也利用死点位置来实现某些特定的工作要求，特别是对某些装置可利用死点来达到防松的目的。如图 3-33 所示为飞机的起落架机构，当飞机准备着陆时，机轮被放下，此时 *BC* 杆与 *CD* 杆共线，机构处于死点位置。当飞机着陆时，机轮能够承受来自地面的巨大冲击力，保证 *CD* 杆不会转动，使得飞机的降落安全可靠。而当飞机起飞之后，可以通过 *CD* 杆将机轮收回并置于机舱下方，以达到减小飞行阻力的目的。再如图 3-34 所示的夹具，工件夹紧后 *BCD* 成一条线，即使工件反力很大也不能使机构反转，因此使夹紧牢固可靠。

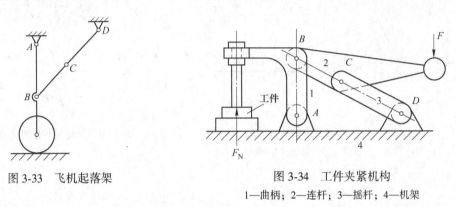

图 3-33 飞机起落架   图 3-34 工件夹紧机构

1—曲柄；2—连杆；3—摇杆；4—机架

3.5 平面四杆机构的设计

平面四杆机构的设计是根据给定的运动条件，确定机构中各个构件的尺寸。有时还需要考虑机构的一些附加的几何条件或动力条件，如机构的结构、安装要求和最小传动角要求等，以保证机构设计可靠、合理。

3.5.1 概述

3.5.1.1 设计的类型

在实际生产中，对机构的设计要求多种多样，给定的条件也各不相同。归纳起来，涉及的类型一般可分为两类：

（1）实现给定的运动规律。例如要求满足给定的行程速度变化系数以实现预期的急回特性、实现连杆的几组给定位置等。

（2）实现给定的运动轨迹。例如要求连杆上某点能沿着给定轨迹运动等。

3.5.1.2 设计的方法

（1）图解法。图解法就是通过几何作图来设计四杆机构。首先根据设计要求找出机构运动的几何尺寸之间的关系，然后按比例作图并确定出机构的运动尺寸。这种方法比较直观，但由于作图过程会有一定的误差，因此精度不高。

（2）解析法。解析法首先要建立方程式，然后根据已知的参数对方程式求解。其设计的结果比较精确，能够解决复杂的设计问题，但计算过程比较繁琐，适宜采用计算机辅助设计。

（3）实验法。实验法是利用连杆曲线的图谱来设计四杆机构。为了便于设计，在工程上常常利用已汇编成册的连杆曲线图谱，根据给定的运动轨迹从图谱中选择形状相近的连杆曲线，便可直接查出机构中的各个参数，并由此设计出四杆机构。这种方法比较简便，但精度较低。

由于在一般的机械设计中，常常遇到的设计类型是实现给定运动规律，因此，本书只介绍按照给定的运动规律用图解法设计平面四杆机构。

3.5.2 按给定的连杆位置设计

【例3-1】 如图3-35（a）所示，已知机构的长度比例尺为μ_1，铰链四杆机构中连杆BC的长度为L_2，B和C分别是连杆上的两个铰链，给定连杆的3个位置B_1C_1、B_2C_2和B_3C_3。试设计该铰链四杆机构。

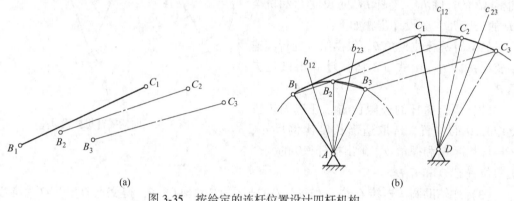

图 3-35 按给定的连杆位置设计四杆机构

解：设计的实质就是确定连架杆与机架组成的固定铰链中心A和D的位置，并由此求出机构中其余3个构件的长度L_1、L_3和L_4。

由于连杆上的两个铰链中心B、C的运动轨迹都是圆弧，它们的圆心就是两固定铰链中心A和D，圆弧的半径即为两个连架杆的长度L_1和L_3，所以运用已知三点求圆心的方法即可设计出所求的机构，而且作图过程比较简单。其设计步骤如下：

（1）分别作B_1与B_2、B_2与B_3连线的中垂线b_{12}和b_{23}，其交点就是所要求的固定铰链中心A；

（2）同理，作C_1与C_2、C_2与C_3连线的中垂线c_{12}和c_{23}，其交点就是另一固定铰链中心D；

（3）连接AB_1C_1D即为所设计的铰链四杆机构在第一位置时的运动简图，如图3-35（b）所示；

（4）根据作图时所取的长度比例尺μ_1以及从图中量取的尺寸即可确定出构件的尺寸L_1、L_3和L_4。

由上述作图可知，给定连杆BC的3个位置时只有唯一解。如果只给定连杆的两个位置B_1C_1、B_2C_2，则点A和点D分别在B_1B_2、C_1C_2的中垂线b_{12}、c_{12}上任选，故有无穷多个解。在实际设计时，可以考虑某些其他附加条件得到确定的解。

3.5.3 按给定的行程速度变化系数设计

在设计具有急回特性的平面四杆机构时，通常按照实际工作需要，先确定行程速度变

化系数 K 的数值，并按式（3-15）计算出极位夹角，然后利用机构在极限位置时的几何关系再结合其他有关的附加条件进行四杆机构的设计，从而求出机构中各个构件的尺寸参数。

3.5.3.1　曲柄摇杆机构的设计

【例3-2】　如图 3-36 所示，已知摇杆 CD 的长度 L_3、摆角 ψ 和行程速度变化系数 K，试设计曲柄摇杆机构。

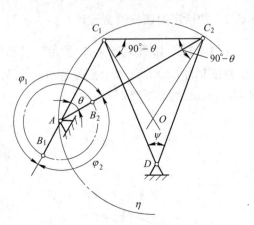

图 3-36　曲柄摇杆机构设计

解：设计的实质就是确定曲柄与机架组成的固定铰链中心 A 的位置，并求出机构中曲柄 AB 的长度 L_1、连杆 BC 的长度 L_2 和机架 AD 的长度 L_4。其设计步骤如下：

（1）计算极位夹角 θ。根据给定的行程速度变化系数 K，由式（3-15）计算出极位夹角 θ。

（2）画出摇杆的极限位置。任选固定铰链中心 D 的位置，选取适当长度比例尺 μ_1，按摇杆长度 L_3 和摆角 ψ，画出摇杆 CD 的两个极限位置 C_1D 和 C_2D。

（3）作辅助圆。连接 C_1C_2，作 $\angle C_1C_2O = \angle C_2C_1O = 90° - \theta$，得交点 O。以 O 为圆心、OC_1 为半径作圆 η，圆弧 $\overset{\frown}{C_1C_2}$ 所对的圆心角 $\angle C_1OC_2 = 2\theta$。

（4）确定固定铰链中心 A 点。在圆 η 上，圆弧 $\overset{\frown}{C_1C_2}$ 所对应的圆周角为 θ，因此在圆周上适当选取 A 点，使 $\angle C_1AC_2 = \theta$，则 AC_1、AC_2 即为曲柄与连杆共线的两个极限位置。

（5）计算曲柄、连杆尺寸。由于在极限位置时，曲柄与连杆共线，所以

$$AC_1 = BC - AB, \quad AC_2 = AB + BC$$

于是

曲柄长度：$AB = \dfrac{AC_2 - AC_1}{2}$

连杆长度：$BC = \dfrac{AC_1 + AC_2}{2}$

（6）确定各构件长度。根据计算所得 AB、BC 及图中量取的尺寸 AD，乘以长度比例尺 μ_1 即可确定出曲柄、连杆及机架的尺寸 L_1、L_2 和 L_4。

$$L_1 = \mu_1 \times AB \quad L_2 = \mu_1 \times BC \quad L_4 = \mu_1 \times AD$$

3.5.3.2　曲柄滑块机构的设计

【例3-3】　已知偏置曲柄滑块机构的行程速度变化系数 K、滑块的行程 H 和偏距 e，试设计此曲柄滑块机构。

解：偏置曲柄滑块机构的设计方法与例 3-2 类似，其设计步骤如下：

（1）计算极位夹角 θ。

根据给定的行程速度变化系数 K，由式（3-15）计算出极位夹角 θ。

（2）画出滑块的极限位置。

选取适当的长度比例尺 μ_1，按滑块的行程 H 画出线段 C_1C_2，得到滑块的两个极限位置 C_1 和 C_2，如图3-37 所示。

（3）作 $\triangle PC_1C_2$ 及其外接圆。

过 C_1 和 C_2 作一直角三角形 $\triangle PC_1C_2$，并保证 $\angle C_1C_2P=90°-\theta$，$\angle C_1PC_2=\theta$，如图3-37所示。

再以斜边的中点 O 为圆心可画出 $\triangle PC_1C_2$ 的外接圆。

（4）确定固定铰链中心 A。

作 C_1C_2 的平行线，与 C_1C_2 的距离为偏距 e，该直线与 $\triangle PC_1C_2$ 的外接圆的交点即为曲柄的转动中心点 A。如图 3-37 所示。

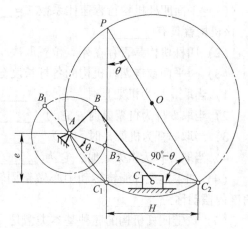

图 3-37 曲柄滑块机构设计

（5）确定曲柄和连杆尺寸。

曲柄与连杆的尺寸确定方法同例 3-2。

机构 ABC 即为曲柄滑块机构在某个位置时的运动简图，如图3-37 所示。

3.5.3.3 导杆机构

【例3-4】 如图 3-38 所示为导杆机构，已知机架 AD 的长度 L_4 和行程速度变化系数 K，试设计该导杆机构。

解： 由图3-38 可知，导杆机构的摆角 ψ 等于曲柄的极位夹角 θ，设计的实质就是确定曲柄 AC 的长度 L_1。其设计步骤如下：

（1）计算摆角 ψ。

根据行程速度变化系数 K，由式（3-15）计算出极位夹角 θ，也就是摆角 ψ。

（2）画出导杆的极限位置。

任选固定铰链中心 D 的位置，以夹角 ψ 作出导杆的两个极限位置 Dm 和 Dn，如图3-38 所示。

（3）确定固定铰链中心 A。

作摆角的角平分线 BD，并在角平公线 BD 上选取适当的长度比例尺 μ_1，量取 $AD=L_4$，则得到固定铰链中心 A 的位置。

（4）确定曲柄长度及机构。

过 A 点作导杆极限位置的垂线 AC_1 或 AC_2，则曲柄的长度 $L_1=AC_1$。机构 AC_1D 即为导杆机构在某个位置时的运动简图。

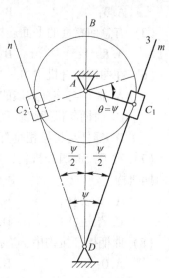

图 3-38 导杆机构设计

习　题

3-1 填空

（1）平面四杆机构行程速比系数 $K=$ _____，只要机构在运动过程中具有极位夹角 θ，该机构就具有 _____。

（2）四杆机构是否存在死点位置取决于从动件是否与连杆 _____。

（3）一平面铰链四杆机构的各杆长度分别为 $a=200$，$b=600$，$c=350$，$d=700$。

1）当取 a 杆为机架是时，它为_____机构；

2）当取 b 杆为机架是时，它为_____机构；

3）当取 c 杆为机架是时，它为_____机构；

4）当取 d 杆为机架是时，它为_____机构。

（4）如果连架杆能绕转动中心做整周转动，称为 _____、只能在小于 $360°$ 的某一角度内摆动称为 _____。

（5）铰链四杆机构的三种基本类型是 _____机构、_____机构和 _____机构。

（6）在铰链四杆机构中，若最短与最长构件长度之和 _____其他两杆长度之和，以最短构件的相邻杆为机架时，可得曲柄摇杆机构。

3-2 选择

（1）曲柄摇杆机构中，摇杆为主动件时，死点位置为 _____。

    A. 不存在；   B. 曲柄与连杆共线时；

    C. 摇杆与连杆共线时；   D. 摇杆和曲柄共线时。

（2）为保证四杆机构良好的力学性能，_____不应小于最小许用值。

    A. 压力角；   B. 传动角；   C. 极位夹角；   D. 螺旋角。

（3）铰链四杆机构中，不与机架相连的构件，称为 _____。

    A. 曲柄；   B. 连杆；   C. 连架杆；   D. 摇杆。

（4）在曲柄滑块机构中，当取滑块为主动件时，有 _____个死点位置。

    A. 0；   B. 1；   C. 2；   D. 3。

（5）有急回特性的平面连杆机构的行程速比系数 _____。

    A. $K=1$；   B. $K>1$；   C. $K\geqslant1$；   D. $K<1$。

（6）在曲柄摇杆机构中，当曲柄为主动件时，其最小传动角的位置在 _____。

    A. 曲柄与连杆共线的两个位置之一；   B、曲柄与机架共线的两个位置之一；

    C. 曲柄与机架相垂直的位置；

    D. 摇杆与机架相垂直时，对应的曲柄位置。

（7）对于铰链四杆机构，当满足杆件长度和条件时，若取 _____为机架，将得到双曲柄机构。

    A. 最长杆；   B. 与最短杆相邻的构件；

    C. 最短杆；   D. 与最短杆相对的构件。

（8）曲柄摇杆机构中，当摇杆为主动件时，有 _____个死点位置。

    A. 0；   B. 1；   C. 2；   D. 3。

（9）在平面四杆机构中，压力角与传动角的关系为 _____。

A. 压力角增大则传动角减小；　　　　　　B. 压力角增大则传动角增大；

C. 压力角始终与传动角相等；　　　　　　D. 无关系。

（10）四杆机构处于死点位置时，其传动角 γ 为_____。

A. 0°；　　　　　　B. 90°；　　　　　　C. $\gamma > 90°$；　　　　　　D. $0° < \gamma < 90°$。

3-3 判断

（1）在曲柄摇杆机构中，当以曲柄为主动件时，机构会出现死点位置。　　　（　　）

（2）在曲柄滑块机构中，当以滑块为主动件时，机构会出现死点位置。　　　（　　）

（3）在曲柄摇杆机构中，摇杆两极限位置的夹角称为极位夹角　　　　　　　（　　）

（4）行程速比系数 K 值越大，机构的急回特性越显著；当 $K = 1$ 时，机构无急回特性。

（　　）

（5）压力角的大小反映出机构的传力性能的好坏，是设计机构的一个重要参数。

（　　）

（6）在铰链四杆机构中，若最短杆与最长杆长度之和大于或等于其他两杆长度之和，以最短杆的相邻杆为机架时，可得到曲柄摇杆机构。　　　　　　　　　　　　（　　）

（7）曲柄的极位夹角 θ 越大，机构的急回特性也越显著。　　　　　　　　（　　）

（8）在平面连杆机构中，连杆与曲柄是同时存在的，即有连杆就有曲柄。　　（　　）

（9）铰链四杆机构中，取最短杆为机架时，机构为双曲柄机构。　　　　　　（　　）

（10）为保证机构传动性能良好，设计时应使最小传动角 $\gamma_{min} \geqslant 40°$。　　　（　　）

3-4 简答

（1）曲柄摇杆机构为什么会出现死点位置？

（2）通常采用哪些方法使机构顺利通过死点位置？

（3）判断铰链四杆机构有曲柄存在的条件是什么？

（4）机构具有急回特性的条件是什么？

3-5 设计

已知一偏置曲柄滑块机构行程速比系数 $K = 1.5$，滑块行程 $H = 50\text{mm}$，偏距 $e = 20\text{mm}$，试设计该四杆机构。

习 题 答 案

3-1 填空

（1）$K = \dfrac{180° + \theta}{180° - \theta}$ ；急回特性。

（2）共线。

（3）双曲柄；曲柄摇杆；双摇杆；曲柄摇杆。

（4）曲柄；摇杆。

（5）曲柄摇杆；双曲柄；双摇杆。

（6）小于或等于。

3-2 选择

（1）B；（2）B；（3）B；（4）C；（5）B；（6）B；（7）C；（8）C；（9）A；（10）A。

3-3 判断

(1) ×；(2) √；(3) ×；(4) √；(5) √；(6) ×；(7) √；(8) ×；(9) ×；
(10) √。

3-4 简答

(1) 答：曲柄摇杆机构中，若以摇杆 CD 为主动件，当摇杆摆到两个极限位置 C_1D 和 C_2D 时，连杆 BC 与曲柄 AB 两次共线。在这两个位置，机构的压力角 $\alpha = 90°$，相应地有传动角 $\gamma = 0°$。则有效分力 $F_t = F\cos\alpha = F\cos90° = 0$。此时，无论连杆 BC 对曲柄 AB 转动，机构处于静止的状态，机构的这种位置称为机构的死点。

(2) 答：渡过死点的方法通常有：

1) 加装飞轮，利用飞轮的惯性通过死点。如缝纫机踏板机构，曲柄连着皮带轮，皮带轮直径较大，具有一定的惯性，可带动机构通过死点。

2) 利用机构错位排列的方法渡过死点。如机车车轮联动机构，当一个机构处于死点位置时，可借助另一个机构来越过死点。

(3) 答：曲柄存在的条件如下：

1) 最长杆与最短杆的长度之和小于或等于其余两杆长度之和。

2) 最短杆或其相邻构件应为机架。

(4) 答：平面四杆机构具有急回特性的条件可归纳如下：

1) 主动件以等角速度做整周运动。

2) 输出从动件具有正行程和反行程的往复运动。

3) 机构的极位夹角 $\theta > 0°$。

3-5 设计

(略)。

4 凸 轮 机 构

前述低副机构一般只能近似地实现给定的运动规律，而且设计较复杂。当机器的执行机构需要按一定的位移、速度和加速度规律运动时，尤其是当执行构件需要作间歇运动时，这种情况下最好的解决方法就是采用凸轮机构。

含有凸轮的机构称为凸轮机构。凸轮是一种具有曲线轮廓或凹槽的构件，与从动件保持接触，当凸轮运动（转动或移动）时，推动从动件按任意给定的运动规律运动。

4.1 凸轮机构的应用和特点

4.1.1 凸轮机构的组成与应用

如图 4-1 所示，凸轮机构主要由凸轮 1、从动件 2 和机架 3 构成，凸轮为主动件，从动件与凸轮组成高副，属于高副机构。其中，凸轮 1 是一个具有曲线（或沟槽）的构件，它通常作连续等角速度转动（也有作摆动或往复直线移动的）。从动件 2 则在凸轮驱动下按预定的运动规律作往复直线移动或摆动。

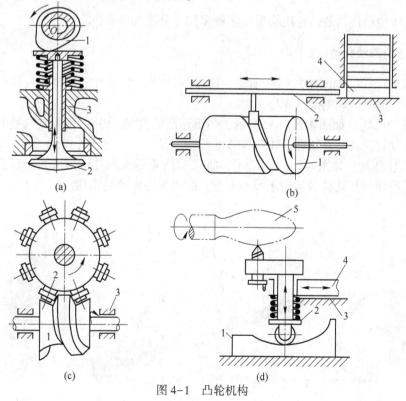

图 4-1 凸轮机构

1—凸轮；2—从动件；3—机架；4—拖板；5—工件

图 4-1（a）所示为内燃机的配气凸轮机构，凸轮 1 做等速回转，其轮廓将迫使推杆 2 做往复移动，以达到控制气门开启和关闭的目的，使可燃物质进入汽缸或废气排出。

图 4-1（b）所示为自动送料机构，带凹槽的圆柱凸轮等速转动，槽中的滚子带动从动件 2 做往复移动，将工件 4 推至指定的位置完成自动送料任务。

图 4-1（c）所示为分度转位机构，凸轮 1 转动时推动从动轮 2 做间歇运动，从而完成高速、高精度的分度动作。

图 4-1（d）所示为靠模车削机构，凸轮 1 作为靠模被固定在床身上，刀架 2 在弹簧力作用下与凸轮轮廓紧密接触，工件 5 回转。当拖板 4 纵向移动时，刀架 2 在靠模板（凸轮）曲线轮廓的推动下做横向移动，从而切削出与靠模曲线一致的工件。

4.1.2　凸轮机构的特点

凸轮机构具有以下特点：

优点：可实现各种复杂的运动要求，其结构紧凑、设计较方便，只要有适当的凸轮轮廓，就可以使从动件按任意预定的运动规律运动。因此，在自动机械中得到广泛的应用。

缺点：由于它是高副机构，凸轮与从动件为点或线接触，接触点压强高，较易磨损。故一般适用于受力不大的控制机构和调节机构。另外，凸轮的轮廓曲线加工有一定的困难，然而随着数控技术的普及，这个问题也基本得到了解决。

4.2　凸轮机构类型

工程实际中所使用的凸轮机构形式多种多样，分类如下：

4.2.1　按凸轮形状分类

（1）盘形凸轮。如图 4-2（a）所示，这种凸轮是一个绕固定轴转动且具有变化半径的盘形构件。这是凸轮的最基本形式。

（2）移动凸轮。如图 4-2（b）所示，当盘形凸轮的转动中心在无穷远处时，凸轮相对机架作往复直线移动，这种凸轮称为移动凸轮。

（3）圆柱凸轮。如图 4-2（c）所示，将移动凸轮卷成圆柱体即成为圆柱凸轮。这种凸轮的运动平面与从动件的运动平面不平行，所以属空间凸轮机构。

　　　　　（a）　　　　　　　　　　　　　（b）　　　　　　　　　　　　　（c）

图 4-2　凸轮的形状

4.2.2 按从动件的末端形式分类

根据从动件的末端形式，凸轮机构分为尖顶、滚子和平底从动件 3 种类型。凸轮机构从动件的基本类型及特点见表 4-1。

表 4-1 凸轮机构按从动件末端形式分类

从动件末端形式	运动形式		特点及应用范围
	直 动	摆 动	
尖顶从动件	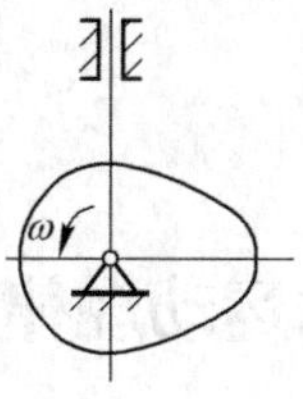	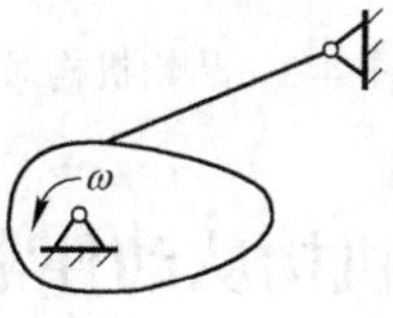	从动件的尖端能够与任意复杂的凸轮轮廓保持接触，从而使从动件实现任意的运动规律。这种从动件结构最简单，但尖端处易磨损，故只适用于速度较低和传力不大的场合
滚子从动件	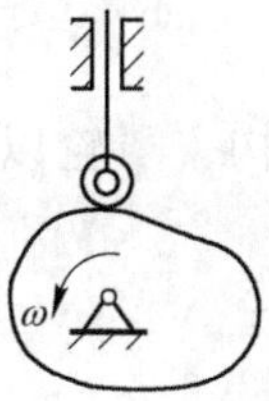	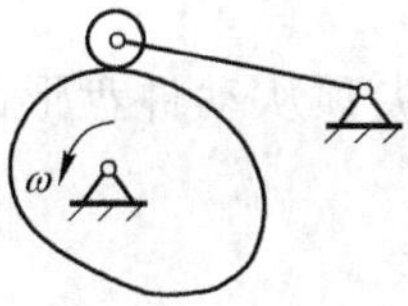	为减小摩擦磨损，在从动件端部安装一个滚轮，把从动件与凸轮之间的滑动摩擦变成滚动摩擦，因此摩擦磨损较小，可用来传递较大的动力，故这种形式的从动件应用很广
平底从动件	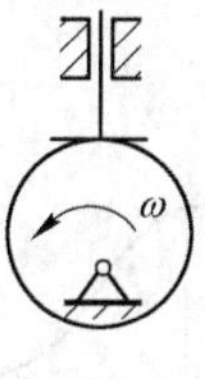	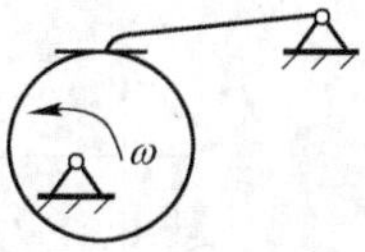	从动件与凸轮轮廓之间为线接触，接触处易形成油膜，润滑状况好。此外，在不计摩擦时，凸轮对从动件的作用力始终垂直于从动件的平底，受力平稳，传动效率高，常用于高速场合。缺点是与之配合的凸轮轮廓必须全部为外凸形状

4.2.3 按从动件运动形式分类

（1）直动从动件凸轮机构：见表 4-1 中运动形式为直动的凸轮机构。

（2）摆动从动件凸轮机构：见表 4-1 中运动形式为摆动的凸轮机构。

4.2.4 按从动件运动形式分类

（1）对心凸轮机构：从动件中心与凸轮转动中心处在同一直线上，如图 4-3（a）所示。

（2）偏置凸轮机构：从动件中心与凸轮转动中心不处在同一直线上，有一偏心距 e，如图 4-3（b）所示。

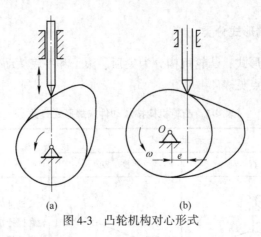

图 4-3　凸轮机构对心形式

4.3　凸轮机构从动件常用的运动规律

4.3.1　平面凸轮机构的基本概念和参数

　　如图 4-4 所示为一对心直动尖顶从动件盘形凸轮机构，凸轮以等角速度 ω 顺时针转动。

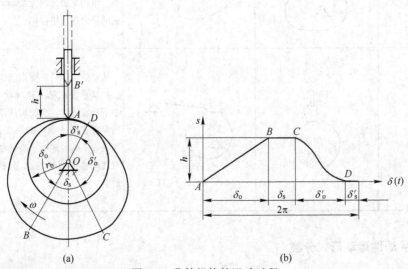

图 4-4　凸轮机构的运动过程

4.3.1.1　凸轮基圆与基圆半径 r_b

在凸轮上，以凸轮轮廓的最小向径 r_b 所绘制的圆称为基圆，r_b 为基圆半径。

4.3.1.2　凸轮机构的运动过程

如图 4-4（a）所示，凸轮机构一次完整的工作循环包括以下 4 个运动过程：

（1）推程。从动件与凸轮在点 A 处相接触时，从动件处于最低位置；当凸轮以等角

速度 ω 顺时转过 δ_0 角到达 B 点时，其向径增加，从动件被推到最高位置，从动件的这一行程称为推程。与之对应的凸轮转角 δ_0 称为推程运动角。

（2）远休止。当凸轮继续转过 δ_s 角度从 B 点到达 C 点时，从动件在最高位置保持静止不动，从动件的这一行程称为远休止。与之对应的凸轮转角 δ_s 称为远休止角。

（3）回程。当凸轮继续转过 δ_0' 角度从 C 点到达 D 点时，从动件又由最高位置下降至最低位置，从动件的这一行程称为回程。与之对应的凸轮转角 δ_0' 称为回程运动角。

（4）近休止。当凸轮继续转过 δ_s' 角度从 D 点到达 A 点时，从动件将在距离凸轮回转中心最近的位置保持静止。从动件的这一行程称为近休止。与之对应的凸轮转角 δ_s' 称为近休止角。

从动件在推程和回程中移动的距离 h 称为从动件的行程。当凸轮转过一周时，机构刚好完成一个工作循环。当凸轮继续回转时，从动件又重复进行着升—停—降—停的运动循环。根据实际需要，从动件的一个工作循环还可以设计成：升—停—降；升—降—停；升—降等多种形式。

4.3.1.3 从动件的运动线图

以从动件位移 s 为纵坐标，对应的凸轮转角 δ 为横坐标，描述 s 与 δ 之间的关系的线图，称为从动件位移线图。因为绝大多数的凸轮作等速转动，其转角 δ 与时间 t 成正比关系，所以该线图的横坐标也可以代表时间 t，如图 4-4（b）所示。同理，也可作出速度 v 与时间 $\delta(t)$ 关系的速度线图以及加速度 a 与时间 $\delta(t)$ 关系的加速度线图。

4.3.2 从动件常用运动规律

凸轮机构中从动件在运动过程中，其位移 s、速度 v、加速度 a 随凸轮转角 δ（或时间 t）的变化规律，称为从动件运动规律。从动件运动规律完全取决于凸轮的轮廓形状。所以，设计凸轮轮廓时，首先应根据工作要求确定从动件运动规律，并按此运动规律设计凸轮轮廓形状，以实现从动件预期的运动。

凸轮机构从动件常用的运动规律有等速运动规律、等加速等减速运动规律、余弦加速度运动（也称简谐运动规律）等。

4.3.2.1 等速运动规律

凸轮以等角速度 ω 回转时，从动件的运动速度等于常数 v_0（加速度 $a=0$），这种运动规律称为等速运动规律，其运动线图如图 4-5 所示。

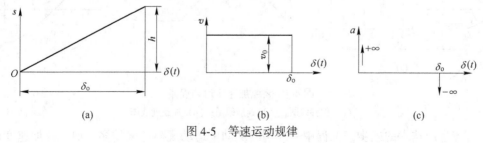

图 4-5 等速运动规律

（a）位移线图；（b）速度线图；（c）加速度线图

由图可以看出，等速运动从动件在行程的始末位置速度有突变，理论上该处加速度为无穷大，会产生极大的惯性力，导致机构产生强烈的刚性冲击。因此，这种运动规律只适合于低速、轻载的传动场合。

4.3.2.2　等加速等减速运动规律

凸轮以等角速度 ω 回转时，从动件通常在凸轮机构的推程（或回程）和前半程等加速（$a=a_0$）运动，后半程等减速（$a=-a_0$）运动，且加速度和减速度绝对值相等，这样的从动件运动规律称为等加速等减速运动规律，其运动线图如图 4-6 所示。

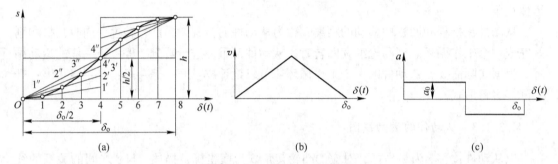

图 4-6　等加速等减速运动规律

（a）位移线图；（b）速度线图；（c）加速度线图

由图可知，按等加速等减速运动规律运动的从动件在三个位置上有限值的突变，使机构产生柔性冲击，因此，等加速等减速运动规律适用于中速、轻载场合。

4.3.2.3　余弦加速度运动规律（简谐运动规律）

当一质点在圆周上做匀速运动时，它在该圆直径上投影所形成的运动称为简谐运动。如图 4-7（a）所示。此时，加速度线图是一条余弦曲线，如图 4-7（c）所示，故又称为余弦加速度运动规律。

由图 4-7（c）可知，此运动规律在行程的始末两点加速度存在有限突变，故也存在柔性冲击，只适用于中速、中载场合。但从动件作无停歇的升—降—升连续往复运动时，则得到连续的余弦曲线，运动中完全消除了柔性冲击，这种情况下可用于高速传动。

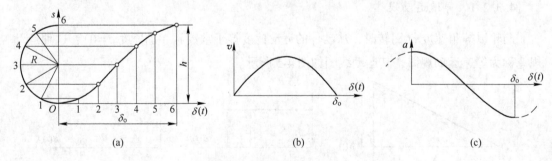

图 4-7　余弦加速度运动规律

（a）位移线图；（b）速度线图；（c）加速度线图

随着生产技术的进步，工程中所采用的从动件运动规律越来越多，如正弦加速度运动规律、摆线运动规律、复杂多项运动规律及改进型运动规律等。设计凸轮机构时，应根据机器的工作要求，恰当地选择合适的运动规律。

4.3.3 从动件运动规律的选择

选择从动件运动规律时，一般应从机构的冲击情况、从动件的最大速度 v_{max} 和最大加速度 a_{max} 三个方面对各种运动规律的特性进行比较。

对于质量较大的从动件，应选择 v_{max} 较小的运动规律。从动件的 v_{max} 反映了从动件最大冲量的大小，在启动、停车或突然制动时会产生很大的冲击。因此，从动件的 v_{max} 要尽量小。

对于高速凸轮机构，a_{max} 不宜太大。最大加速度反映出从动件惯性的大小，a_{max} 越大，惯性就越大。因此，从动件的最大加速度 a_{max} 要尽量小。

常用从动件运动规律的特性比较见表 4-2。

表 4-2 从动件常见运动规律的特性

运动规律	v_{max}	a_{max}	冲击特性	适用场合
等速	$1.00 \times \left[\dfrac{h}{\delta}\omega\right]$	∞	刚性冲击	低速、轻载
等加速等减速	$2.00 \times \left[\dfrac{h}{\delta}\omega\right]$	$4.00 \times \left[\dfrac{h}{\delta^2}\omega^2\right]$	柔性冲击	中速、轻载
余弦加速度	$1.57 \times \left[\dfrac{h}{\delta}\omega\right]$	$4.93 \times \left[\dfrac{h}{\delta^2}\omega^2\right]$	柔性冲击	中速、中载

在选择从动件运动规律时，还应根据机器工作时的运动要求来确定。如机床中控制刀架进刀的凸轮机构，要求刀架进刀时作等速运动，则从动件应选择等速运动规律，至于行程末端，可以通过拼接其他运动规律的曲线来消除冲击。对无一定运动要求，只需要从动件有一定位移量的凸轮机构，如夹紧送料等凸轮机构，可只考虑加工方便，采用圆弧、直线等组成的凸轮轮廓。对于高速机构，应减小惯性力、改善动力性能，可选用正弦加速度运动规律或其他改进型的运动规律。

4.4 用图解法设计盘形凸轮的轮廓

凸轮轮廓的设计有图解法和解析法。图解法直观、方便，但精度较低，常用于一般精度的凸轮轮廓设计，解析法精度高，但计算繁琐，主要用于高速或高精度的凸轮轮廓设计。本节只介绍图解法。

4.4.1 反转法原理

如图 4-8 所示，已知凸轮绕轴 O 以等角速度 ω 逆时针转动。现假想给整个机构加一个与 ω 大小相等、方向相反的角速度 $-\omega$，于是凸轮静止不动，而从动件连同机架一起以角速度 $-\omega$ 绕凸轮转动，同时从动件仍以原来的运动规律相对机架运动。由于尖顶从动件在反转过程中其尖端始终与凸轮轮廓曲线相接触，故从动件尖端的轨迹就是该凸轮的理论轮廓曲线。

把原来转动着的凸轮看成是静止不动的，而把原来静止不动的机架及作往复移动的从动件看成为反转运动的这一原理，称为"反转法原理"。

4.4.2 对心直动尖顶从动件盘形凸轮轮廓的设计

已知从动件位移线图，如图4-9（b）所示，凸轮的基圆半径 r_b 以及凸轮以等角速度 ω 顺时针回转，要求设计此凸轮轮廓曲线。

设计步骤如下：

（1）确定凸轮机构初始位置。选取长度比例尺 μ_l（通常与位移线图比例尺相同），取 O 为圆

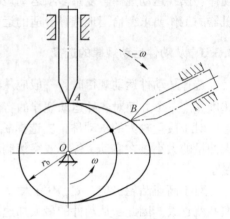

图4-8 反转法原理

心、r_b 为半径作基圆，取 A_0 为从动件初始位置，如图4-9（a）所示。

（2）等分位移曲线，得各分点位移量。在 $s-\delta$ 位移线图上，将 δ_0、δ_0' 作若干等分（图中为6等分），得分点1、2、3、…、6和8、9、10、…、13；由各分点作垂线，与位移曲线相交，得转角在各分点对应的位移量 $11'$、$22'$、$33'$、…、13，如图4-9（b）所示。

（3）作从动件尖顶轨迹。在基圆上，自初始位置 A_0 开始，沿（$-\omega$）方向，依次取角度 δ_0、δ_s、δ_0'、δ_s'，按位移线图中相同等分，对 δ_0、δ_0' 作等分，在基圆上得分点 A_1、A_2、A_3、…、A_{12}、A_{13}；过各分点作从动件相对凸轮的位置线，即 OA_1、OA_2、OA_3、…、OA_{12}、OA_{13} 的延长线。在位置线上，分别截取位移量：$A_1A_1' = 11'$、$A_2A_2' = 22'$、$A_3A_3' = 33'$、…、$A_{12}A_{12}' = 1212'$、$A_{13} = 13 = 0$，则点 A_1'、A_2'、A_3'、…、A_{12}'、A_{13} 便是从动件尖顶的轨迹，如图4-9（a）所示。

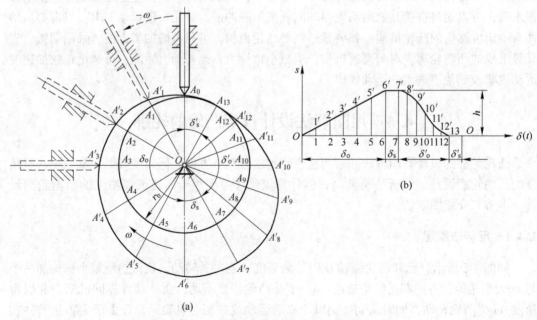

(a)

(b)

图4-9 对心直动尖顶从动件盘形凸轮

（4）绘制凸轮轮廓。在 δ_o、δ'_o 范围内，将 A_0、A'_1、…、A'_6 与 A'_7、A'_8、…、A_{13} 等各点连成光滑的曲线；在 δ_s 范围内，以 O 为圆心、OA'_6 为半径作圆弧；在 δ'_s 范围内作基圆弧。四段曲线围成的封闭曲线，便是凸轮理论轮廓，如图 4-9（a）所示。

4.4.3 对心直动滚子从动件盘形凸轮轮廓的设计

若将图 4-9 中的尖顶改为滚子，如图 4-10 所示，其作图法如下：

（1）首先把滚子中心看作尖顶件的尖顶，按照前述方法求出一条轮廓曲线 β_0（也即滚子中心的轨迹），β_0 称为此凸轮的理论轮廓曲线。

（2）再以 β_0 上各点为圆心，以滚子半径 r_T 为半径作系列圆，最后作这些圆的包络线 β，它便是使用滚子从动件时凸轮的实际轮廓曲线。由作图过程可知，滚子从动件凸轮的基圆半径和压力角均应在理论轮廓曲线上度量。

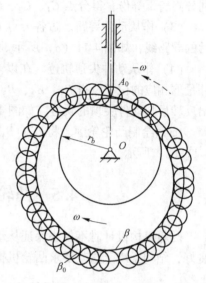

图 4-10 对心直动滚子从动件盘形凸轮

4.4.4 偏置直动尖顶从动件盘形凸轮轮廓的设计

已知偏距为 e，基圆半径为 r_b，凸轮以角速度 ω 顺时针转动，从动件位移线图如图 4-11（b）所示，设计该凸轮的轮廓曲线。

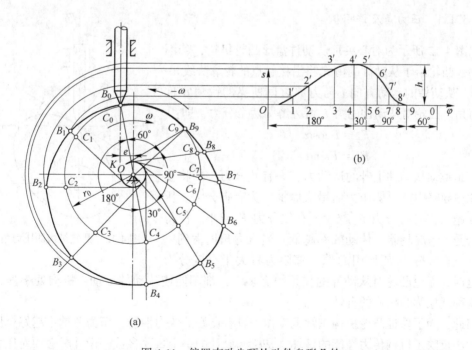

(b)

(a)

图 4-11 偏置直动尖顶从动件盘形凸轮

设计步骤如下：

（1）确定凸轮机构初始位置。选取长度比例尺 μ_l（通常与位移线图比例尺相同）作出偏距圆（以 e 为半径的圆）及基圆，过偏距圆上一点 K 作偏距圆的切线作为从动件导路，并与基圆相交于 B_0 点，该点也就是从动件尖顶的起始位置，如图 4-11（a）所示。

（2）等分基圆。从 OB_0 开始按逆时针方向在基圆上画出推程运动角 180°（δ_o），远休止角 30°（δ_s），回程运动角 90°（δ_o'）和近休止角 60°（δ_s'），并在相应段与位移线图对应划分出若干等份，得分点 C_1、C_2、C_3、…，如图 4-11（a）所示。

（3）作从动件导路。过各分点 C_1、C_2、C_3、…，向偏距圆作切线，作为从动件反转后的导路线，如图 4-11（a）所示。

（4）作从动件尖顶轨迹。在以上导路线上，从基圆上的点 C_1、C_2、C_3、…，开始向外量取相应的位移量得 B_1、B_2、B_3、…，即 $B_1C_1 = 11'$、$B_2C_2 = 22'$、$B_3C_3 = 33'$、…，得出反转后从动件尖顶的轨迹，如图 4-11（a）所示。

（5）绘制凸轮轮廓。将 B_0、B_1、B_2、…点连成光滑曲线就是凸轮的轮廓曲线，如图 4-11（a）所示。

4.5 凸轮机构设计中的注意事项

凸轮机构设计时不仅要保证从动件能实现预期的运动规律，还要求整个机构传力性能良好，结构紧凑。这就要求凸轮机构压力角、基圆半径、滚子半径等都有一个合理的值。

4.5.1 凸轮机构的压力角及校核

4.5.1.1 压力角及许用值

如图 4-12 所示为对心尖顶从动件盘形凸轮机构，若不计摩擦，凸轮给予从动件的力 F 将沿接触点的轮廓法线 n-n 方向，从动件的运动方向 v 与力 F 之间所夹的锐角 α 称为压力角。凸轮对从动件的力 F 可分解为两个分力，即：

$$F_1 = F\cos\alpha$$

$$F_2 = F\sin\alpha$$

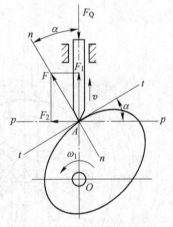

图 4-12 凸轮机构的压力角

F_1 是推动从动件上升的运动力，为有效分力；F_2 将使从动件在导路中产生侧压力而增大摩擦，为有害分力。压力角 α 越大，有害分力 F_2 越大，有效分力 F_1 越小。使得机构的受力情况越差，传动效率越低。当压力角增大到一定值时，有害分力 F_2 所引起的摩擦阻力将大于有效分力 F_1。这时，无论凸轮对从动件的作用力有多大，都不能使从动件运动，机构处于静止状态，这种现象称为机构的自锁。

因此，为了保证凸轮机构正常地工作和具有良好的传力性能，压力角越小越好。压力角的大小反映了机构传力性能的好坏，是机构设计的一个重要参数，设计时必须对压力角 α 加以限制。由于凸轮轮廓上各点的压力角通常是变化的，因此应使最大压力角不超过许用值，即

$$\alpha_{\max} \leqslant [\alpha] \tag{4-1}$$

式中 $[\alpha]$ —— 许用压力角。

一般情况下，推程时直动从动件凸轮机构的 $[\alpha] = 30° \sim 40°$，摆动从动件凸轮机构的 $[\alpha] = 40° \sim 50°$；回程时 $[\alpha]$ 可取大一些，一般取 $[\alpha] = 70° \sim 80°$。

4.5.1.2 压力角的校核

对凸轮轮廓线最大压力角的检验，可在凸轮轮廓坡度较陡的地方（压力角较大处）选几个点，然后作这些点的法线和相应的从动件运动方向线，量出它们之间的夹角，看是否超过许用值。如图4-13所示为角度尺测量压力角的简易方法。

凸轮机构的最大压力角 $\alpha_{\max}$ 可能出现在以下位置：

（1）从动件初始位置；

（2）从动件具有最大速度的位置；

（3）凸轮轮廓急剧变化的位置。

压力角的大小与基圆半径有关，如图4-14所示，基圆半径越小者凸轮工作轮廓越陡，压力角越大 $\alpha_1 \geqslant \alpha_2$；而基圆较大的凸轮轮廓较平缓，压力角较小 $\alpha_2 \leqslant \alpha_1$。

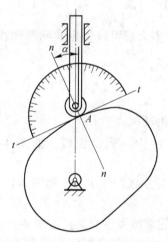

图4-13 压力角的测量

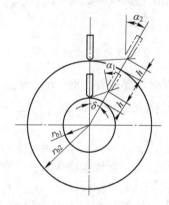

图4-14 基圆与压力角

当最大压力角 $\alpha_{\max}$ 超出许用压力角时，应采取如下措施减小压力角：

（1）增大基圆半径 r_b；

（2）采用偏置凸轮机构；

（3）对摆动从动件凸轮机构可重选摆动轴心位置。

4.5.2 基圆半径的确定

基圆半径也是凸轮设计的一个重要参数，它对凸轮机构的结构尺寸、体积、重量、受力状况和工作性能等都有重要影响。

设计时应根据具体情况合理选择，若对机构体积没有严格要求时，可取较大的基圆半径，以便减小压力角，使机构具有良好的受力条件；若要求机构体积小、结构紧凑，可取较小的基圆半径，但最大压力角不得超过许用压力角 $[\alpha]$。通常可在最大压力角 $\alpha_{\max}$ 不超过许用压力角的条件下，尽可能采用较小的基圆半径。一般可根据经验公式确定 r_b。

$$r_b \geqslant 0.9 d_s + (7 \sim 10) \text{mm} \tag{4-2}$$

式中　d_s—— 凸轮轴的直径。

4.5.3　滚子半径的选择

从接触强度出发，滚子半径大一些好，但有些情况却要求滚子半径不能任意增大。如图 4-15 所示，设滚子半径为 r_T，凸轮理论轮廓曲率半径为 ρ，实际轮廓曲率半径为 ρ'。

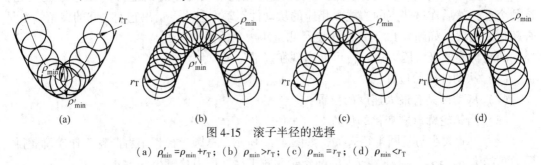

图 4-15　滚子半径的选择

(a) $\rho'_{\min} = \rho_{\min} + r_T$；(b) $\rho_{\min} > r_T$；(c) $\rho_{\min} = r_T$；(d) $\rho_{\min} < r_T$

4.5.3.1　理论轮廓线内凹

当理论轮廓线内凹时，$\rho'_{\min} = \rho_{\min} + r_T$，则不管 r_T 取多大都可以作出实际轮廓线，如图 4-15（a）所示。

4.5.3.2　理论轮廓线外凸

当理论轮廓线外凸时，$\rho'_{\min} = \rho_{\min} - r_T$，此时将有三种情况：

（1）当 $\rho_{\min} > r_T$ 时，$\rho'_{\min} = \rho_{\min} - r_T > 0$，实际轮廓线为一光滑曲线，如图 4-15（b）所示。

（2）当 $\rho_{\min} = r_T$ 时，$\rho'_{\min} = \rho_{\min} - r_T = 0$，凸轮的实际轮廓线产生尖点，如图 4-15（c）所示。极易磨损，导致运动失真。

（3）当 $\rho_{\min} < r_T$ 时，$\rho'_{\min} = \rho_{\min} - r_T < 0$，凸轮的实际轮廓线发生交叉，如图 4-15（d）所示。交点以外部分在加工时被切除，因此，凸轮工作时从动件不能实现所需要的运动规律，运动产生失真。

设计时通常取 $r_T \leqslant 0.8 \rho_{\min}$ 或 $r_T \leqslant \rho_{\min} - (3 \sim 5) \text{mm}$。若按此条件选择的滚子半径太小而不能满足安装和强度要求时，应加大凸轮的基圆半径，重新设计凸轮轮廓曲线。

4.6　凸轮机构常用材料、结构和加工

4.6.1　凸轮及滚子的常用材料

凸轮机构是一种高副机构，其主要失效形式是凸轮与从动件接触表面的疲劳点蚀和磨损，前者是由变化的接触应力引起的，后者是由摩擦引起的。因此，凸轮副材料应具有足够的接触强度和良好的耐磨性，特别是其接触表面应具有较高的硬度。凸轮及滚子的常用材料见表 4-3。

表 4-3　凸轮及滚子的常用材料

构件	材　料	热处理	使用场合
凸轮	40，45，50	调质 230~260HBS	速度较低、载荷不大的一般场合
	HT200，HT250，HT300	退火 170~250HBS	
	QT600-3，QT700-2	退火 190~270HBS	
	45	表面淬火 40~50HRC	速度中等、载荷中等的场合
	45，40Cr	表面高频淬火 52~58HRC	
	15，20Cr，20CrMnTi	渗碳淬火 56~62HRC	
	40Cr	高频淬火 56~60HRC	速度较高、载荷较大的重要场合
	38CrMoAl，35CrAl	氮化 >60HRC	
滚子	45，40Cr	表面淬火 HRC45~55	与铸铁凸轮相配
	T8，T10，GCr15	淬火 HRC56~64	与铸铁或钢制凸轮相配
	20Cr，18CrMnTi	渗碳淬火 HRC58~63	与钢制凸轮相配

注：对一般中等尺寸的凸轮机构，$n \leqslant 100\text{r/min}$ 为低速，$100\text{r/min} < n \leqslant 200\text{r/min}$ 为中速，$n > 200\text{r/min}$ 为高速。

4.6.2　凸轮机构的常用结构

4.6.2.1　凸轮结构

（1）凸轮轴式。当凸轮的基圆较小时，可将凸轮与轴制成一体，称为凸轮轴，如图 4-16 所示。

（2）整体式凸轮。当凸轮尺寸较小、无特殊要求或不经常装拆时，一般采用整体式凸轮，如图 4-17 所示。整体式凸轮加工方便、精度高、刚性好。

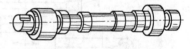

图 4-16　凸轮轴

（3）组合式凸轮。对于大型低速凸轮机构的凸轮或经常调整轮廓形状的凸轮，常采用凸轮与轮毂分开的组合式结构，如图 4-18 所示。

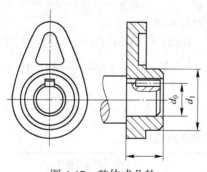

图 4-17　整体式凸轮

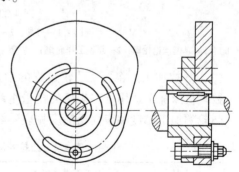

图 4-18　组合式凸轮

4.6.2.2　滚子结构

滚子从动件的滚子，可以是专门制造的圆柱体，如图 4-19（a）、（b）所示；也可以采用滚动轴承，如图 4-19（c）所示。

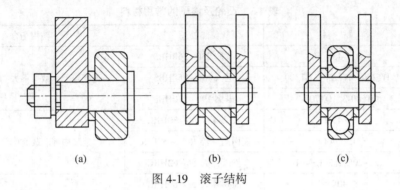

图 4-19　滚子结构

4.6.3　凸轮的加工

（1）划线加工。适用于单件生产，精度不高的凸轮。

（2）靠模加工。如图 4-20 所示，铣刀旋转，进行铣削；被加工凸轮一方面绕自身中心旋转，一方面随着靠模左右移动，铣得的包络线便是凸轮的工作轮廓。适用于批量生产。

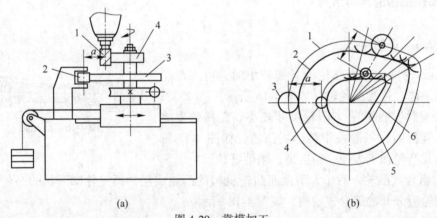

图 4-20　靠模加工

（a）：1—刀具；2—滚轮；3—靠模；4—凸轮

（b）：1—靠模理论轮廓；2—靠模工作轮廓；3—滚轮；4—刀具（滚子）；5—凸轮工作轮廓；6—凸轮理论轮廓

（3）数控加工。将加工凸轮过程的信息输入数控装置，由数控装置控制机床加工凸轮。数控机床加工适用于多规格的批量生产。

凸轮的加工精度和表面粗糙度见表 4-4。

表 4-4　凸轮的加工精度和表面粗糙度

凸轮精度	公差等级或极限偏差/mm			表面粗糙度/μm	
	向径	凸轮精度	基准孔	盘形凸轮	凸轮槽
低	±(0.2~0.5)	H9(H10)	H8	$0.63 < R_a \leqslant 1.25$	$1.25 < R_a \leqslant 2.5$
中	±(0.1~0.2)	H8	H7(H8)		
高	±(0.05~0.1)	H8(H7)	H7	$0.32 < R_a \leqslant 0.63$	$0.63 < R_a \leqslant 1.25$

习　题

4-1 名词解释

（1）基圆；　　　（2）推程运动角；　　　（3）行程；　　　（4）柔性冲击；

（5）压力角。

4-2 填空

（1）凸轮机构由_____、_____和_____3个基本构件组成。

（2）凸轮机构按凸轮形状可分为_____、_____和_____3种。

（3）凸轮机构按从动件末端形状可分为_____、_____和_____3种_____。

（4）等速运动规律在推程运动的起点和终点存在_____冲击，等加速等减速运动规律在推程的起点和终点存在_____冲击。

（5）凸轮机构中的压力角是_____和_____所夹的锐角。

（6）当滚子半径大于凸轮最小曲率半径时，会出现从动件运动_____现象。

（7）设计滚子从动件盘形凸轮机构时，滚子中心的轨迹称为凸轮的_____轮廓曲线，与滚子相包络的凸轮轮廓线称为凸轮的_____轮廓曲线。

（8）盘形凸轮的基圆半径越_____，该凸轮机构的压力角越_____，传力性能越差。

4-3 选择

（1）决定从动件运动规律的是____。

　　A. 凸轮转速；　　B. 凸轮轮廓曲线；　　C. 凸轮尺寸；　　D. 凸轮转向。

（2）等加速等减速运动规律的位移线图是____。

　　A. 圆；　　　　　B. 斜线；　　　　　C. 抛物线；　　　　D. 正弦曲线。

（3）通常情况下，避免滚子从动件凸轮机构运动失真的合理措施是____。

　　A. 增大滚子半径；B. 增大基圆半径；　C. 减小滚子半径；D. 减小基圆半径。

（4）在设计滚子从动件盘形凸轮机构时，轮廓曲线出现尖顶或交叉是因为滚子半径____理论轮廓线的曲率半径。

　　A. 等于；　　　　B. 小于；　　　　　C. 大于；　　　　　D. 大于或等于。

（5）凸轮机构中的压力角是指____间的夹角。

　　A. 凸轮上接触点的法线与从动件的运动方向；

　　B. 凸轮上接触点的法线与该点线速度；

　　C. 凸轮上接触点的切线与从动件的运动方向；

　　D. 凸轮上接触点的切线与该点线速度。

（6）凸轮机构中极易磨损的是____从动件。

　　A. 尖顶；　　　　B. 滚子；　　　　　C. 平底；　　　　　D. 球面底。

（7）设计某用于控制刀具进给运动的凸轮机构，从动件处于切削阶段宜采用____。

　　A. 等速运动规律；　　　　　　　　　　B. 等加速等减速运动规律；

　　C. 简谐运动规律；　　　　　　　　　　D. 正弦加速度运动规律。

（8）图解法设计盘形凸轮轮廓时，从动件应按____方向转动，来绘制其相对于凸轮转动时的位置。

　　　　A. 与凸轮转向相同；　　　　　　　　　　B. 与凸轮转向相反；

　　　　C. 推程时必须与凸轮转向相同；　　　　D. 回程时必须与凸轮转向相同。

　　(9) 在直动从动件盘形凸轮机构中，_____传力性能最好。

　　　　A. 尖顶从动件；　　　　　　　　　　　B. 滚子从动件；

　　　　C. 平底从动件；　　　　　　　　　　　D. 球面底从动件。

　　(10) 凸轮的基圆半径越大，压力角越_____。

　　　　A. 小；　　　　　　B. 大；　　　　　　C. 难确定；　　　　D. 难测量。

4-4　判断

　　(1) 对于滚子从动件盘形凸轮机构来说，凸轮的基圆半径通常指的是凸轮实际轮廓曲线的最小半径。　　　　　　　　　　　　　　　　　　　　　　　　　　　(　　)

　　(2) 由于凸轮机构是高副机构，所以与连杆机构相比，更适用于重载场合。(　　)

　　(3) 凸轮机构工作过程中，从动件的运动规律和凸轮转向无关。　　　　(　　)

　　(4) 凸轮机构工作过程中，按工作要求可不含远休止或近休止过程。　　(　　)

　　(5) 凸轮机构的压力角越大，机构的传力性能越差。　　　　　　　　　(　　)

　　(6) 当凸轮机构的压力角增大到一定值时，就会产生自锁现象。　　　　(　　)

　　(7) 在凸轮机构中，基圆半径越大，压力角越小，传力特性就越好。　　(　　)

　　(8) 从动件作等加速等减速运动时，因加速度有突变，会产生刚性冲击。(　　)

　　(9) 直动平底从动件盘形凸轮机构中，其压力角始终不变。　　　　　　(　　)

　　(10) 从动件按等加速等减速运动规律运动时，推程的始点、中点及终点存在柔性冲击。因此，这种运动规律只适用于中速重载的凸轮机构中。　　　　　　　　　(　　)

4-5　简答题

　　(1) 在凸轮机构设计中有哪几个常用的运动规律？

　　(2) 滚子从动件盘形凸轮的理论轮廓曲线与实际轮廓曲线是否相同？

　　(3) 设计哪种类型的凸轮机构可能出现运动失真？当出现运动失真时应该采取哪些方法消除？

　　(4) 凸轮机构的最大压力角 α_{max} 可能出现在哪些位置？

　　(5) 当最大压力角 α_{max} 超出许用压力角时，应采取哪些措施减小压力角？

4-6　作图

　　(1) 设计一对心直动尖顶从动件盘形凸轮。已知凸轮顺时针转动，基圆半径 $r_b =$ 40mm，从动件行程 $h = 15$mm，$\delta_o = 180°$，$\delta_s = 30°$、$\delta_o' = 120°$，$\delta_s' = 30°$，从动件在推程作简谐运动，在回程作等加速等减速运动，试绘制凸轮的轮廓。

　　(2) 设计一偏置直动滚子从动件盘形凸轮。已知凸轮逆时针转动，基圆半径 $r_b =$ 50mm，滚子半径 $r_T = 10$mm，从动件行程 $h = 20$mm，$\delta_o = 150°$，$\delta_s = 30°$，$\delta_o' = 120°$，$\delta_s' = 60°$，从动件在推程作等加速等减速运动，在回程作等速运动，试绘制凸轮的轮廓。

习 题 答 案

4-1　名词解释

　　(1) 基圆：以凸轮轮廓的最小向径 r_b 所绘制的圆称为基圆。

　　(2) 推程角：与推程相对应的凸轮转角 δ_o 称为推程运动角。

（3）行程：从动件在推程和回程中移动的距离 h 称为从动件的行程。

（4）柔性冲击：加速度为一有限值时，从动件运动中出现的冲击。

（5）压力角：从动件的运动方向 v 与力 F 之间所夹的锐角 α 称为压力角。

4-2 填空

（1）凸轮；从动件；机架。

（2）盘形凸轮；移动凸轮；圆柱凸轮。

（3）尖顶从动件；滚子从动件；平底从动件。

（4）刚性；柔性。

（5）力；速度。

（6）失真。

（7）理论；实际。

（8）小；大。

4-3 选择

（1）B；（2）C；（3）C；（4）D；（5）A；（6）A；（7）A；（8）B；（9）B；（10）A。

4-4 判断

（1）×；（2）×；（3）×；（4）√；（5）√；（6）√；（7）√；（8）×；（9）√；（10）×。

4-5 简答题

（1）答：1）等速运动规律；2）等加速等减速运动规律；3）余弦加速度运动规律。

（2）答：不相同，理论轮廓曲线是指从动件末端滚子中心的轨迹。而实际轮廓曲线是小滚子的包络线形成的轨迹。

（3）答：当 $\rho_{min}=r_T$ 和 $\rho_{min}<r_T$ 时，从动件不能实现所需要的运动规律，运动产生失真。设计时通常取 $r_T \leqslant 0.8\rho_{min}$，或 $r_T \leqslant \rho_{min}-（3\sim5）$mm。若按此条件选择的滚子半径太小而不能满足安装和强度要求时，应加大凸轮的基圆半径，重新设计凸轮轮廓曲线。

（4）答：1）从动件初始位置；2）从动件具有最大速度的位置；3）凸轮轮廓急剧变化的位置。

（5）答：1）增大基圆半径 r_b；2）采用偏置凸轮机构；3）对摆动从动件凸轮机构可重选摆动轴心位置。

4-6 作图

（略）。

5　间歇运动机构

间歇运动机构是指将主动件的等速连续运动转换为从动件周期性间歇运动的机构。最常见的间歇运动机构有棘轮机构、槽轮机构、不完全齿轮机构、螺旋机构等，它们广泛应用于自动机床的进给机构、送料机构、刀架的转位机构、精纺机的成形机构等。

5.1　棘轮机构

5.1.1　棘轮机构的工作原理

如图5-1所示，棘轮机构主要由棘轮1、驱动棘爪2、摇杆3、止退棘爪4、弹簧5和机架6等组成，弹簧5用来使棘爪4和棘轮1保持接触。棘轮1和摇杆3的回转轴线重合。

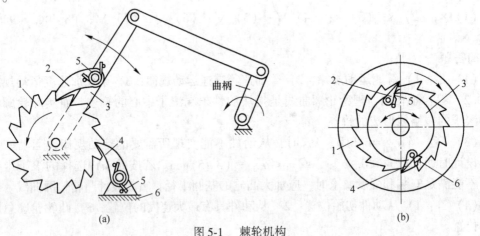

图5-1　棘轮机构
(a) 外啮合棘轮机构；(b) 内啮合棘轮机构
1—棘轮；2—驱动棘爪；3—摇杆；4—止退棘爪；5—弹簧；6—机架

当摇杆3逆时针 [图5-1 (a)为顺时针]摆动时。驱动棘爪2插入棘轮1的齿槽中，推动棘轮转过一个角度，而制动棘爪4则在棘轮的齿背上滑过。当摇杆顺时针 [图5-1(b)为逆时针]摆动时，驱动棘爪2在棘轮的齿背上滑过，而制动棘爪4则阻止棘轮转动，使棘轮静止不动。因此，摇杆作连续的往复摆动时，棘轮将作单向间歇转动。

5.1.2　棘轮机构的类型

根据工作原理，棘轮机构可分为齿式棘轮机构和摩擦式棘轮机构。

5.1.2.1　齿式棘轮机构

齿式棘轮机构的工作原理为啮合原理。其种类很多，可从以下几个方面来分类。

A 按啮合方式分

（1）外啮合棘轮机构［图5-1（a）］。棘齿位于棘轮的外圆部分，工作时，驱动棘爪处于棘轮之外，从外部驱动。安装维护方便，但占用空间尺寸大。

（2）内啮合棘轮机构［图5-1（b）］。棘齿位于棘轮的内圆部分，工作时，驱动棘爪处于棘轮之内，从内部驱动。安装维护困难，但节省空间。

B 按从动件的间歇运动方式分

（1）单向式棘轮机构。如图5-1所示，当主动摇杆3往复摆动时，驱动棘爪2推动棘轮1作单向间歇运动。

（2）双向式棘轮机构。如图5-2所示，图5-2（a）采用矩形齿棘轮，当棘爪1处于实线位置时，棘轮2作逆时针间歇转动；当棘爪1处于虚线位置时，棘轮则作顺时针间歇转动。图5-2（b）采用回转棘爪，当棘爪1按图示位置放置时，棘轮2将作逆时针间歇转动；若将棘爪提起，并绕本身轴线旋转180°后再插入棘轮齿槽时，棘轮将作顺时针间歇转动。若将棘爪提起并绕本身轴线旋转90°，棘爪将被架在壳体顶部的平台上，使轮与爪脱开，此时棘轮将静止不动。

（3）双动式棘轮机构。如图5-3所示，棘轮在摇杆往复摆动时，都能作同一方向转动。驱动棘爪可做成钩头［图5-3（a）］或直头［图5-3（b）］。

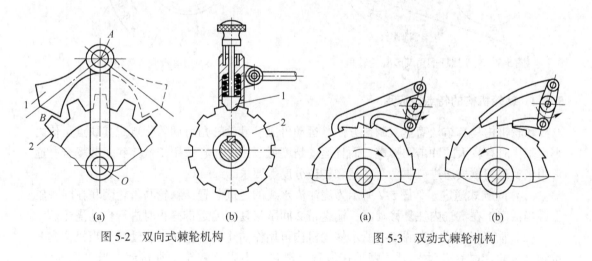

| (a) | (b) | (a) | (b) |

图5-2 双向式棘轮机构　　　　　　　图5-3 双动式棘轮机构

5.1.2.2 摩擦式棘轮机构

摩擦式棘轮机构的工作原理为摩擦原理。如图5-4所示，当摇杆1往复摆动时，驱动棘爪2靠摩擦力驱动棘轮3逆时针单向间歇转动，止回棘爪4靠摩擦力阻止棘轮反转。由于棘轮的廓面是光滑的，因此这种机构又称为无棘齿棘轮机构。该类机构棘轮的转角可以无级调节，噪声小，但棘爪与棘轮的接触面间容易发生相对滑动，故运动的可靠性和准确性较差。

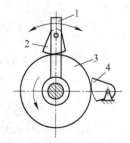

图5-4 摩擦式棘轮机构

5.1.3　棘轮转角的调节方法

5.1.3.1　改变摇杆摆角

如图 5-5 所示的棘轮机构是利用曲柄摇杆机构带动棘轮作间歇运动的。工作时，可利用调节螺钉改变曲柄长度 r 以实现摇杆摆角大小的改变，从而控制棘轮的转角。

5.1.3.2　在棘轮上安装遮板

如图 5-6 所示，摇杆的摆角不变，但在棘轮的外面安装一遮板（遮板不随棘轮转动），改变插销在定位孔中的位置，即可调节摇杆摆程范围内露出的棘齿数，从而改变棘轮转角的大小。

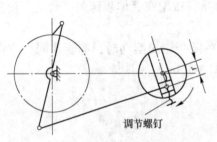

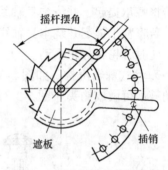

图 5-5　改变摇杆摆角调节棘轮转角　　　　　图 5-6　用遮板调节棘轮转角

5.1.4　棘轮机构的特点及应用

棘轮机构具有结构简单、制造方便、运动可靠、棘轮转角可调等优点。其缺点是传力小，工作时有较大的冲击和噪声，而且运动精度低。因此，它适用于低速和轻载场合，通常用来实现间歇式送进、制动、超越和转位分度等要求。

（1）间歇式送进。如图 5-7 所示为浇注流水线的送进装置，棘轮与带轮固联在同一轴上，当活塞 1 在汽缸内往复移动时，输送带 2 间歇移动，输送带静止时进行自动浇注。

（2）防逆转制动。如图 5-8 所示棘轮机构可用作防止机构逆转的制动器。当机构提升重物（棘轮逆时针转动）时，棘爪在齿背上滑过，不影响棘轮正常转动。当出现异常，棘爪可阻止棘轮逆转，防止重物下跌。

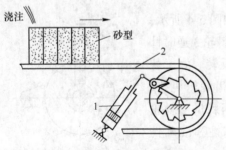

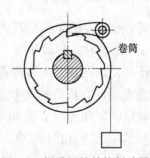

图 5-7　浇注流水线的送进装置　　　　　图 5-8　提升机的棘轮制动器

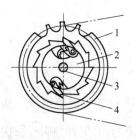

图 5-9　自行车超越离合器

（3）超越运动。如图 5-9 所示为自行车后轴上的内啮合棘轮机构，链轮 1 为内齿棘轮，它用滚动轴承支撑在后轮轴 3 上，两者可相对转动。后轮 2 上铰接着两个棘爪 4，棘爪用弹簧丝压在棘轮的内齿上。当链轮比后轮转速快时（顺时针），链轮 1 通过棘爪 4 带动后轮 2 同步转动，即脚蹬得快，后轮就转得快。当链轮比后轮转速慢时，如自行车下坡或脚不蹬时，后轮由于惯性仍按原转向转动。此时，棘爪 4 将沿棘轮齿背滑过，后轮 2 与链轮 1 脱开，从而实现了从动件转速超越主动件转速的作用。按此原理工作的离合器称为超越离合器。

5.1.5　棘轮的主要参数

棘轮在结构上要求驱动力矩最大、棘爪能顺利插入棘轮。如图 5-10 所示，棘爪为二力构件，驱动力沿 O_1A 方向，当其与向径 O_2A 垂直时，驱动力矩最大。

（1）齿面偏斜角 φ。如图 5-10 所示，棘轮轮齿的工作面相对于棘轮半径 O_2A 偏斜了一个角度，这个角度称为棘轮的齿面偏斜角或齿倾角，用 φ 表示。

为保证棘爪能够顺利进入齿面，不致与轮齿脱开，必须使：

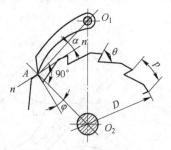

图 5-10　棘轮主要参数

$$\varphi > \rho$$

ρ 为轮齿与棘爪之间的摩擦角。由实际可知，摩擦角一般为 $6° \sim 10°$，故 φ 取 $15° \sim 20°$ 为宜。

（2）齿形角 θ。棘轮的轮齿工作面与齿背形成的夹角称为齿形角，用 θ 表示。棘轮的齿形角 θ 常取 55°或 60°。

（3）棘轮的齿数 z。棘轮的齿数 z 是根据具体的工作要求选定的。轻载时齿数可取多些，载荷较大时可取少些。一般来说，为了避免机构尺寸过大，又能使齿轮具有一定的强度，棘轮的齿数不宜过多，通常取 $z=8\sim30$。

（4）棘轮的模数 m。在棘轮的齿顶圆周上，相邻两个齿对应点之间的弧长称为棘轮的齿距，用 p 表示，如图 5-10 所示。

棘轮齿距 p 与 π 之比，称为棘轮的模数，用 m 表示。即

$$m = \frac{p}{\pi} \tag{5-1}$$

棘轮的模数已经标准化，一般在棘轮的齿顶圆 D 上度量。与齿轮一样，用模数 m 来衡量棘轮轮齿的大小。

（5）齿顶圆直径 D。棘轮齿顶所处的圆称为齿顶圆，其直径用 D 表示，如图 5-10 所示。棘轮的主要尺寸都是在齿顶圆上度量的。

$$D = mz \tag{5-2}$$

5.2　槽　轮　机　构

5.2.1　槽轮机构的工作原理

　　槽轮机构的典型结构如图 5-11 所示，它由主动拨盘 1、从动槽轮 2 和机架组成。拨盘 1 匀速转动，当拨盘上的圆销 A 未进入槽轮的径向槽时，由于槽轮的内凹锁止弧 $\overset{\frown}{efg}$ 被拨盘的外凸锁止弧 $\overset{\frown}{abc}$ 卡住，故槽轮不动。如图 5-11（a）所示为圆销 A 刚进入槽轮径向槽时的位置，此时锁止弧 $\overset{\frown}{efg}$ 也刚被松开。此后，槽轮受圆销 A 的驱动而转动。当圆销 A 在另一边离开径向槽时，如图 5-11（b）所示，锁止弧 $\overset{\frown}{e'f'g'}$ 又被卡住，槽轮又静止不动。直至圆销 A 再次进入槽轮的另一个径向槽时，又重复上述运动。因此槽轮做时动时停的间歇运动。

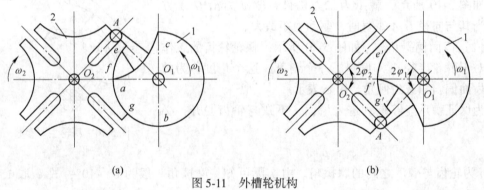

(a)　　　　　　　　　　　　　　　　　(b)

图 5-11　外槽轮机构

5.2.2　槽轮机构的类型

5.2.2.1　平面槽轮机构

　　平面槽轮机构是指拨盘及槽轮的运动都在同一平面或相互平行的平面内进行的机构。它又可分为外槽轮机构和内槽轮机构。

　　（1）外槽轮机构。如图 5-11 所示，外槽轮机构中槽轮径向槽的开口是自圆心向外，主动构件与从动槽轮转向相反。

　　（2）内槽轮机构。如图 5-12 所示，内槽轮机构中槽轮径向槽的开口是向着圆心的，主动构件与从动槽轮转向相同。

　　上述两种槽轮机构都用于传递平行轴运动。与外槽轮机构相比，内槽轮机构传动较平稳、停歇时间较短、所占空间尺寸小。

5.2.2.2　空间槽轮机构

　　如图 5-13 所示，球面槽轮机构是一种典型的空间槽轮机构，用于传递两垂直相交轴的间歇运动。其从动槽轮是半球形，主动构件的轴线与销的轴线都通过球心。当主动构件连续转动时，球面槽轮得到间歇运动。空间槽轮机构结构比较复杂。

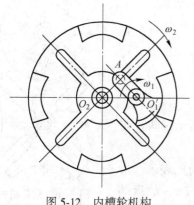

图 5-12 内槽轮机构

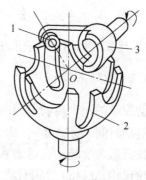

图 5-13 球面槽轮机构
1—圆柱销；2—槽轮；3—拨盘

5.2.3 槽轮机构的特点和应用

槽轮机构具有结构简单、工作可靠、转动精度高、机械效率高和运动较平稳等优点；其缺点是槽轮的转角大小不能调节，存在柔性冲击，且槽轮机构的结构比棘轮机构复杂，加工精度要求较高，因此制造成本较高。

槽轮机构适用于转速不高和从动件要求间歇运动的机械中，常用于机床的间歇转位和分度机构中。如图 5-14 所示为六角车床的刀架转位机构。刀架上装有 6 种刀具，与刀架固联的槽轮 2 上开有 6 个径向槽，拨盘 1 装有一圆销 A，每当拨盘转动一周，圆柱销 A 就进入槽轮一次，驱使槽轮转过 60°，刀架也随之转动 60°，从而将下一工序的刀具换到工作位置上。如图 5-15 所示为电影放映机构中的槽轮机构。为了适应人眼的视觉暂留现象，采用了槽轮机构，使影片作间歇运动。

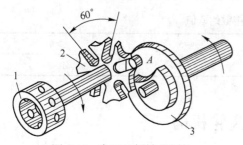

图 5-14 车刀刀架转位机构
1—刀架；2—槽轮；3—拨盘

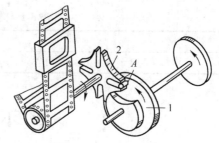

图 5-15 电影放映机构

5.2.4 槽轮机构的主要参数

5.2.4.1 槽轮槽数 z

为避免刚性冲击，圆销进槽和出槽时的瞬时速度方向必须沿着槽轮的径向，如图 5-16 所示，$O_1C \perp O_2C$、$O_1C' \perp O_2C'$，即：

$$2\varphi_1 + 2\varphi_2 = \pi$$

又因轮槽是等分的，所以 $2\varphi_2 = 2\pi/z$，代入上式可得

$$2\varphi_1 = \pi - 2\varphi_2 = \pi - 2\pi/z = \left(\frac{z-2}{z}\right)\pi \qquad (5\text{-}3)$$

由式（5-3）可知，$z \geqslant 3$，一般取 $z = 4 \sim 8$。

5.2.4.2　运动系数 τ

在主动拨盘的一个运动周期内，从动槽轮 2 的运动时间 t_m 与拨盘 1 的运动时间 t 的比值 τ，称为运动系数。

由于拨盘做匀速转动，运动系数 τ 可用拨盘转角比表示，对单圆销槽轮机构，t_m 和 t 分别对应于拨盘转角 $2\varphi_1$ 和 2π，故运动系数

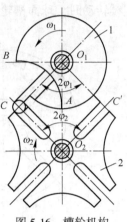

图 5-16　槽轮机构

$$\tau = \frac{t_m}{t} = \frac{2\varphi_1}{2\pi} = \frac{\left(\dfrac{z-2}{z}\right)\pi}{2\pi} = \frac{z-2}{2z} \qquad (5\text{-}4)$$

5.2.4.3　圆销个数 K

若需增大运动系数，可用多个圆销，设圆销个数为 K，则

$$\tau = K\left(\frac{z-2}{2z}\right) \qquad (5\text{-}5)$$

根据槽轮机构间歇运动特点，可知 $0 < \tau < 1$，代入式（5-5）得

$$0 < K < \frac{2z}{z-2} \qquad (5\text{-}6)$$

圆销数 K 必须满足式（5-6）要求，故 z 与 K 的关系可用表 5-1 表示。

表 5-1　槽数与圆销数的取值

z	3	4~5	≥6
K	1~5	1~3	1~2

5.3　不完全齿轮机构

5.3.1　不完全齿轮机构的工作原理及类型

如图 5-17 所示，不完全齿轮机构主动轮 1 上的轮齿不是布满在整个圆周上，而是只有一个轮齿或几个轮齿，其余部分为外凸锁止弧 g；从动轮 2 上加工出与主动轮轮齿相啮合的齿和内凹锁止弧 f，彼此相同地布置。

工作时，两个齿轮均作回转运动。当主动轮 1 上的轮齿与从动轮 2 的轮齿啮合时，驱动从动轮 2 转动；当主动轮 1 的外凸锁止弧 g 与从动轮 2 的内凹锁止弧 f 接触时，从动件 2 停止不动。因此，当主动轮连续转动时，实现了从动轮时转时停的间歇运动。从动轮在

间歇期间，主动轮上的外凸锁止弧 g 与从动轮上的内凹锁止弧 f 相配合锁住，以保证从动轮停歇在预定的位置上而不发生游动，起到定位的作用。

不完全齿轮机构有外啮合［图 5-17（a）］和内啮合［图 5-17（b）］两种，外啮合两轮转向相反，内啮合两轮转向相同。

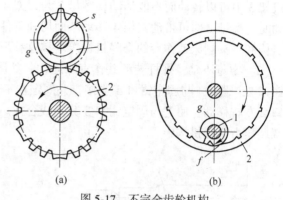

图 5-17　不完全齿轮机构

（a）外啮合；（b）内啮合

5.3.2　不完全齿轮机构的特点及应用

不完全齿轮机构的优点是结构简单、设计灵活、制造方便，从动轮的运动角范围大，很容易实现在一个周期内的多次动停时间不等的间歇运动。缺点是加工复杂，主动轮与从动轮不能互换，从动轮在转动开始及终止时速度有突变，冲击较大。

因存在冲击，不完全齿轮机构一般仅用于低速、轻载场合，如计数机构及自动机、半自动机中用作工作台间歇转动的机构等。

5.4　螺 旋 机 构

5.4.1　螺旋机构的应用和特点

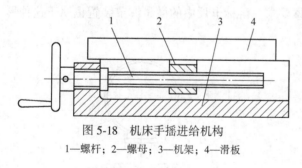

图 5-18　机床手摇进给机构

1—螺杆；2—螺母；3—机架；4—滑板

螺旋机构可以将回转运动变为直线移动，在各种机械设备和仪器中得到广泛地应用。如图 5-18 所示的机床手摇进给机构是螺旋机构的一个应用实例，当摇动手轮使螺杆 1 旋转时，螺母 2 就带动滑板 4 沿导轨面移动。

螺旋机构的主要优点是结构简单，制造方便，能将较小的回转力矩转变成较大的轴向力，能达到较高的传动精度，并且工作平稳，易于自锁。它的主要缺点是摩擦损失大，传动效率低，因此一般不用来传递大的功率。

螺旋机构中的螺杆常用中碳钢制成，而螺母则需要耐磨性较好的材料（如青铜或耐磨铸铁等）来制造。

5.4.2　螺旋机构的基本形式

5.4.2.1　单螺旋机构

单螺旋机构又称为普通螺旋机构，是出单一螺旋副组成的，它有如下 4 种形式。

（1）螺杆原位转动，螺母作直线运动。如图 5-19 所示的车床自动进给机构，螺杆 1

在机架 3 中可以转动而不能移动，螺母 2 与刀架 4 相连接只能移动而不能转动，当螺杆 1 转动时，螺母 2 即可带动刀架 4 移动从而切削工件 5。此外，如图 5-18 所示的机床手摇进给机构和牛头刨床工作台的升降机构等均属这种形式的单螺旋机构。

（2）螺母不动，螺杆转动并作直线运动。如图 5-20 所示的台虎钳，螺杆 1 上装有活动钳口 2，螺母 4 与固定钳口 3 连接，并固定在工作台上。当转动螺杆 1 时，可带动活动钳口 2 左右移动，使之与固定钳口 3 分离或合拢。此种机构通常还应用于千斤顶、千分尺和螺旋压力机等机构中。

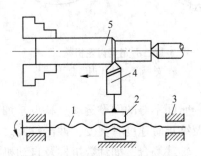

图 5-19　车床自动进给机构

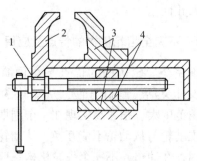

图 5-20　台虎钳

（3）螺杆不动，螺母转动并作直线运动。如图 5-21 所示的螺旋千斤顶，螺杆 1 被安置在底座上静止不动，转动手柄使螺母 2 旋转，螺母就会上升或下降，托盘 3 上的重物就被举起或放下。此种机构还应用在插齿机刀架传动上。

（4）螺母原位转动，螺杆作直线运动。如图 5-22 所示为应力试验机上的观察镜螺旋调整装置，由机架 1、螺母 2、螺杆 3 和观察镜 4 组成。当转动螺母 2 时便可使螺杆 3 向上或向下移动，以满足观察镜的上下调整要求。游标卡尺中的微量调节装置也属于这种形式的单螺旋机构。

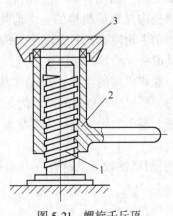

图 5-21　螺旋千斤顶

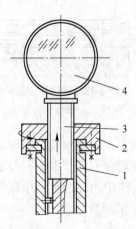

图 5-22　螺旋调整装置

在单螺旋机构中，螺杆与螺母间相对移动的距离可按下式计算

$$L = nPZ \tag{5-7}$$

式中　L——移动距离，mm；

　　　n——螺旋线数；

P——螺纹的螺距，mm；

Z——转过的圈数。

5.4.2.2　双螺旋机构

按两螺旋副的旋向不同，双螺旋机构又可分为差动螺旋机构和复式螺旋机构两种。

（1）差动螺旋机构。两螺旋副中螺纹旋向相同但导程不同的双螺旋机构，称为差动螺旋机构。如图 5-23 所示。

如图 5-23（a）所示，差动螺旋机构中的可动螺母 2 相对机架 1 移动的距离 L 可按下式计算

$$L = L_A - L_B = (S_A - S_B)Z \tag{5-8}$$

式中　L——螺母 2 相对机架移动的距离，mm；

　　　S_A——螺母 A 的导程，mm；

　　　S_B——螺母 B 的导程，mm；

　　　Z——转过的圈数。

当 S_A 与 S_B 相差很小时，则移动量可以很小。利用这一特性，差动螺旋机构常应用于各种测量、微调机构中。如图 5-23（b）所示为镗床镗刀的微调机构。螺母 2 固定于镗杆 3，螺杆 1 与螺母 2 组成螺旋副 A，与螺母 4 组成螺旋副 B。螺母 4 的末端装有镗刀，它与螺母 2 组成移动副 C。螺旋副 A 与 B 旋向相同而导程不同，组成差动螺旋机构。当转动螺杆 1 时，镗刀相对镗杆作微量的移动，以调整镗孔的背吃刀量。

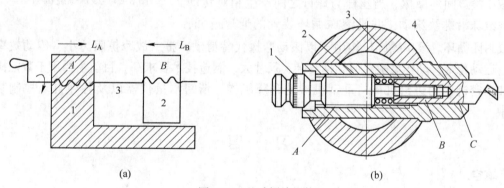

图 5-23　差动螺旋机构

（a）差动螺旋机构原理；（b）镗床镗刀的微调

（2）复式螺旋机构。两螺旋副中螺纹旋向相反的双螺旋机构，称为复式螺旋机构。如图 5-24 所示。

如图 5-24（a）所示，差动螺旋机构中的可动螺母 2 相对机架 1 移动的距离 L 可按下式计算：

$$L = L_A + L_B = (S_A + S_B)Z \tag{5-9}$$

因为复式螺旋机构的移动距离 L 与两螺母导程（$S_A + S_B$）成正比，所以多用于快速调整或移动两构件相对位置场合。如图 5-24（b）所示为台虎钳定心夹紧机构，它由平面夹爪 1 和 V 形夹爪 2 组成定心机构，采用导程不同的复式螺旋，螺杆 3 的 A 端为右旋螺纹，B 端为左旋螺纹，当转动螺杆 3 时，夹爪 1 与 2 夹紧工件，能适应不同直径工件的准确定心。

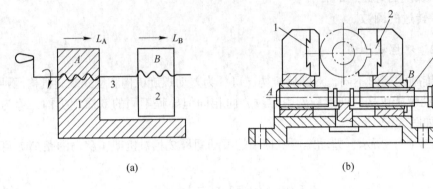

(a)　　　　　　　　　　　　　　　　(b)

图 5-24　复式螺旋机构

（a）复式螺旋机构原理；（b）台虎钳定心夹紧机构

5.4.2.3　滚珠螺旋机构

普通的螺旋机构，由于齿面之间存在滑动摩擦，所以传动效率低。为了提高效率并减轻磨损，可采用以滚动摩擦代替滑动摩擦的滚珠螺旋机构。如图 5-25 所示，滚珠螺旋机构由螺母 1、丝杆 2、滚珠 3 和滚珠循环装置 4 等组成。在丝杆和螺母的螺纹滚道之间装入许多滚珠，以减小滚道间的摩擦。当丝杆与螺母之间产生相对转动

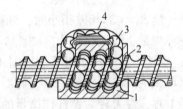

图 5-25　滚珠螺旋机构

时，滚珠沿螺纹滚动，并沿滚珠循环装置的通道返回，构成封闭循环。滚珠螺旋机构由于以滚动摩擦代替滑动摩擦，故摩擦阻力小、传动效率高、运动稳定、动作灵敏，但结构复杂、尺寸大、制造技术要求高。目前主要用于数控机床和精密机床的进给机构、重型机械的升降机构、精密测量仪器以及各种自动控制装置中。

习　题

5-1 填空

（1）棘轮机构转角调节的方法有_____和_____。

（2）棘轮机构中，齿数 z 取_____为宜，齿倾角 φ 取_____为宜，齿形角 θ 通常取_____或_____。

（3）平面槽轮机构又分为_____和_____两类。

（4）槽轮机构中，齿数 z 取_____为宜。

（5）螺旋机构按螺旋副数目可分为_____和_____两种形式。

5-2 选择

（1）棘轮机构中，防止棘轮反转的构件是____。

　　A. 止退棘爪；　　　　B. 止退棘轮；　　　　C. 制动器；　　　　D. 离合器。

（2）棘轮的主要参数是在____上度量的。

　　A. 分度圆；　　　　B. 齿顶圆；　　　　C. 齿根圆；　　　　D. 基圆。

（3）棘轮的齿数 z 是根据具体的工作要求选定的。轻载时齿数可取____。

    A. 整数；   B. 小数；   C. 多；   D. 少。

（4）槽轮机构存在____冲击。

    A. 不变；   B. 中性；   C. 刚性；   D. 柔性。

（5）不完全齿轮机构存在____冲击。

    A. 不变；   B. 中性；   C. 刚性；   D. 柔性。

（6）槽轮机构中，运动系数一般为____。

    A. $0<\tau<1$；   B. $0<\tau<0.8$；   C. $0.2<\tau<0.8$；   D. $0.5<\tau<1$。

5-3 判断

（1）棘轮在工作的时候，受到棘爪推力的作用。同时，棘爪也会受到棘轮的反作用力。

                                                （   ）

（2）典型的棘轮机构由棘爪、棘轮、摇杆和机架等组成，摇杆及铰接于其上的棘轮为主动件，棘爪为从动件。   （   ）

（3）外啮合棘轮机构比内啮合棘轮机构节省空间。   （   ）

（4）摩擦式棘轮机构中棘轮的转角可以无级调节，故运动的准确性较好。   （   ）

（5）槽轮机构的结构比棘轮机构复杂，加工精度要求较高，因此制造成本较高。

                                                （   ）

（6）不完全齿轮机构中，从动轮在转动开始及终止时速度有突变，冲击较大。

                                                （   ）

5-4 简答题

（1）常见的棘轮机构有哪几种形式，各有什么特点？

（2）常见的槽轮机构有哪几种形式，各有什么特点？

（3）棘轮机构、槽轮机构和不完全齿轮机构都是常用的间歇运动机构，它们各具有哪些优缺点？各适用于什么场合？

习 题 答 案

5-1 填空

（1）改变摇杆摆角；安装遮板。

（2）8~30；15°~20°；55°；60°。

（3）外啮合；内啮合。

（4）4~8。

（5）单螺旋机构；双螺旋机构。

5-2 选择

（1）A；（2）B；（3）C；（4）D；（5）C；（6）A。

5-3 判断

（1）√；2.×；（3）×；（4）×；（5）√；（6）√。

5-4 简答题

（1）答：根据工作原理，棘轮机构可分为齿式棘轮机构和摩擦式棘轮机构。齿式棘轮机构具有结构简单、制造方便、运动可靠、棘轮转角可调等优点，其缺点是传力小，工作时有较大的冲击和噪声，而且运动精度低；摩擦式棘轮机构优点是棘轮的转角可以无级调节，噪声小，缺点是棘爪与棘轮的接触面间容易发生相对滑动，故运动的可靠性和准确性较差。

（2）答：槽轮机构可分为平面槽轮机构和空间槽轮机构。平面槽轮机构用于传递平行轴运动；空间槽轮机构可用于空间轴的传动，但结构比较复杂，制造困难。

（3）答：1）棘轮机构具有结构简单、制造方便、运动可靠、棘轮转角可调等优点。其缺点是传力小，工作时有较大的冲击和噪声，而且运动精度低。因此，它适用于低速和轻载场合，通常用来实现间歇式送进、制动、超越和转位分度等要求。

2）槽轮机构具有结构简单、工作可靠、转动精度、机械效率高和运动较平稳等优点；其缺点是槽轮的转角大小不能调节，存在柔性冲击，且槽轮机构的结构比棘轮机构复杂，加工精度要求较高，因此制造成本较高。槽轮机构适用于转速不高和从动件要求间歇运动的机械中，常用于机床的间歇转位和分度机构中。

3）不完全齿轮机构的优点是结构简单、设计灵活、制造方便，从动轮的运动角范围大，很容易实现在一个周期内的多次动停时间不等的间歇运动。缺点是加工复杂，主动化与从动轮不能互换，从动轮在转动开始及终止时速度有突变，冲击较大。一般仅用于低速、轻载场合，如计数机构及自动机、半自动机中用作工作台间歇转动的机构等。

6 带 传 动

带传动是一种常用的机械传动装置，它的主要作用是传递转矩和改变转速。大部分带传动是依靠挠性传动带与带轮间的摩擦力来传递运动和动力的。本章将对带传动的工作情况进行分析，并给出带传动的设计准则和计算方法。重点介绍 V 带传动的设计计算。

6.1 概 述

6.1.1 带传动的组成

如图 6-1 所示，带传动一般由主动轮、从动轮、传动带及机架组成。当原动机运动驱动主动轮转动时，由于带与带轮间摩擦或啮合的作用，使从动轮一起转动，从而实现运动和动力的传递。

6.1.2 带传动的类型

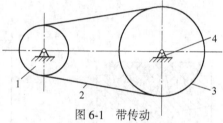

图 6-1 带传动

1—主动轮；2—传动带；3—从动轮；4—机架

6.1.2.1 按传动原理分

（1）摩擦带传动。靠传动带与带轮间的摩擦力实现传动，如平带传动（见图 6-2）、V 带传动（见图 6-3）等。

（2）啮合带传动。靠带内侧凸齿与带轮外缘上的齿槽相啮合实现传动，如图 6-6 所示同步带传动。

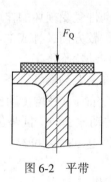

图 6-2 平带

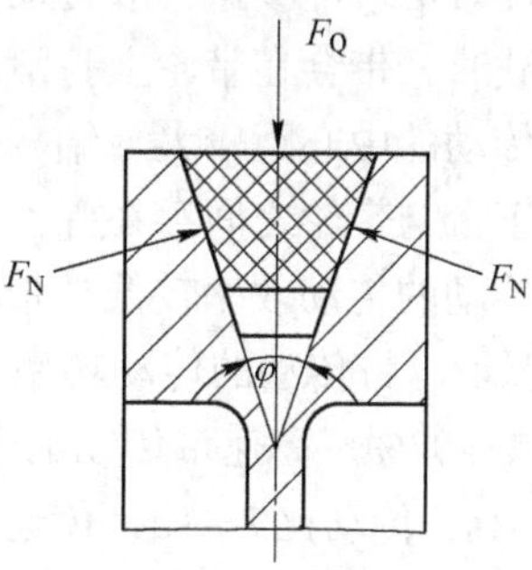

图 6-3 V 带

6.1.2.2 按用途分

（1）传动带。用来传动运动和动力。

（2）输送带。用来输送物品。

本章仅讨论传动带。

6.1.2.3　按传动带的截面形状分

（1）平带。如图6-2所示，平带的截面形状为矩形，其工作面是与轮面相接触的内表面。结构简单，带的挠性好，带轮容易制造，主要用于传动中心距较大的场合。常用的平带有胶带、编织带和强力锦纶带等。

（2）V带。如图6-3所示，V带的截面形状为梯形，两侧面为工作表面，传动时V带与轮槽两侧面接触，在同样压紧力 F_Q 的作用下，V带的摩擦力比平带大，传动功率也较大，且结构紧凑。

（3）多楔带。如图6-4所示，它是平带基体上由多根V带组成的传动带。多楔带结构紧凑，可传递很大的功率。

（4）圆形带。如图6-5所示，横截面为圆形，只用于小功率传动。

（5）同步带。如图6-6所示，纵截面为齿形，利用啮合来传递运动和动力。

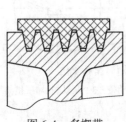

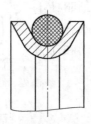
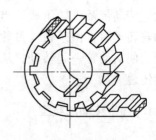

图6-4　多楔带　　　　　　　图6-5　圆形带　　　　　　　图6-6　同步带

6.1.3　带传动的特点和应用

带传动是利用具有弹性的挠性带来传递运动和动力的，故具有以下特点：

（1）弹性带可缓冲吸振，故传动平稳、噪声小。

（2）过载时，带会在带轮上打滑，从而起到保护其他传动件免受损坏的作用。

（3）带传动的中心距较大，结构简单，制造、安装和维护较方便，且成本低廉。

（4）由于带与带轮之间存在弹性滑动，导致速度损失、传动比不稳定。

（5）带传动的传动效率较低，带的寿命一般较短，不宜在易燃易爆场合下工作。

一般情况下，带传动的传动功率 $P \leqslant 100$ kW，带速 $v = 5 \sim 25$ m/s，平均传动比 $i \leqslant 5$，传动效率为 $94\% \sim 97\%$。高速带传动的带速可达 $60 \sim 100$ m/s，传动比 $i \leqslant 7$。同步齿形带的带速为 $40 \sim 50$ m/s，传动比 $i \leqslant 10$，传递功率可达200kW，效率可达 $98\% \sim 99\%$。

6.2　V带的结构和尺寸标准

V带有普通V带、窄V带、宽V带、汽车V带和大楔角V带等。其中以普通V带和窄V带应用较广，本章主要讨论普通V带传动。

6.2.1 V带的结构

普通V带为无接头的环形带，如图6-7所示，由伸张层、强力层、压缩层和包布层组成。包布层由胶帆布制成，起保护作用；伸张层和压缩层由橡胶制成，当带弯曲时承受拉伸和弯曲作用；强力层的结构形式有帘布结构 [图6-7 (a)] 和线绳结构 [图6-7 (b)] 两种。

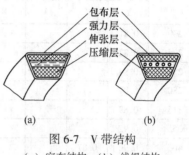

图6-7 V带结构
(a) 帘布结构；(b) 线绳结构

帘布结构抗拉强度高，承载能力较强，但柔韧性及抗弯强度不如线绳结构好；线绳结构柔韧性好，抗弯强度高，但承载能力较差。

帘布结构V带适用于载荷大、带轮直径较大的场合；线绳结构V带适用于转速高、带轮直径较小的场合。

为了提高V带抗拉强度，近年来已开始使用合成纤维（锦纶和涤纶等）绳芯作为强力层。

6.2.2 V带尺寸

V带的尺寸已经标准化，其标准有截面尺寸和V带基准长度。

6.2.2.1 截面尺寸

V带按其截面尺寸由小到大的顺序排列，共有Y、Z、A、B、C、D、E 7种型号，各种型号V带的截面尺寸见表6-1。在相同条件下，截面尺寸越大，传递的功率就越大。

表6-1 普通V带截面尺寸（GB/T 11544—2012）

型 号	Y	Z	A	B	C	D	E
顶宽 b /mm	6	10	13	17	22	32	38
节宽 b_p /mm	5.3	8.5	11	14	19	27	32
高度 h /mm	4	6	8	11	14	19	25
楔角 θ	40°						
质量 q /kg·m⁻¹	0.03	0.06	0.11	0.19	0.33	0.66	1.02

6.2.2.2 V带的基准长度

V带在规定的张紧力下，位于带轮基准直径上的周线长度称为基准长度 L_d，普通V带的基准长度系列和带长修正系数 K_L 见表6-2。

表 6-2　普通 V 带的基准长度系列和带长修正系数 K_L

基准长度	K_L				基准长度	K_L					
L_d/mm	Y	Z	A	B	L_d/mm	Z	A	B	C	D	E
200	0.81				1600	1.16	0.99	0.92	0.83		
224	0.82				1800	1.18	1.01	0.95	0.86		
250	0.84				2000		1.03	0.98	0.88		
280	0.87				2240		1.06	1.00	0.91		
315	0.89				2500		1.09	1.03	0.93		
355	0.92				2800		1.11	1.05	0.95	0.83	
400	0.96	0.87			3150		1.13	1.07	0.97	0.86	
450	1.00	0.89			3550		1.17	1.09	0.99	0.89	
500	1.02	0.91			4000		1.19	1.13	1.02	0.91	
560		0.94			4500			1.15	1.04	0.93	0.90
630		0.96	0.81		5000			1.18	1.07	0.96	0.92
710		0.99	0.82		5600				1.09	0.98	0.95
800		1.00	0.85		6300				1.12	1.00	0.97
900		1.03	0.87	0.81	7100				1.15	1.03	1.00
1000		1.06	0.89	0.84	8000				1.18	1.06	1.02
1120		1.08	0.91	0.86	9000				1.21	1.08	1.05
1250		1.11	0.93	0.88	10000				1.23	1.11	1.07
1400		1.14	0.96	0.90	16000					1.22	1.18

普通 V 带的标记为：带型，基准长度，标记编号。

例如，B 型带，基准长度为 1000mm，标记为　B 1000 GB/T 11544—2012。

6.3　V 带轮的结构和材料

6.3.1　V 带轮的结构

V 带轮是由轮缘（带轮的外缘部分）、轮毂（带轮与轴相配合的部分）和轮辐（轮缘与轮毂相连的部分）三部分组成。其中轮缘部分加工有轮槽，用来装 V 带，轮槽尺寸见表 6-3。

表 6-3　V 带轮的轮槽尺寸　　　　　　　　　　　　（mm）

续表 6-3

项　目	符号	槽　型						
		Y	Z	A	B	C	D	E
基准宽度	b_d	5.3	8.5	11	14	19	27	32
基准线上槽深	h_{amin}	1.6	2	2.75	3.5	4.8	8.1	9.6
基准线下槽深	h_{fmin}	4.7	7	8.7	10.8	14.3	19.9	23.4
槽间距	e	8±0.3	12±0.3	15±0.3	19±0.4	25.5±0.5	37±0.6	44.5±0.7
最小槽边距	f_{min}	6	7	9	11.5	16	23	28
最小轮缘厚	δ_{min}	5	5.5	6	7.5	10	12	15
圆角半径	r_1	0.2~0.5						
带轮宽	B	$B=(z-1)e+2f$　　z—轮槽数						
外径	d_a	$d_a=d_d+2h_a$						
轮槽角 φ　32°	相应的基准直径 d_d	≤60	—	—	—	—	—	—
34°		—	≤80	≤118	≤190	≤315	—	—
36°		>60	—	—	—	—	≤475	≤600
38°		—	>80	>118	>190	>315	>475	>600
极限偏差		±30′						

注：槽间距 e 的极限偏差适用于任何两个轮槽对称中心面的距离，不论相邻还是不相邻。

　　V带轮按轮辐结构的不同可分为实心式、腹板式、轮辐式，如图 6-8 所示。带轮直径较小时 [$d_d≤(2.5~3)d$，d 为轴径]，常采用实心结构；$d_d≤300mm$ 时，常采用腹板式结构，当 $d_2-d_1≥100mm$ 时，为了便于吊装和减轻质量，可在腹板上开孔；而 $d_d>300mm$ 的大带轮一般采用轮辐式结构。

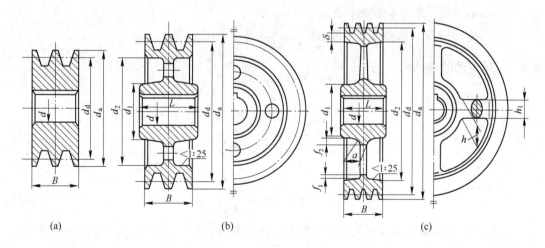

图 6-8　V带轮结构
（a）实心式；（b）腹板式；（c）轮辐式

6.3.2　带轮的材料

普通 V 带轮最常用的材料是灰铸铁。当带的速度 $v \leqslant 25 \mathrm{m/s}$ 时，可用 HT150；当带的速度 $v = 25 \sim 30 \mathrm{m/s}$ 时，可用 HT200；当带的速度 $v > 35 \mathrm{m/s}$ 时，可用铸钢。传递功率较小时，可用铸铝或工程塑料。

6.4　带传动的弹性滑动和传动比

6.4.1　带传动的弹性滑动

由于带是弹性体，受力不同时，带的变形量也不相同。如图 6-9 所示，在主动轮上，当带从紧边 a 点转到松边 b 点时，拉力由 F_1 逐渐降至 F_2，带因弹性变形变小而回缩，带的运动滞后于带轮，即带与带轮之间产生了相对滑动。相对滑动同样发生在从动轮上，但带的运动超前于带轮。这种因带的弹性变形而引起的带与带轮之间的滑动，称为弹性滑动。

弹性滑动和打滑是两个完全不同的概念，打滑是因为过载引起的，因此打滑可以避免。而弹性滑动是由于带的弹性和拉力差引起的，是传动中不可避免的现象。

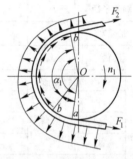

图 6-9　带的弹性滑动

由弹性滑动引起从动轮圆周速度的相对降低率称为滑动率，用 ε 表示。即

$$\varepsilon = \frac{v_1 - v_2}{v_1} = 1 - \frac{n_2 d_{d2}}{n_1 d_{d1}} \tag{6-1}$$

式中　v_1，v_2——主、从动轮的圆周速度；

　　　　n_1，n_2——主、从动轮的转速；

　　　　d_{d1}，d_{d2}——主、从动轮的基准直径。

6.4.2　带传动的传动比

带传动的传动比

$$i = \frac{n_1}{n_2} = \frac{d_{d2}}{d_{d1}(1 - \varepsilon)} \tag{6-2}$$

从动轮转速

$$n_2 = (1 - \varepsilon) n_1 \frac{d_{d1}}{d_{d2}} \tag{6-3}$$

因带传动的滑动率 ε 通常为 0.01~0.02，在一般计算中可忽略不计，视 $\varepsilon = 0$，因此可得带传动的传动比为

$$i = \frac{n_1}{n_2} = \frac{d_{d2}}{d_{d1}} \tag{6-4}$$

6.5　带传动的设计计算

6.5.1　带传动的失效形式和设计准则

由带传动的工作情况分析可知，带传动的主要失效形式为打滑和带的疲劳破坏（如脱层，撕裂或拉断）等。因此带传动的设计准则是：在传递规定功率时不打滑，同时具有足够的疲劳强度和一定的使用寿命。

6.5.2　带传动参数选择及设计计算

普通 V 带传动设计计算时，通常已知条件为：传动的工作情况，传递的功率 P，两轮转速 n_1、n_2（或传动比 i）和外廓尺寸要求等。

设计内容有：带的型号、长度和根数，带轮的尺寸、结构和材料，传动中心距，带的初拉力和压轴力，张紧和防护等。具体设计步骤如下。

6.5.2.1　确定计算功率 P_c

$$P_c = K_A P \tag{6-5}$$

式中　　P_c——计算功率，kW；

　　　　P——带传动所需传递的功率，kW；

　　　　K_A——工作情况系数，见表 6-4。

表 6-4　工作情况系数 K_A

载荷性质	工作机	原动机					
		I 类			II 类		
		每天工作时间/h					
		<10	10~16	>16	<10	10~16	>16
载荷平稳	离心式水泵、轻型输送机、离心式压缩机、通风机（$p \leqslant 7.5\text{kW}$）	1.0	1.1	1.2	1.1	1.2	1.3
载荷变动小	带式运输机（$p > 7.5\text{kW}$）、发电机、旋转式水泵、机床、剪床、压力机、印刷机、振动筛	1.1	1.2	1.3	1.2	1.3	1.4
载荷变动较大	螺旋式输送机、斗式提升机、往复式水泵和压缩机、锻锤、磨粉机、锯木机、纺织机械	1.2	1.3	1.4	1.4	1.5	1.6
载荷变动很大	破碎机、球磨机、起重机、挖掘机、辊压机	1.3	1.4	1.5	1.5	1.6	1.8

注：I 类—普通鼠笼式交流电动机，同步电动机，直流电动机（并激），$n \geqslant 600\text{r/min}$ 内燃机。

　　II 类—交流电动机（双鼠笼式、滑环式、单相、大转差率），直流电动机，$n \leqslant 600\text{r/min}$ 内燃机。

6.5.2.2　选定 V 带的型号

根据计算功率 P_c 和小轮转速 n_1，按图 6-10 选择普通 V 带的型号。若临近两种型号的界线时，可按两种型号同时计算，通过分析比较进行取舍。

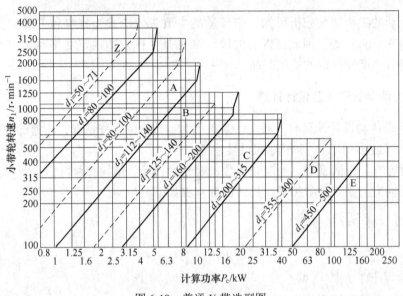

图 6-10　普通 V 带选型图

6.5.2.3　确定带轮基准直径 d_{d1}、d_{d2}

小带轮的基准直径 d_{d1} 是一个重要的参数。小带轮的基准直径小，在一定的传动比下，大带轮的基准直径相应地也小，则带传动的外廓尺寸小，结构紧凑、重量轻。但是如果小带轮的基准直径过小，将会使传动带的弯曲应力增大，从而导致传动带的寿命降低。为了避免产生过大的弯曲应力，在 V 带传动的设计计算中，对于每种型号的 V 带传动都规定了相应的最小带轮基准直径 d_{dmin}。

因此，小带轮的基准直径 d_{d1} 不能太小，应大于所规定的最小直径 d_{dmin}，即应满足

$$d_{d1} \geqslant d_{dmin}$$

d_{dmin} 的值见表 6-5，并且小带轮的基准直径 d_{d1} 也应按表 6-5 选取标准系列值。

大带轮的基准直径 d_{d2} 可按下式计算

$$d_{d2} = \frac{n_1}{n_2} d_{d1} = i d_{d1} \tag{6-6}$$

计算出 d_{d2} 后，应按表 6-5 圆整成相接近的带轮基准直径的标准尺寸系列值。

6.5.2.4　验算带速 v

$$v = \frac{\pi d_{d1} n_1}{60 \times 1000} \tag{6-7}$$

式中　d_{d1}——小带轮的基准直径，mm；

n_1——小带轮的转速，r/min。

通常应使 v 在 5~25m/s 的范围内，否则应重新选取带轮的基准直径。

表6-5 V带轮基准直径的标准系列 （mm）

V带型号	d_{dmin}	d_d 的范围	基准直径的标准范围
Y	20	20~125	20, 22.4, 25, 28, 31.5, 40, 45, 50, 56, 63, 71, 80, 90, 100, 112, 125
Z	50	50~630	50, 56, 63, 71, 75, 80, 90, 100, 112, 125, 132, 140, 150, 160, 180, 200, 224, 250, 280, 315, 355, 400, 500, 630
A	75	75~800	75, 80, 85, 90, 95, 100, 106, 112, 118, 125, 132, 140, 150, 160, 180, 200, 224, 250, 280, 315, 355, 400, 450, 500, 560, 630, 710, 800
B	125	125~1120	125, 132, 140, 150, 160, 170, 180, 200, 224, 250, 280, 315, 355, 400, 450, 500, 560, 630, 710, 750, 800, 900, 1000, 1120
C	200	200~2000	200, 212, 224, 236, 250, 265, 280, 300, 315, 335, 355, 400, 450, 560, 600, 630, 710, 750, 800, 900, 1000, 1120, 1250, 1400, 1600, 2000
D	355	355~2000	355, 375, 400, 425, 450, 475, 500, 560, 600, 630, 710, 750, 800, 900, 1000, 1060, 1120, 1250, 1400, 1500, 1600, 1800, 2000
E	500	500~2250	500, 560, 600, 630, 670, 710, 800, 900, 1000, 1060, 1120, 1250, 1400, 1500, 1600, 1800, 2000, 2245, 2250

6.5.2.5 确定中心距 a 和基准长度 L_d

中心距小则结构紧凑，但传动带较短，包角减小，且带的绕转次数增多，降低了带的寿命，致使传动能力下降。如果中心距过大则结构尺寸增大，当带速较高时带会产生颤动。设计时应根据具体的结构要求或按下式初步确定中心距 a_0

$$0.7(d_{d1} + d_{d2}) \leqslant a_0 \leqslant 2(d_{d1} + d_{d2}) \tag{6-8}$$

由带传动的几何关系可初步计算带的基准长度 L_0

$$L_0 = 2a_0 + \frac{\pi}{2}(d_{d1} + d_{d2}) + \frac{(d_{d2} - d_{d1})^2}{4a_0} \tag{6-9}$$

根据初定的 L_0，由表6-2选取相近的基准长度 L_d。最后按下式近似计算实际所需的中心距

$$a = a_0 + \frac{L_d - L_0}{2} \tag{6-10}$$

考虑安装调整和张紧的需要，中心距大约有 $\pm 0.03L_d$ 的调整量。

6.5.2.6 验算小带轮包角 α_1

$$\alpha_1 = 180° - \frac{d_{d2} - d_{d1}}{a} \times 57.3° \tag{6-11}$$

一般要求 $\alpha_1 \geqslant 120°$，否则要加大中心距或增设张紧轮。

6.5.2.7 确定带的根数 z

$$z \geqslant \frac{P_c}{(P_0 + \Delta P_0) K_\alpha K_L} \tag{6-12}$$

式中　P_0——单根普通 V 带的基本额定功率（见表 6-6），kW；

　　ΔP_0——$i \neq 1$ 时的单根普通 V 带的额定功率的增量（见表 6-7），kW；

　　K_L——带长修正系数，考虑带长不等于特定长度时对传动能力的影响（见表 6-2）；

　　K_α——包角修正系数，考虑 $\alpha \neq 180°$ 时，传动能力有所下降（见表 6-8）。

带的根数 z 应圆整为整数，为使各带受力均匀，根数不宜过多，一般应满足 $z < 10$，通常 $z = 2\sim5$ 为宜。如计算超出，应改选 V 带型号或加大带轮直径后重新设计。

表 6-6　单根普通 V 带的基本额定功率 P_0（包角 $\alpha = 180°$）　（kW）

带型	小带轮基准直径 d_{d1}/mm	小带轮转速 n_1/r·min^{-1}				
		400	730	980	1460	2800
Z	50	0.06	0.09	0.12	0.16	0.26
	63	0.08	0.13	0.18	0.25	0.41
	71	0.09	0.17	0.23	0.31	0.50
	80	0.14	0.20	0.26	0.36	0.56
A	75	0.27	0.42	0.52	0.68	1.00
	90	0.39	0.63	0.79	1.07	1.64
	100	0.47	0.77	0.97	1.32	2.05
	112	0.56	0.93	1.18	1.62	2.51
	125	0.67	1.11	1.40	1.93	2.98
B	125	0.84	1.34	1.67	2.20	2.96
	140	1.05	1.69	2.13	2.83	3.85
	160	1.32	2.16	2.72	3.64	4.80
	180	1.59	2.61	3.30	4.41	5.76
	200	1.85	3.05	3.86	5.15	6.43
C	200	2.41	3.80	4.66	5.86	5.01
	224	2.99	4.78	5.89	7.47	—
	250	3.62	5.82	7.18	9.06	—
	280	4.32	6.99	8.65	10.74	—
	315	5.14	8.34	10.23	12.48	—
	400	7.06	11.52	13.67	15.51	—

表 6-7　单根普通 V 带 $i \neq 1$ 时额定功率的增量 ΔP_0　（kW）

带型	小带轮转速 n_1/r·min^{-1}	传动比 i									
		1.00~1.01	1.02~1.04	1.05~1.08	1.09~1.12	1.13~1.18	1.19~1.24	1.25~1.34	1.35~1.51	1.52~1.99	≥2.0
Z	400	0.00	0.00	0.00	0.00	0.00	0.00	0.00	0.00	0.01	0.01
	730	0.00	0.00	0.00	0.00	0.00	0.00	0.01	0.01	0.01	0.02
	980	0.00	0.00	0.00	0.00	0.01	0.01	0.01	0.02	0.02	0.02
	1460	0.00	0.00	0.01	0.01	0.01	0.02	0.02	0.02	0.02	0.03
	2800	0.00	0.01	0.02	0.02	0.03	0.03	0.03	0.04	0.04	0.04

带型	小带轮转速 $n_1/\text{r}\cdot\text{min}^{-1}$	传动比 i									
		1.00~1.01	1.02~1.04	1.05~1.08	1.09~1.12	1.13~1.18	1.19~1.24	1.25~1.34	1.35~1.51	1.52~1.99	≥2.0
A	400	0.00	0.01	0.01	0.02	0.02	0.03	0.03	0.04	0.04	0.05
	730	0.00	0.01	0.02	0.03	0.04	0.05	0.06	0.07	0.08	0.09
	980	0.00	0.01	0.03	0.04	0.05	0.06	0.07	0.08	0.10	0.11
	1460	0.00	0.02	0.04	0.06	0.08	0.09	0.11	0.13	0.15	0.17
	2800	0.00	0.04	0.08	0.11	0.15	0.19	0.23	0.26	0.30	0.34
B	400	0.00	0.01	0.03	0.04	0.06	0.07	0.08	0.10	0.11	0.13
	730	0.00	0.02	0.05	0.07	0.10	0.12	0.15	0.17	0.20	0.22
	980	0.00	0.03	0.07	0.10	0.13	0.17	0.20	0.23	0.26	0.30
	1460	0.00	0.05	0.10	0.15	0.20	0.25	0.31	0.36	0.40	0.46
	2800	0.00	0.10	0.20	0.29	0.39	0.49	0.59	0.69	0.79	0.89
C	400	0.00	0.04	0.08	0.12	0.16	0.20	0.23	0.27	0.31	0.35
	730	0.00	0.07	0.14	0.21	0.27	0.34	0.41	0.48	0.55	0.62
	980	0.00	0.09	0.19	0.27	0.37	0.47	0.56	0.65	0.74	0.83
	1460	0.00	0.14	0.28	0.42	0.58	0.71	0.85	0.99	1.14	1.27
	2800	0.00	0.27	0.55	0.82	1.10	1.37	1.64	1.92	2.19	2.47

表 6-8 包角修正系数 K_α

小轮包角 α_1	70°	80°	90°	100°	110°	120°	130°	140°
K_α	0.56	0.62	0.68	0.73	0.78	0.82	0.86	0.89
小轮包角 α_1	150°	160°	170°	180°	190°	200°	210°	220°
K_α	0.92	0.95	0.96	1.00	1.05	1.10	1.15	1.20

6.5.2.8 确定初拉力 F_0 并计算作用在轴上的载荷 F_Q

初拉力不足，极限摩擦力小，传动能力下降；初拉力过大，将增大作用在轴上的载荷并降低带的寿命。单根 V 带适合的初拉力 F_0 可按下式计算

$$F_0 = \frac{500P_c}{zv}\left(\frac{2.5}{K_\alpha} - 1\right) + qv^2 \tag{6-13}$$

式中 q——每米带长的质量，kg/m，见表 6-1。

F_Q 可按带两边的预拉力 F_0 的合力来计算。由此可得，作用在轴上的载荷 F_Q 为

$$F_Q = 2zF_0\sin\frac{\alpha_1}{2} \tag{6-14}$$

由上式可知，初拉力越大，压轴力也就越大。

【例 6-1】 设计如图 6-11 所示的普通 V 带传动。由绪论可知电动机额定功率 $P = 11\text{kW}$，主动轮转速 $n_1 = 970\text{r/min}$，从动轮转速 $n_2 = 323\text{r/min}$，每天工作 8h，轻微冲击。

解：（1）确定计算功率 P_c。

根据 V 带传动工作条件，查表 6-4，可得工作情
况系数 $K_A = 1.1$，由式 (6-5) 得

$$P_c = K_A P = 1.1 \times 11 \text{ kW} = 12.1 \text{kW}$$

（2）选取 V 带型号。

根据 $P_c = 12.1 \text{kW}$，$n_1 = 970 \text{r/min}$，由图 6-10 选用
B 型普通 V 带。

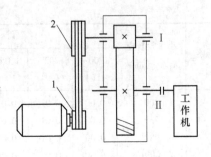

（3）确定带轮基准直径 d_{d1}、d_{d2}。

根据表 6-5 和图 6-10 选取 $d_{d1} = 132 \text{mm}$，且 $d_{d1} =$
$132 \text{mm} > d_{min} = 125 \text{mm}$。

图 6-11　V 带传动的应用

根据式 (6-6)，从动轮的基准直径为

$$d_{d2} = \frac{n_1}{n_2} d_{d1} = \frac{970}{323} \times 132 \text{mm} = 396 \text{mm}$$

由表 6-5，选 $d_{d2} = 400 \text{mm}$，则实际传动比 i、从动轮的实际转速分别为

$$i = \frac{d_{d2}}{d_{d1}} = \frac{400}{132} = 3.03$$

$$n_2 = \frac{n_1}{i} = \frac{970}{3.03} \text{r/min} = 320 \text{r/min}$$

从动轮的转速误差率为

$$\frac{320 - 323}{323} \times 100\% = -0.93\%$$

在 ±5% 以内，为允许值。

（4）验算带速 v。

$$v = \frac{\pi d_{d1} n_1}{60 \times 1000} = \frac{3.14 \times 132 \times 970}{60 \times 1000} = 6.7 \text{m/s}$$

v 在 5~25m/s 范围内，故带的速度合适。

（5）确定 V 带的基准长度 L_d 和传动中心距 a。

初选中心距 a_0

由式 (6-8) 得　　　　$0.7(d_{d1} + d_{d2}) \leq a_0 \leq 2(d_{d1} + d_{d2})$

$$372 \leq a_0 \leq 1064$$

初选中心距 $a_0 = 550 \text{mm}$。

根据式 (6-9) 计算带所需的基准长度：

$$L_0 = 2a_0 + \frac{\pi}{2}(d_{d1} + d_{d2}) + \frac{(d_{d2} - d_{d1})^2}{4a_0} = 2 \times 550 + \frac{\pi}{2}(132 + 400) + \frac{(400 - 132)^2}{4 \times 550}$$

$$= 1968 \text{mm}$$

由表 6-2，选取带的基准长度 $L_d = 2000 \text{mm}$。

按式 (6-10) 计算实际中心距

$$a = a_0 + \frac{L_d - L_0}{2} = 550 + \frac{2000 - 1968}{2} = 566 \text{mm}$$

中心距的变化范围为 $\pm 0.03 L_d$，即 ±60mm，现变动 16mm 在允许范围内。

（6）验算主动轮上的包角 α_1。

由式（6-11）得

$$\alpha_1 = 180° - \frac{d_{d2} - d_{d1}}{a} \times 57.3° = 180° - \frac{400 - 132}{566} \times 57.3° = 152.87° > 120°$$

故主动轮上的包角合适。

（7）计算 V 带的根数 z。

根据 $n_1 = 970 \text{r/min}$，$d_{d1} = 132 \text{mm}$，查表 6-6，用内插法得 $P_0 = 1.88 \text{kW}$。由带型，小带轮转速、转动比查表 6-7 得 $\Delta P_0 = 0.3 \text{kW}$，查表 6-8 得 $K_\alpha = 0.93$，查表 6-2 得 $K_L = 0.98$，由式（6-12）得

$$z \geqslant \frac{P_c}{(P_0 + \Delta P_0) K_\alpha K_L} = \frac{12.1}{(1.88 + 0.3) \times 0.93 \times 0.98} \approx 6.04$$

取 $z = 7$。

（8）确定初拉力 F_0 并计算作用在轴上的载荷 F_Q。

查表 6-1，得 $q = 0.19 \text{kg/m}$，由式（6-13）得

$$F_0 = \frac{500 P_c}{zv}\left(\frac{2.5}{K_\alpha} - 1\right) + qv^2 = \frac{500 \times 12.1}{6 \times 6.7}\left(\frac{2.5}{0.93} - 1\right) + 0.19 \times 6.7^2 \approx 262.6 \text{N}$$

计算作用在轴上的载荷 F_Q，由式（6-14）得

$$F_Q = 2zF_0\sin\frac{\alpha_1}{2} = 2 \times 6 \times 262.6 \times \sin\frac{152.87°}{2} = 3\,063.3 \text{N}$$

（9）带轮的结构设计。

设计过程及带轮工作图略。

6.6 带传动的使用与维护

6.6.1 带传动的张紧

带传动工作一段时间后就会由于塑性变形而松弛，使初拉力减小，传动能力下降，这时必须要重新张紧。常用的张紧方式可分为调整中心距方式与张紧轮方式两种。

6.6.1.1 调整中心距方式

A 定期张紧

定期调整中心距以恢复张紧力。常见的有移动式［见图 6-12（a）]和摆动式[见图 6-12(b)]两种。

移动式［图 6-12（a）]将装有带轮的电动机安装在滑轨 1 上，需调节带的拉力时，松开螺母 2，旋转调节螺钉 3 改变电动机的位置，然后固定。这种装置适用于水平传动或倾斜不大的场合。摆动式［图 6-12（b）]将电动机 1 固定在摇摆架 2 上，用旋转螺母 3 来调节。这种装置适用于垂直或接近垂直的传动。

B 自动张紧

如图 6-13 所示，自动张紧将装有带轮的电动机安装在浮动的摆架上，利用电动机的自重张紧传动带，通过载荷的大小自动调节张紧力。

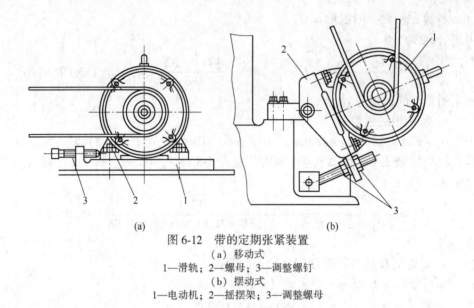

(a)　　　　　　　　　　　　　　　　　(b)

图 6-12　带的定期张紧装置
（a）移动式
1—滑轨；2—螺母；3—调整螺钉
（b）摆动式
1—电动机；2—摇摆架；3—调整螺母

6.6.1.2　张紧轮方式

若带传动的轴间距不可调整时，可采用张紧轮装置。

（1）调位式内张紧轮装置[图 6-14(a)]；

（2）摆锤式内张紧轮装置[图 6-14(b)]。

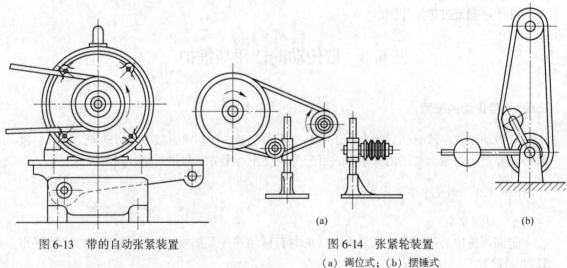

图 6-13　带的自动张紧装置　　　　　　(a)　　　　　　　　　　(b)

图 6-14　张紧轮装置
（a）调位式；（b）摆锤式

张紧轮一般设置在松边的内侧且靠近大轮处。若设置在外侧时，则应使其靠近小轮，这样可以增加小带轮的包角，提高传动能力。

6.6.2　带传动的安装

6.6.2.1　带轮的安装

如图 6-15 所示，平行轴传动时，各带轮的轴线必须保持规定的平行度。各轮宽的中心线，V 带轮、多楔带轮的对应轮槽中心线，平带轮面凸弧的中心线均应共面且与轴线垂直，否则会加速带的磨损，降低带的寿命。

6.6.2.2　传动带的安装

（1）通常应通过调整各轮中心距的方法来装带和张紧。切忌硬将传动带从带轮上拔下或扳上，严禁用撬棍等工具将带强行撬入或撬出带轮。

（2）在带轮轴间距不可调而又无张紧轮的场合下，安装聚酰胺片基平带时，应在带轮边缘垫布以防刮破传动带，并应转动带轮边套带。安装同步带时，要在多处同时缓慢地将带移动，以保持带能平齐移动。

（3）同组使用的 V 带应型号相同、长度相等，不同厂家生产的 V 带、新旧 V 带不能同组使用。如发现有的 V 带出现过度松弛或疲劳破坏，应全部更换新带。

（4）安装 V 带时，应按规定的初拉力拉紧。对于中等中心距的带传动，也可凭经验张紧，带的张紧程度以大拇指能将带按下 15mm 为宜，如图 6-16 所示。新带使用前，最好预先拉紧一段时间后再使用。

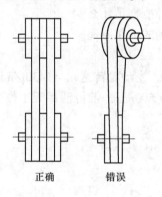

正确　　　　错误

图 6-15　带轮的安装

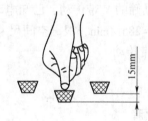

图 6-16　V 带的张紧

6.6.3　带传动的维护

带传动的维护主要包括以下几个方面：

（1）带传动装置外面应加装防护罩，以保证安全，防止带与酸、碱或油接触而腐蚀传动带，降低带的使用奉命。

（2）带传动不需润滑，禁止往带上加润滑油或润滑脂，应及时清理带轮槽内及传动带上的油污。

（3）应定期检查胶带，如有一根松弛或损坏则应全部更换新带。

（4）带传动的工作温度不应超过 60℃。

（5）如果带传动装置需闲置一段时间再用，应将传动带放松。

习　　题

6-1 术语解释

（1）包角；　　　（2）打滑；　　　（3）弹性滑动。

6-2 填空

（1）带传动是利用_____，靠它们之间的摩擦和啮合，在两轴（或多轴）间传递_____或_____。

（2）摩擦带传动根据带的截面形状分为_____、_____、_____和_____等。

（3）V 带轮是由_____、_____和_____三部分组成。

6-3 判断

（1）带传动的打滑是可以避免的，弹性滑动是不可避免的。　　　　　　　（　　）

（2）普通 V 带为无接头的环形带，由伸张层、强力层、压缩层和包布层组成。

　　　　　　　　　　　　　　　　　　　　　　　　　　　　　　　　（　　）

（3）由紧边和松边的拉力产生的是弯曲应力。　　　　　　　　　　　　　（　　）

（4）带传动中张紧轮一般安装在松边内侧靠近小轮处。　　　　　　　　　（　　）

（5）带传动中如出现带松弛或损坏现象，应及时更换松弛或损坏的带。　　（　　）

6-4 简答

（1）带传动的主要失效形式是什么？带传动的设计准则是什么？

（2）带传动的主要类型有哪些？试分析摩擦带传动的工作原理。

6-5 分析设计

某振动筛的 V 带传动，已知电动机功率 $P = 1.7\text{kW}$，主动轮转速 $n_1 = 1430\text{r/min}$，从动轮转速 $n_2 = 285\text{r/min}$，根据空间尺寸，要求中心距约为 500mm，带传动每天工作 16h，试设计该 V 带传动。

习 题 答 案

6-1 术语解释

（1）传动带与带轮的接触弧所对应的圆周角，称为包角。

（2）当带所传递的圆周力超过带与带轮接触面间摩擦力总和的极限值时，带在带轮上将发生明显的相对滑动，这种现象称为打滑。

（3）因带的弹性变形而引起的带与带轮之间的滑动，称为弹性滑动。

6-2 填空

（1）张紧在带轮上的带及带轮；运动；动力。

（2）平带；V 带；多楔带；圆形带。

（3）轮缘；轮辐；轮毂。

6-3 判断

（1）√；（2）√；（3）×；（4）×；（5）×。

6-4 简答

（1）答：带传动的主要失效形式为打滑和带的疲劳破坏（如脱层，撕裂或拉断）等。因此带传动的设计准则是：在传递规定功率时不打滑，同时具有足够的疲劳强度和一定的使用寿命。

（2）答：1）按传动原理分为：摩擦带传动和啮合带传动；按用途分为传动带和输送带；按带的截面形状分为平带传动、V 带传动、多楔带传动、圆形带传动和同步带传动等。2）摩擦带传动靠传动带与带轮间的摩擦力实现传动，摩擦带传动根据带的截面形状分为平带传动、V 带传动、多楔带传动和圆形带传动等。

6-5 分析设计

解：（1）确定计算功率 P_c。

根据 V 带传动工作条件，查表 6-4，可得工作情况系数 $K_A = 1.3$，由式（6-5）得

$$P_c = K_A P = 1.3 \times 1.7 \text{ kW} = 2.21 \text{kW}$$

（2）选取 V 带型号。

根据 $P_c = 2.21\text{kW}$，$n_1 = 1430\text{r/min}$，由图 6-10 选用 Z 型普通 V 带。

（3）确定带轮基准直径 d_{d1}、d_{d2}。

根据表 6-5 和图 6-10 选取 $d_{d1} = 80\text{mm}$，且 $d_{d1} = 80\text{mm} > d_{min} = 50\text{mm}$。

根据式（6-6），从动轮的基准直径为

$$d_{d2} = \frac{n_1}{n_2} d_{d1} = \frac{970}{323} \times 132 \text{ mm} = 401.1\text{mm}$$

由表 6-5，选 $d_{d2} = 400\text{mm}$，则实际传动比 i、从动轮的实际转速分别为

$$i = \frac{d_{d2}}{d_{d1}} = \frac{400}{80} = 5$$

$$n_2 = \frac{n_1}{i} = \frac{1430}{5} \text{ r/min} = 286\text{r/min}$$

从动轮的转速误差率为

$$\frac{286 - 285}{285} \times 100\% = 0.35\%$$

在 ±5% 以内，为允许值。

（4）验算带速 v。

$$v = \frac{\pi d_{d1} n_1}{60 \times 1000} = \frac{3.14 \times 80 \times 1430}{60 \times 1000} = 5.99\text{m/s}$$

v 在 5~25m/s 范围内，故带的速度合适。

（5）确定 V 带的基准长度 L_d 和传动中心距 a。

初选中心距 a_0。

由式（6-8）得　　　$0.7(d_{d1} + d_{d2}) \leqslant a_0 \leqslant 2(d_{d1} + d_{d2})$

$$336 \leqslant a_0 \leqslant 960$$

初选中心距 $a_0 = 500\text{mm}$。

根据式（6-9）计算带所需的基准长度：

$$L_0 = 2a_0 + \frac{\pi}{2}(d_{d1} + d_{d2}) + \frac{(d_{d2} - d_{d1})^2}{4a_0} = 2 \times 500 + \frac{\pi}{2}(80 + 400) + \frac{(400 - 80)^2}{4 \times 500}$$

$$= 1804.8\text{mm}$$

由表 6-2，选取带的基准长度 $L_d = 1800\text{mm}$。

按式（6-10）计算实际中心距

$$a = a_0 + \frac{L_d - L_0}{2} = 500 + \frac{1800 - 1804.8}{2} = 497.6\text{mm}$$

中心距的变化范围为 $\pm 0.03 L_{\mathrm{d}}$，即 $\pm 54\mathrm{mm}$，现变动 2.4mm 在允许范围内。

(6) 验算主动轮上的包角 α_1。

由式 (6-11) 得

$$\alpha_1 = 180° - \frac{d_{\mathrm{d}2} - d_{\mathrm{d}1}}{a} \times 57.3° = 180° - \frac{400 - 80}{497.6} \times 57.3° = 143.16° > 120°$$

故主动轮上的包角合适。

(7) 计算 V 带的根数 z。

根据 $n_1 = 1430\mathrm{r/min}$，$d_{\mathrm{d}1} = 80\mathrm{mm}$，查表 6-6，用内插法得 $P_0 = 0.35\mathrm{kW}$。由带型、小带轮转速、转动比查表 6-7 得 $\Delta P_0 = 0.03\mathrm{kW}$，查表 6-8 得 $K_\alpha = 0.90$，查表 6-2 得 $K_{\mathrm{L}} = 1.18$，由式 (6-12) 得：

$$z = \frac{P_{\mathrm{c}}}{(P_0 + \Delta P_0) K_\alpha K_{\mathrm{L}}} = \frac{2.21}{(0.35 + 0.03) \times 0.9 \times 1.18} \approx 5.48$$

取 $z = 6$。

(8) 确定初拉力 F_0 并计算作用在轴上的载荷 F_{Q}。

查表 6-1，得 $q = 0.06\mathrm{kg/m}$，由式 (6-13) 得

$$F_0 = \frac{500 P_{\mathrm{c}}}{zv}\left(\frac{2.5}{K_\alpha} - 1\right) + qv^2 = \frac{500 \times 2.21}{6 \times 5.99}\left(\frac{2.5}{0.9} - 1\right) + 0.06 \times 5.99^2 \approx 56.8\mathrm{N}$$

计算作用在轴上的载荷 F_{Q}，由式 (6-14) 得

$$F_{\mathrm{Q}} = 2z F_0 \sin\frac{\alpha_1}{2} = 2 \times 6 \times 56.8 \times \sin\frac{143.16°}{2} = 646.7\mathrm{N}$$

(9) 带轮的结构设计。

设计过程及带轮工作图，略。

7 链 传 动

链传动靠链轮轮齿与链条链节的啮合来传递运动和动力。链传动兼有啮合传动和挠性传动的特点，可在不宜采用带传动和齿轮传动的场合使用。

7.1 概 述

7.1.1 链传动的组成及类型

7.1.1.1 链传动的组成

链传动主要由主动链轮 1、从动链轮 2 及链条 3 组成，如图 7-1 所示。

链传动与带传动有一定的相似之处，如链轮齿与链条的链节啮合，其中链条相当于带传动中的挠性带，但又不是靠摩擦力传动，而是靠链轮齿与链条之间的啮合来传动。因此链传动是一种具有中间挠性件的啮合传动。

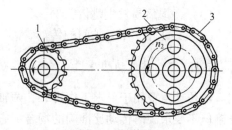

图 7-1 链传动

1—主动链轮；2—从动链轮；3—链条

7.1.1.2 链传动的类型

按用途不同链传动可分为传动链、起重链和输送链 3 类。

传动链又有齿形链（见图 7-2）和滚子链（见图 7-3）两种。其中齿形链运转平稳，噪声小，又称为无声链。它适用于高速（40m/s），运动精度高的传动中，但缺点是制造成本高，重量大，本章主要讨论滚子链传动。

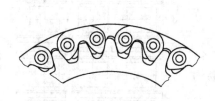

图 7-2 齿形链

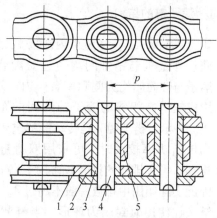

图 7-3 滚子链

1—内链板；2—外链板；3—套筒；4—销轴；5—滚子

7.1.2　链传动的特点和应用

7.1.2.1　链传动的优点

（1）与带传动相比，链传动无弹性滑动和打滑现象，因而能保持准确的传动比；
（2）可以像带传动那样实现中心距较大的传动，而比齿轮传动轻便；
（3）链传动能在温度较高、有水或油等恶劣环境下工作；
（4）链传动的传动效率较高（效率约为95%～98%）；
（5）链传动不需很大的初拉力，故对轴的压力小；
（6）链传动结构较紧凑，易于安装，成本低廉。

7.1.2.2　链传动的缺点

（1）运转时不能保持恒定的传动比，传动平稳性差；
（2）工作冲击和噪声较大；
（3）磨损后易发生跳齿；
（4）只能用于平行轴间的传动。

7.1.2.3　链传动的应用

链传动主要用于要求工作可靠，两轴相距较远，不宜采用齿轮传动，要求平均传动比准确但不要求瞬时传动比准确的场合。它可以用于环境较恶劣的场合，广泛用于农业、矿山、冶金、运输机械以及机床和轻工机械中。

通常，链传动的传动功率 $P \leqslant 100\mathrm{kW}$，圆周速度 $v \leqslant 15\mathrm{m/s}$，传动效率 $\eta = 0.95 \sim 0.98$，中心距 $a \leqslant 5 \sim 6\mathrm{m}$，传动比 $i \leqslant 8$。常用的传动比范围是 $i = 2 \sim 3.5$。

7.2　滚子链的结构和尺寸标准

7.2.1　滚子链的结构

如图7-3所示，滚子链由内链板1、外链板2、套筒3、销轴4和滚子5组成。内链板与套筒、外链板与销轴间均为过盈配合；套筒与销轴、滚子与套筒间均为间隙配合。内、外链板交错连接而构成铰链。相邻两滚子轴线间的距离称为链节距，用 p 表示，链节距 p 是传动链的重要参数。

当传递功率较大时，可采用双排链（见图7-4）或多排链。当多排链的排数较多时，各排受载不易均匀，因此实际使用中排数一般不超过4。

链条在使用时封闭为环形，当链节数为偶数时，链条的两端正好是外链板与内链板相接，可用开口销

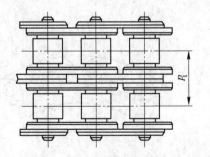

图7-4　双排滚子链

[见图 7-5(a)]或弹簧卡 [见图 7-5(b)]固定销轴。一般前者用于大节距，后者用于小节距；当链节数为奇数时，则需采用过渡链节 [见图 7-5(c)]，由于过渡链节的链板要受附加的弯矩作用，一般应避免使用，最好采用偶数链节。

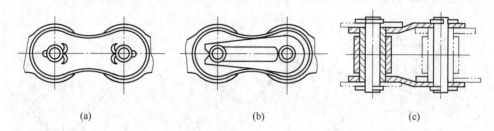

(a)   (b)   (c)

图 7-5　滚子链的接头形式

(a) 开口销式；(b) 弹簧卡式；(c) 过渡链节

7.2.2　滚子链的标准

链传动已经标准化，分为 A、B 两个系列，常用的 A 系列滚子链的主要参数和尺寸见表 7-1。从表 7-1 中可知链号数越大，链的尺寸就越大，其承载能力也就越高。

滚子链的标记方法为：链号—排数×链节数　国家标准代号。

例如：A 系列滚子链，节距为 19.05mm，双排，链节数为 100。

标记为：12A—2×100　GB/T1243—2006。

表 7-1　A 系列滚子链的基本参数和尺寸（GB/T 1243—2006）

链号	节距 p/mm	排距 p_t/mm	滚子外径 d_1/mm	销轴直径 d_2/mm	内链节内宽 b_1/mm	内链板高度 h_2/mm	极限拉伸载荷 F_Q/N（单排）	质量 q/kg·m^{-1}（单排）
08A	12.70	14.38	7.95	3.96	7.85	12.07	13800	0.60
10A	15.875	18.11	10.16	5.08	9.40	15.09	21800	1.00
12A	19.05	22.78	11.91	5.94	12.57	18.08	31100	1.50
16A	25.40	29.29	15.88	7.92	15.75	24.13	55600	2.60
20A	31.75	35.76	19.05	9.53	18.90	30.18	86700	3.80
24A	38.10	45.44	22.23	11.10	25.22	36.20	124600	5.60
28A	44.45	48.87	25.40	12.70	25.22	42.24	169000	7.50
32A	50.80	58.55	28.58	14.27	31.55	48.26	222400	10.10
40A	63.50	71.55	39.68	19.84	37.85	60.33	347000	16.10
48A	76.20	87.83	47.63	23.80	47.35	72.39	500400	22.60

注：1. 使用过渡链节时，其极限拉伸载荷按表列数值的 80% 计算；

2. 链号中的数乘以 (25.4/16) 即为节距值（mm），其中的 A 表示 A 系列。

7.3　链轮的结构和材料

7.3.1　链轮的结构

链轮的齿形应保证在链条与链轮良好啮合的情况下，使链节能自由地进入和退出啮合，并便于加工。国标 GB/T 1243—2006 规定了滚子链链轮的端面齿形，有两种形式：二圆弧齿形 [图 7-6(a)]、三圆弧－直线齿形[图 7-6（b）]。常用的为三圆弧一直线齿形，它由 *aa*、*ab*、*cd* 和直线 *bc* 组成，*abcd* 为齿廓工作段。各种链轮的实际端面齿形只要在最大、最小范围内都可用，如图 7-6(c) 所示。齿槽各部分尺寸的计算公式列于表 7-2 中。

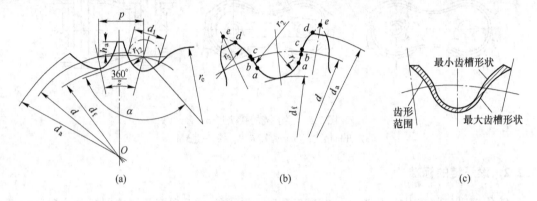

(a)   (b)   (c)

图 7-6 链轮端面齿形

表 7-2 滚子链链轮的齿槽尺寸计算公式

名 称	代 号	计 算 公 式	
		最大齿槽形状	最小齿槽形状
齿面圆弧半径/mm	r_e	$r_{emin} = 0.008d_1(z^2 + 180)$	$r_{emax} = 0.12d_1(z + 2)$
齿沟圆弧半径/mm	r_i	$r_{imax} = 0.505d_1 + 0.069\sqrt[3]{d_1}$	$r_{imin} = 0.505d_1$
齿沟角/(°)	a	$\alpha_{min} = 120° - \dfrac{90°}{z}$	$\alpha_{max} = 140° - \dfrac{90°}{z}$

链轮的主要参数为齿数 z，节距 p（与链节距相同）和分度圆直径 d。分度圆是指链轮上销轴中心所处的被链条节距等分的圆，其直径为：

$$d = \frac{p}{\sin\dfrac{180°}{z}} \tag{7-1}$$

滚子链链轮的主要尺寸列于表 7-3 中。

表 7-3 滚子链链轮的主要尺寸   （mm）

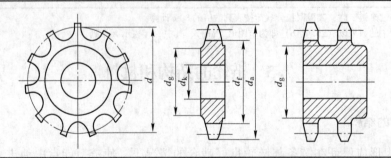

续表 7-3

名　称	代号	计算公式	备　注
分度圆直径	d	$d = \dfrac{p}{\sin\dfrac{180°}{z}}$	
齿顶圆直径	d_a	$d_{amax} = d + 1.25p - d_1$ $d_{amin} = d + \left(1 - \dfrac{1.6}{z}\right)p - d_1$	可在 d_{amax}、d_{amin} 范围内任意选取，但选用 d_{amax} 时，应考虑采用展成法加工时有发生顶切的可能性
分度圆弦齿高	h_a	$h_{amax} = \left(0.625 + \dfrac{0.8}{z}\right)p - 0.5d_1$ $h_{amin} = 0.5(p - d_1)$	h_a 是为简化放大齿形图的绘制而引入的辅助尺寸（见图 7-6） h_{amax} 相应于 d_{amax} h_{amin} 相应于 d_{amin}
齿根圆直径	d_f	$d_f = d - d_1$	
齿侧凸缘（或排间距）直径	d_g	$d_g \leqslant p\cot\dfrac{180°}{z} - 1.04h_2 - 0.76$ h_2 —— 内链板高度	

注：d_a、d_g 值取整数，其他尺寸精确到 0.01mm。

链轮的结构如图 7-7 所示。链轮的直径小时通常制成实心式[图 7-7(a)]；直径较大时制成孔板式[图 7-7(b)]；直径很大时（≥200mm）制成组合式，即采用螺栓连接[图 7-7(c)]或将齿圈焊接到轮毂上[图 7-7(d)]。

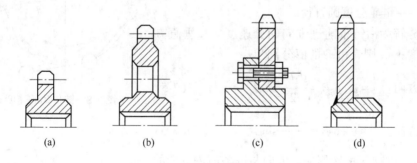

图 7-7　链轮的结构
(a) 整体式；(b) 孔板式；(c) 螺栓连接式；(d) 焊接式

7.3.2　链轮的材料

链轮轮齿应有足够的接触强度和耐磨性，常用材料为中碳钢（35、45），不重要场合则用低碳钢（Q235A、Q275A），高速重载时采用合金钢（20Cr、40Cr、35SiMn），低速时大链轮可采用铸铁（HT200）。由于小链轮的啮合次数多，小链轮的材料应优于大链轮，并应进行热处理。

7.4　链传动的运动特性

7.4.1　平均链速和平均传动比

滚子链的结构特点是刚性链节通过销轴铰接而成，因此链传动相当于两多边形轮子间的带传动。链条节距 p 和链轮齿数 z 分别为多边形的边长和边数。设 n_1、n_2 和 z_1、z_2 分别为主、从动链轮转速和链轮齿数，则链的平均速度为

$$v = \frac{z_1 n_1 p}{60 \times 1000} = \frac{z_2 n_2 p}{60 \times 1000} \tag{7-2}$$

故平均传动比

$$i = \frac{n_1}{n_2} = \frac{z_2}{z_1} = 常数 \tag{7-3}$$

7.4.2　瞬时链速

由式（7-2）求得的链速是平均值，因此由式（7-3）求得的链传动比也是平均值。实际上链速和链传动比在每一瞬时都是变化的，而且是按每一链节的啮合过程作周期性变化。

如图 7-8 所示，假设链的上边始终处于水平位置，铰链 A 已进入啮合。主动轮以角速度 ω_1 回转，其圆周速度为

$$v_1 = \frac{d_1 \omega_1}{2} \tag{7-4}$$

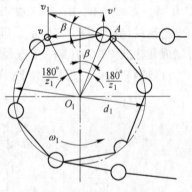

图 7-8　链传动的速度分析

式中　d_1——链轮分度圆直径。

v_1 可分解为沿链条前进方向的分速度 v 和垂直方向的分速度 v'，则 v 和 v' 的值分别为

前进方向：$v = v_1 \cos\beta = \dfrac{d_1 \omega_1}{2} \cos\beta \tag{7-5}$

垂直方向：$v' = v_1 \cos\beta = \dfrac{d_1 \omega_1}{2} \sin\beta \tag{7-6}$

式中　β——铰链 A 的圆周速度方向与链条前进方向的夹角。

每一链节自啮入链轮后，在随链轮的转动沿圆周方向送进一个链节的过程中，每一铰链转过 $\dfrac{360°}{z_1}$。当铰链中心转至链轮的垂直中心线位置时，其链速达到最大值，$v_{max} = v_1 = \dfrac{d_1 \omega_1}{2}$；当铰链处于 $-\dfrac{180°}{z_1}$ 和 $+\dfrac{180°}{z_1}$ 时链速为最小，$v_{min} = \dfrac{d_1 \omega_1}{2} \cdot \cos\dfrac{180°}{z_1}$。由此可见，链轮每送进一个链节，其链速 v 经历"最小—最大—最小"的周期性变化。这种由于链条绕在链轮上形成多边形啮合传动而引起传动速度不均匀的现象，称为多边形效应。当链轮齿数较多、节距较小、β 的变化范围较小时，其链速的变化范围也较小，多边形效应相应减弱。

由于 v 的变化，使从动轮的瞬时角速度 ω_2 也跟着变化。所以瞬时传动比 $i = \omega_1 / \omega_2$ 也是变化的。

由上述分析可知，链传动工作时不可避免地会产生振动、冲击，引起附加的动载荷，因此链传动不适用于高速传动。

7.5　滚子链传动的设计计算

链条是标准件，设计链传动的主要内容包括：根据工作要求选择链条的类型、型号及排数，合理选择传动参数，确定润滑方式、设计链轮等。

7.5.1　链传动的失效形式

链传动的失效多为链条失效，主要表现如下：

（1）链条疲劳破坏。链传动时，由于链条在松边和紧边所受的拉力不同，故其在运行中受变应力作用。经多次循环后，链板将发生疲劳断裂或套筒、滚子表面出现疲劳点蚀。在润滑良好时，疲劳强度是决定链传动能力的主要因素。

（2）销轴磨损与脱链。链传动时，销轴和套筒的压力较大，又有相对运动，若再润滑不良，就会导致销轴、套筒严重磨损，链条平均节距增大。达到一定程度后，将破坏链条与链轮的正确啮合，发生跳齿而脱链。这是常见的失效形式之一。开式传动极易引起铰链磨损，急剧降低链条寿命。

（3）销轴和套筒的胶合。在高速重载时，链节所受冲击载荷、振动较大，销轴与接触表面间难以形成连续油膜，导致摩擦严重且产生高温，在重载作用下发生胶合。胶合限定了链传动的极限转速。

（4）滚子和套筒的冲击破坏。链传动时不可避免地产生冲击和振动，以致滚子、套筒因受冲击而破坏。

（5）链条的过载拉断。低速重载的链传动在过载时，链条易因静强度不足而被拉断。

7.5.2　设计计算准则

7.5.2.1　中、高速链传动（$v > 0.6\text{m/s}$）

对于一般链速 $v > 0.6\text{m/s}$ 的链传动，其主要失效形式为疲劳破坏，故设计计算通常以疲劳强度为主并综合考虑其他失效形式的影响。计算准则为：传递的功率值（计算功率值）小于许用功率值，即

$$P_c \leqslant [P] \tag{7-7}$$

计算功率为

$$P_c = K_A P \tag{7-8}$$

式中　K_A——工作情况系数（见表7-4）；

　　　P——名义功率，kW。

许用功率为

$$[P] = K_z \cdot K_i \cdot K_a \cdot K_{pt} \cdot P_0 \tag{7-9}$$

式中　K_z——小链轮齿数系数（见表7-5）；

　　　K_i——传动比系数（见表7-6）；

　　　K_a——中心距系数（见表7-7）；

　　　K_{pt}——多排链系数（见表7-8）；

　　　P_0——单排链额定功率（见图7-9），kW。

由式（7-7）、式（7-8）和式（7-9）得

$$K_A P \leqslant K_z \cdot K_i \cdot K_a \cdot K_{pt} \cdot P_0$$

$$P_0 \geqslant P \frac{K_A}{K_z \cdot K_i \cdot K_a \cdot K_{pt}} \tag{7-10}$$

表 7-4　工作情况系数 K_A

载荷种类	原 动 机	
	电动机或汽轮机	内燃机
载荷平稳	1.0	1.2
中等冲击	1.3	1.4
较大冲击	1.5	1.7

表 7-5　小链轮齿数系数 K_z

z_1	9	11	13	15	17	19	21	23	25	27	29	31	33	35	37
K_z	0.446	0.555	0.667	0.775	0.893	1.00	1.12	1.23	1.35	1.46	1.58	1.70	1.81	1.94	2.12

表 7-6　传动比系数 K_i

i	1	2	3	5	≥7
K_i	0.82	0.925	1.00	1.09	1.15

表 7-7　中心距系数 K_a

a	$20p$	$40p$	$80p$	$160p$
K_a	0.87	1.00	1.18	1.45

表 7-8　多排链系数 K_{pt}

排数	1	2	3	4	5	6
K_{pt}	1.0	1.7	2.5	3.3	4.1	5.0

7.5.2.2　低速链传动（$v \leqslant 0.6$m/s）

当链速 $v \leqslant 0.6$m/s 时，链传动的主要失效形式为链条的过载拉断，因此应进行静强度计算，校核其静强度安全系数 S，即

$$S = \frac{F_Q \cdot m}{K_A \cdot F} \geqslant 4 \sim 8 \tag{7-11}$$

式中　F_Q——单排链的极限拉伸载荷（见表7-1）；

　　　m——链条排数；

　　　F——链的工作拉力，N，$F = \dfrac{1000P}{v}$。

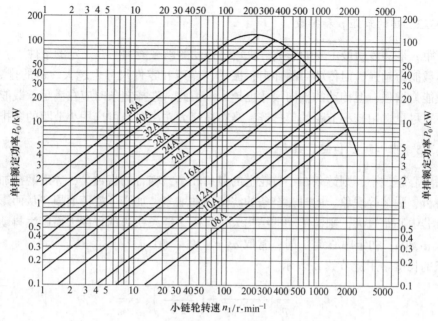

图 7-9 单排链额定功率曲线图

链条作用在链轮轴上的压力 F' 可近似取为

$$F' = (1.2 \sim 1.3)F \qquad (7\text{-}12)$$

当有冲击、振动时，式中的系数取大值。

7.5.3 链传动主要参数的选择

7.5.3.1 齿数 z_1、z_2 和传动比 i

小链轮齿数 z_1 过小，动载荷增大，传动平稳性差，链条很快磨损，因此要限制小链轮最少齿数（一般要大于 17）。z_1 也不可过大，否则传动尺寸太大，通常按表 7-9 选取。推荐值 $z_1 = 21 \sim 29$。

表 7-9 小链轮齿数

链速 $v/\mathrm{m \cdot s^{-1}}$	0.6~3	3~8	>8
Z_1	≥17	≥21	≥25

大链轮齿数 $z_2 = iz_1$，不宜过多，齿数过多除了增大传动尺寸和重量外，还会出现跳齿和脱链等现象，通常 $z_2 < 120$。

由于链节数常为偶数，为使磨损均匀，链轮齿数一般应取与链节数互为质数的奇数，并优先选用数列 17、19、21、23、25、57、85 中的数。

滚子链的传动比 i（$i = z_2/z_1$）不宜过大（不大于 7）。i 过大，链条在小链轮上的包角减小，啮合的轮齿数减少，从而加速轮齿的磨损。一般推荐 $i = 2 \sim 3.5$，只有在低速时 i 才可取大些。

7.5.3.2　链的节距 p 和排数

链节距 p 是链传动最主要的参数，决定链传动的承载能力。在一定的条件下，链节距越大，承载能力越强，但传动时的冲击、振动、噪声和零件尺寸也越大。链的排数越多，则其承载能力增强，但传动的轴向尺寸也越大。因此，选择链条时应在满足承载能力要求的前提下，尽量选用较小节距的单排链，当在高速大功率时，可选用小节距的多排链。

7.5.3.3　中心距 a 和链节数 L_p

如果中心距过小，则链条在小链轮上的包角较小，啮合的齿数少，导致磨损加剧，且易产生跳齿、脱链等现象。同时，链条的绕转次数增多，加剧了疲劳磨损，从而影响链条的寿命。若中心距过大，则链传动的结构大，且由于链条松边的垂度大而产生抖动。一般中心距取 $a<80p$，初定中心距 a_0 时，常取 $a_0 = (30 \sim 50)p$。

链条的长度常用链节数 L_p 表示。

$$L_p = 2\frac{a_0}{p} + \frac{z_1 + z_2}{2} + \left(\frac{z_2 - z_1}{2\pi}\right)^2 \cdot \frac{p}{a_0} \tag{7-13}$$

计算出的 L_p 应圆整成相近的偶数。

根据 L_p 计算理论中心距 a

$$a = \frac{p}{4}\left[\left(L_p - \frac{z_1 + z_2}{2}\right) + \sqrt{\left(L_p - \frac{z_1 + z_2}{2}\right)^2 - 8\left(\frac{z_2 - z_1}{2\pi}\right)^2}\right] \tag{7-14}$$

为保证链条松边有合适的垂度 $f = (0.01 \sim 0.02)a$，实际中心距 a' 要比理论中心距 a 小。$a' = a - \Delta a$，通常取 $\Delta a = (0.002 \sim 0.004)a$ 或 $\Delta a = 2 \sim 5\text{mm}$，中心距可调时，取较大值，否则取较小值。

7.5.4　链传动的设计计算

一般设计链传动时的已知条件为：传动的用途和工作情况，原动机的类型，需要传递的功率，主动轮的转速，传动比以及外廓安装尺寸等。

链传动的设计计算一般包括：确定滚子链的型号、链节距、链节数；选择链轮齿数、材料、结构；绘制链轮工作图并确定传动的中心距等。

链传动的具体设计计算方法和步骤见例 7-1。

【例 7-1】 试设计一链式输送机的滚子链传动。已知传递功率 $P = 10\text{kW}$，$n_1 = 950\text{r/min}$，$n_2 = 250\text{ r/min}$，电动机驱动，载荷平稳，单班制工作。

解：（1）选择链轮齿数 z_1、z_2。

$$i = \frac{n_1}{n_2} = \frac{950}{250} = 3.8$$

估计链速 $v = 3 \sim 8\text{m/s}$，根据表 7-9 选取小链轮齿数 $z_1 = 25$，则大链轮齿数 $z_2 = i \cdot z_1 = 3.8 \times 2.5 = 95$

（2）确定链节数 L_p。

初定中心距 $a_0 = 40p$，由式（7-13）得

$$L_p = 2\frac{a_0}{p} + \frac{z_1 + z_2}{2} + \left(\frac{z_2 - z_1}{2\pi}\right)^2 \cdot \frac{p}{a_0}$$

$$= \frac{2 \times 40p}{p} + \frac{25 + 95}{2} + \frac{p(95 - 25)^2}{39.5 \times 40p} = 143.1$$

取 $L_p = 144$

（3）根据额定功率曲线确定型号。

由表 7-4 查得 $K_A = 1$；由表 7-5 查得 $K_z = 1.35$；由表 7-6 查得 $K_i = 1.04$；由表 7-7 查得 $K_a = 1$；采用单排链由表 7-8 查得 $K_{pt} = 1$。

由式（7-10）计算特定条件下链传递的功率

$$P_0 \geq P\frac{K_A}{K_z \cdot K_i \cdot K_a \cdot K_{pt}} = \frac{1 \times 10}{1.35 \times 1.04 \times 1 \times 1}\text{kW} = 7.12\text{kW}$$

由图 7-9 选取链号为 10A，由表 7-1 查得节距 $p = 15.875\text{mm}$。

（4）验算链速。

由式（7-2）得

$$v = \frac{z_1 p n_1}{60 \times 1000} = \frac{25 \times 15.875 \times 950}{60 \times 1000}\text{m/s} = 6.28\text{m/s}$$

v 值在 $3 \sim 8\text{m/s}$ 范围内，与估计相符。

（5）计算实际中心距。

由式（7-14）得

$$a = \frac{p}{4}\left[\left(L_p - \frac{z_1 + z_2}{2}\right) + \sqrt{\left(L_p - \frac{z_1 + z_2}{2}\right)^2 - 8\left(\frac{z_2 - z_1}{2\pi}\right)^2}\right]$$

$$= \frac{15.875}{4}\left[\left(144 - \frac{25 + 95}{2}\right) + \sqrt{\left(144 - \frac{25 + 95}{2}\right)^2 - 8 \times \left(\frac{95 - 25}{2\pi}\right)^2}\right]$$

$$= 643\text{mm}$$

取 $\Delta a = 3$，则实际中心距 $a' = a - \Delta a = 640\text{mm}$。

（6）确定润滑方式。

查图 7-11 知应选用油浴润滑。

（7）计算对链轮轴的压力 F'。

由式（7-12）得

$$F' = 1.25F = 1.25 \times \frac{1000P}{v} = 1.25 \times \frac{1000 \times 10}{6.28}\text{N} = 1990\text{N}$$

（8）链轮设计（略）。

（9）设计张紧、润滑等装置（略）。

7.6　链传动的使用与维护

7.6.1　链传动的布置

链传动的布置对传动的工作状况和使用寿命有较大影响。通常情况下链传动的两轴线应平行布置，两链轮的回转平面应在同一平面内，否则易引起脱链和不正常磨损。链条应使主动边（紧边）在上，从动边（松边）在下，以免松边垂度过大时链与轮齿相干涉或紧、松边相碰。如果两链轮中心的边线不能布置在水平面上，其与水平面的夹角应小于45°。应尽量避免中心线垂直布置，以防止下链轮啮合不良。

7.6.2　链传动的张紧

链传动需适当张紧，以免垂度过大而引起啮合不良。常用的张紧方法有：

（1）通过调整两链轮中心距控制张紧程度。

（2）中心距不能调整时，可采用张紧轮装置，张紧轮应装在链条松边的内侧［图 7-10（a）］或外侧［图 7-10（b）］；张紧轮可利用螺旋和偏心等装置定期张紧［图 7-10（c）］；也可利用弹簧［图 7-10（d）］和吊重［图 7-10（e）］等装置自动张紧。

（3）从链条中拆除 1~2 个链节，缩短链长使链条张紧。

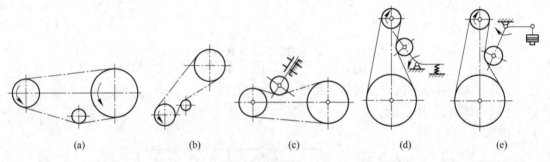

図 7-10　链传动的张紧

（a）内侧张紧　（b）外侧张紧　（c）螺旋张紧　（d）弹簧力张紧　（e）吊重张紧

7.6.3　链传动的润滑

链传动的工作能力和寿命与润滑状况密切相关。润滑良好可减少铰链磨损，缓和冲击，延长使用寿命。

7.6.3.1　常用的润滑方式

滚子链常用的润滑方式见表 7-10。

表 7-10　套筒滚子链的润滑方式

润滑方式	润滑方法示意图	说　明
人工定期给油		用刷子定期在链条松边内、外链板间隙中注油，建议每班注油一次

润滑方式	润滑方法示意图	说　　明
油杯滴油		装有简单外壳，对于单排链、供油量约为每分钟5~20滴，若链速较高时，应取大值
油浴润滑		采用不漏油的外壳，使链条从油池中通过，推荐的浸油深度为6~12mm，若链条浸入油面过深，油易发热变质
飞溅给油	甩油盘	采用不漏油的外壳，在链轮侧面安装甩油盘。甩油盘圆周速度一般不小于3m/s，若链条过宽（大于125mm），可在链轮侧面装两个甩油盘。推荐的甩油盘浸油深度为12~35mm
压力供油		采用不漏油的外壳，用油泵强制供油，油的循环使用可起到冷却作用。喷油管口要设在链条的啮合位置，每个喷油口的供油量要根据链条节距及链速大小确定

注：开式传动和不易润滑的链传动，可定期拆下用煤油清洗，干燥后浸入70~80℃润滑中，待铰链间隙充满油后　再安装使用。

7.6.3.2　润滑方式的选择

润滑方式可根据链速和链节距的大小由图7-11选择。

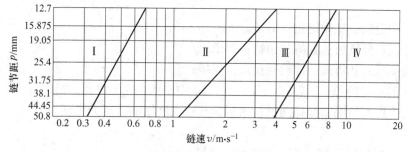

图7-11　推荐的润滑方式

Ⅰ—人工定期润滑；Ⅱ—滴油润滑；Ⅲ—油浴或飞溅润滑；Ⅳ—压力喷油润滑

7.6.3.3　润滑油的选择

推荐的常用润滑油有 L-AN32、L-AN46、L-AN68、L-AN100 等机械油，一般根据环境温度及承受载荷大小来选用。环境温度高或载荷大时宜选用黏度较大的润滑油，反之选用黏度较小的；对于工作条件恶劣的开式或低速链传动，当不便使用润滑油时可采用润滑脂，但需定期清洗与涂抹。

润滑油应加于松边，以便润滑油渗入各运动接触面。

习　　题

7-1 填空

(1) 链传动主要是由_____、_____及_____组成。

(2) 滚子链由_____、_____、_____、_____和_____组成。

(3) 链轮常用的结构有_____、_____、_____和_____四种。

(4) 小链轮需限制最少齿数，一般取 $z_{min} =$_____。

(5) 链传动常用的润滑方式有_____、_____、_____、_____和_____。

7-2 判断

(1) 链轮材料应保证轮齿具有足够的耐磨性和强度。　　　　　　　（　　）

(2) 节距是链传动最主要的参数，决定链传动的承载能力。在一定条件下，节距越大，承载能力越高。　　　　　　　　　　　　　　　　　　　　　　　（　　）

(3) 低速重载的链传动在过载时，链条易因静强度不足而被拉断。　（　　）

(4) 滚子链的结构中销轴与外链板，套筒与内链板分别用间隙配合连接。（　　）

(5) 滚子链的结构中套筒与销轴之间为过盈配合。　　　　　　　　（　　）

7-3 简答

(1) 影响链传动速度不均匀性的主要参数是什么？为什么？

(2) 链传动的张紧可采用哪些方法？

(3) 链传动的主要失效形式有哪些？

习 题 答 案

7-1 填空

(1) 主动链轮；从动链轮；链条。

(2) 链板；外链板；套筒；销轴；滚子。

(3) 整体式；孔板式；螺栓连接式；焊接式。

(4) 17。

(5) 人工定期给油；油杯滴油；油浴润滑；飞溅给油；压力供油。

7-2 判断

(1) √；(2) √；(3) √；(4) ×；(5) ×。

7-3 简答

(1) 答：影响链传动速度不均匀性的主要参数是齿数和节距，因为当齿数少和节距大时，β 的变化范围大，其链速的变化范围也大，多边形效应增加。

（2）答：1）通过调整两链轮中心距控制张紧程度；

2）中心距不能调整时，可采用张紧轮装置；

3）从链条中拆除 1~2 个链节，缩短链长使链条张紧。

（3）答：链传动的失效多为链条失效。主要有以下几种：1）链条疲劳破坏；2）销轴磨损与脱链；3）销轴和套筒的胶合；4）滚子和套筒的冲击破坏；5）链条的过载拉断。

8 齿 轮 传 动

齿轮传动是通过轮齿的啮合来实现两轴之间的传动，是近代机械中应用最多的传动形式之一。多数齿轮传动不仅用来传递运动而且还要传递动力。齿轮传动的类型很多，本章以平行轴间的渐开线圆柱齿轮传动为重点，介绍齿轮传动的啮合原理、强度计算及几何尺寸计算。

8.1 齿轮传动的类型、特点及要求

8.1.1 齿轮传动的类型

根据齿轮机构所传递运动两轴线的相对位置、运动形式及齿轮的几何形状，齿轮机构分以下几种基本类型，如图 8-1 所示。

齿轮传动	平面齿轮传动	直齿圆柱齿轮传动	外啮合	图8-1 (a)
			内啮合	图8-1 (b)
			齿轮齿条	图8-1 (c)
		斜齿圆柱齿轮传动	外啮合	图8-1 (d)
			内啮合	
			齿轮齿条	
		人字齿轮传动		图8-1 (e)
	空间齿轮传动	圆锥齿轮传动	直齿	图8-1 (f)
			斜齿	图8-1 (g)
			曲线齿	图8-1 (h)
		螺旋齿轮传动		图8-1 (i)
		蜗轮蜗杆		图8-1 (j)

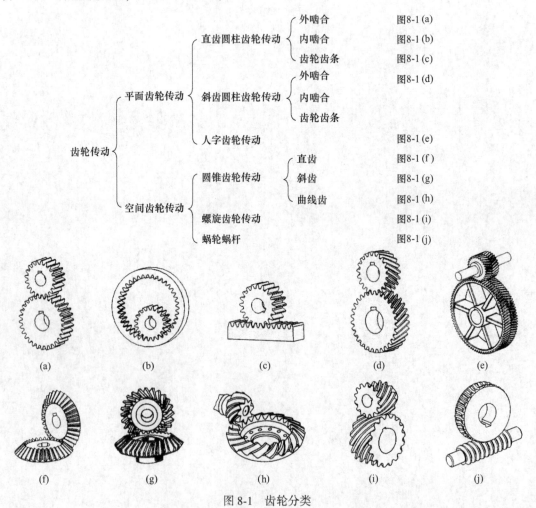

(a)　　(b)　　(c)　　(d)　　(e)

(f)　　(g)　　(h)　　(i)　　(j)

图 8-1　齿轮分类

其中最基本的型式是传递平行轴间运动的直齿圆柱轮机构和斜齿圆柱轮机构。

按照工作条件，齿轮传动可分为闭式传动和开式传动。闭式传动的齿轮封闭在刚性箱体内，润滑和工作条件良好。重要的齿轮都采用闭式传动。开式传动的齿轮是外露的，不能保证良好润滑，且易落入灰尘、杂质，故齿面易磨损，只宜用于低速传动。

按齿轮齿廓曲线不同，又可分为渐开线齿轮、摆线齿轮和圆弧齿轮等，其中渐开线齿轮应用最广。

8.1.2 齿轮传动的特点

齿轮传动主要依靠主动轮与从动轮的啮合传递运动和动力。与其他传动相比，齿轮传动具有以下特点：

（1）优点：

1）传动比恒定。因此传动平稳，冲击、振动和噪声较小。

2）传动效率高、工作可靠且寿命长。齿轮传动的机械效率一般为 0.95～0.99，且能可靠地连续工作几年甚至几十年。

3）可传递空间任意两轴间的运动。齿轮传动可传递两轴平行、相交和交错的运动和动力。

4）结构紧凑、功率和速度范围广。齿轮传动所占的空间位置较小，传递功率可由很小到上百万千瓦，传递的速度可达 300m/s。

（2）缺点：

1）制造、安装精度要求较高。

2）不适于中心距较大的传动。

3）使用维护费用较高。

4）精度低时，噪声、振动较大。

8.1.3 齿轮传动的要求

从传递运动和动力两方面考虑，齿轮传动应满足下列两个基本要求：

（1）传动准确、平稳。即要求齿轮在传动过程中应保证瞬时传动比恒定不变，以避免或减少传动中的冲击、振动和噪声。

（2）承载能力强。即要求齿轮在传动过程中有足够的强度，能传递较大的动力，而且要有较长的使用寿命，应对齿轮传动进行强度计算和结构设计。

因此，齿轮齿廓曲线、参数、尺寸的确定，材料和热处理方式的选择，以及加工方法和精度等问题，基本都是围绕满足上述两个基本要求而进行的。

8.2 渐开线的形成及基本性质

8.2.1 渐开线的形成

如图 8-2 所示，一条直线 L（称为发生线）沿着半径为 r_b 的圆周（称为基圆）作纯滚动时，直线上任意点 K 的轨迹称为该圆的渐开线。

8.2.2　渐开线的性质

（1）发生线沿基圆滚过的长度和基圆上被滚过的弧长相等，即：$\overset{\frown}{NA} = \overline{NK}$

（2）渐开线上任意一点的法线必切于基圆。

（3）渐开线上各点压力角不等，离圆心越远处的压力角越大。基圆上压力角为零。渐开线上任意点 K 处的压力角是力的作用方向（法线方向）与运动速度方向（垂直向径方向）的夹角 α_K（见图 8-2），由几何关系可推出

$$\cos\alpha_K = \frac{r_b}{r_K} \tag{8-1}$$

式中　r_b——基圆半径；

　　　r_K——K 点向径。

（4）渐开线的形状取决于基圆半径的大小。基圆半径越大，渐开线越趋平直（见图 8-3）。

（5）基圆以内无渐开线。

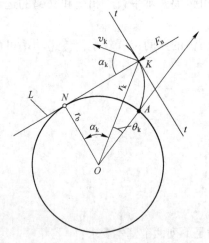

图 8-2　渐开线的形成及压力角

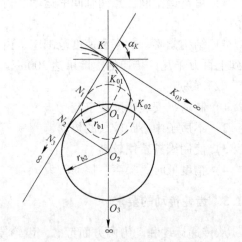

图 8-3　渐开线形状与基圆大小的关系

8.3　渐开线标准直齿圆柱齿轮的基本参数及几何尺寸

8.3.1　齿轮各部分名称及符号

如图 8-4 所示为渐开线标准直齿圆柱齿轮的一部分，齿轮的轮齿均匀分布在圆柱面上。每个轮齿两侧的齿廓都是由形状相同、方向相反的渐开线曲面组成。齿轮各部分的名称及代号如图 8-4 所示。

（1）齿顶圆。齿顶所确定的圆称为齿顶圆，其直径用 d_a 表示。

（2）齿根圆。由齿槽底部所确定的圆称为齿根圆，其直径用 d_f 表示。

（3）齿槽宽。相邻两齿之间的空间称为齿槽，在任意 d_k 的圆周上，轮齿槽两侧齿廓之间的弧线上称为该圆的齿槽宽，用 e_K 表示。

（4）齿厚。同一轮齿两侧齿廓之间的弧长称为该圆上的齿厚，用s_K表示；

（5）齿距。相邻的两齿同侧齿廓之间的弧长称为该圆的齿距，用p_K表示。$p_K=s_K+e_K$。

（6）分度圆。为了便于设计、制造及互换，将齿轮上某一圆周上的比值和该圆上的压力角均设定为标准值，这个圆就称为分度圆，以d表示。对标准齿轮来说，齿厚与齿槽宽相等，分别用s和e表示，$s=e$。分度圆是一个十分重要的圆，分度圆上的各参数的代号不带下标。

（7）齿顶高。从分度圆到齿顶圆的径向距离，用h_a表示。

（8）齿根高。从分度圆到齿根圆的径向距离，用h_f表示。

（9）全齿高。从齿顶圆到齿根圆的径向距离，用h表示，$h=h_a+h_f$。

（10）顶隙。当一对齿轮啮合时（见图8-5），一个齿轮的齿顶圆与配对齿轮的齿根圆之间的径向距离，用$c=c^*m$表示。顶隙有利于润滑油的流动。

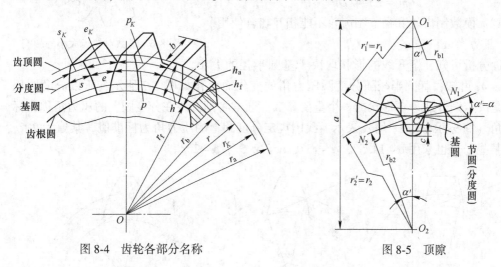

图8-4　齿轮各部分名称　　　　　　　　　图8-5　顶隙

8.3.2　渐开线齿轮的基本参数

直齿圆柱齿轮的基本参数有齿数z、模数m、压力角α、齿顶高系数h_a^*和顶隙系数c^*共5个。这些基本参数是齿轮各部分几何尺寸计算的依据。

8.3.2.1　齿形参数

A　齿数z

一个齿轮的轮齿总数称为齿数，用z表示。齿轮设计时，齿数是按使用要求和强度计算确定的。

B　模数m

齿轮传动中，齿距P除以圆周率π所得到的商称为模数，即$m=\dfrac{p}{\pi}$，单位mm。使用模数和齿数可以方便计算齿轮的大小，用分度圆直径表示：$d=mz$。

模数是决定齿轮尺寸的一个基本参数，我国已规定了标准模数系列。设计齿轮时，应采用我国规定的标准模数系列，如表8-1所示。

表 8-1　渐开线圆柱齿轮模数（摘自 GB/T 1357—2008）　　　　　　（mm）

第一系列	1　1.25　1.5　2　2.5　3　4　5　6　8　10　12　16　20　25　32　40　50
第二系列	1.125　1.375　1.75　2.25　2.75　3.5　4.5　5.5　(6.5)　7　9　11　14　18　22　28　35　45

注：1. 本表适用于渐开线圆柱齿轮，对斜齿轮是指法向模数。

　　2. 优先采用第一系列，括号内的模数尽可能不用。

由模数的定义 $m = P/\pi$ 可知，模数越大，轮齿尺寸越大，反之则越小，如图 8-6 所示。

目前世界上除少数国家（如英国、美国）采用径节（DP）制齿轮外，我国及其他多数国家采用模数制齿轮。模数与径节的换算关系为：

$$m = 25.4/DP$$

注意：模数制齿轮和径节制齿轮不能相互啮合使用。

C　压力角 α

图 8-6　模数对轮齿大小的影响

前面分析可知，渐开线的形状取决于基圆半径的大小，由 $r_b = r\cos\alpha$ 可知，基圆半径随分度圆压力角的变化而变化如图 8-7 所示，所以分度圆压力角也是决定渐开线齿廓形状的一个重要参数。通常将渐开线在分度圆上的压力角称为标准压力角（简称压力角），用 α 表示。我国规定分度圆上的压力角为标准值，其值为 20°，此外在某些场合也采用 $\alpha = 14.5°$，$\alpha = 15°$，$\alpha = 22.5°$，$\alpha = 25°$。

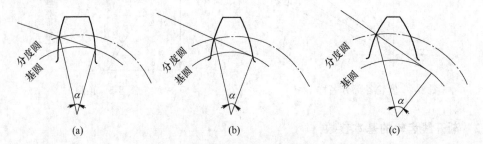

图 8-7　不同压力角时轮齿的形状

(a) $\alpha < 20°$；(b) $\alpha = 20°$；(c) $\alpha > 20°$

综上所述，α 小，传力性能好，但齿根变薄，弯曲强度差；α 大，传力特性变差，因此，一般取标准值 $\alpha = 20°$。

8.3.2.2　齿制参数

齿顶高系数和顶隙系数。齿顶高与模数之比值称为齿顶高系数，用 h_a^* 表示。顶隙与模数之比值称为顶隙系数，用 c^* 表示。正常齿制齿轮 $h_a^* = 1$，$c^* = 0.25$，有时也采用短齿制，其 $h_a^* = 0.8$，$c^* = 0.3$。

注意：顶隙的作用是为了避免一齿轮的齿顶与另一齿轮的齿根相抵触，同时也便于储存润滑油。

标准齿轮是指模数、压力角、齿顶高系数和顶隙系数均为标准值，且分度圆上的齿厚等于齿槽宽的齿轮。

8.3.3 标准直齿圆柱齿轮的主要几何尺寸计算

8.3.3.1 内齿轮和齿条

（1）内齿轮。如图8-8所示为一圆柱内齿轮，有如下特点：

1）齿廓是内凹的渐开线。

2）分度圆大于齿顶圆，齿根圆大于分度圆。

（2）齿条。如图8-9所示为一齿条，有如下特点：

齿条齿廓上各点的压力角相等，大小等于齿廓的倾斜角（取标准值20°），通称为齿形角。无论在中线上或与其平行的其他直线上，其齿距都相等。

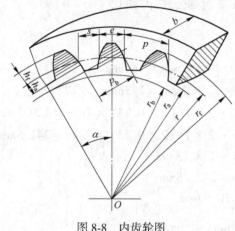

图8-8 内齿轮图

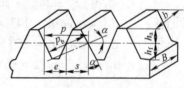

图8-9 齿条

8.3.3.2 标准直齿轮圆柱齿轮的几何尺寸计算（见表8-2）

表8-2 标准直齿圆柱齿轮的基本参数及几何尺寸计算公式

数据	名 称	符 号	计 算 公 式	
			外齿轮	内齿轮
基本参数	齿数	z	$z_{min}=17$，通常小齿轮齿数 z_1 在 20~28 范围内选取，$z_2=iz_1$	
	模数	m	根据强度计算决定，并按表2-1选取标准值。动力传动中 $m \geq 2mm$	
	压力角	α	取标准值，$\alpha=20°$	
	齿顶高系数	h_a^*	取标准值，对于正常齿 $h_a^*=1$，对于短齿 $h_a^*=0.8$	
	顶隙系数	c^*	取标准值，对于正常齿 $c^*=0.25$，对于短齿 $c^*=0.3$	
几何尺寸	齿距	p	$p=m\pi$	
	齿厚	s	$s=\pi m/2$	
	槽宽	e	$e=\pi m/2$	
	齿顶高	h_a	$h_a=h_a^* m$	
	齿根高	h_f	$h_f = h_a + c = (h_a^* + c^*)m$	
	全齿高	h	$h = h_a + h_f = (2h_a^* + c^*)m$	
	分度圆直径	d	$d=mz$	

数据	名　称	符　号	计　算　公　式	
			外 齿 轮	内 齿 轮
几何尺寸	齿顶圆直径	d_a	$d_a = d + 2h_a = m(z + 2h_a^*)$	$d_a = m(z - 2h_a^*)$
	齿根圆直径	d_f	$d_f = d - 2h_f = m(z - 2h_a^* - 2c^*)$	$d_f = m(z + 2h_a^* + 2c^*)$
	基圆直径	d_b	$d_b = d\cos\alpha = mz\cos\alpha$	
	中心距	a	$a = m(z_1 + z_2)/2$	$a = m(z_2 - z_1)/2$

【例 8-1】 一对渐开线标准直齿圆柱齿轮（正常齿）传动，已知 $m = 7\text{mm}$，$z_1 = 21$，$z_2 = 37$。试计算分度圆直径、齿顶圆直径、齿根圆直径、基圆直径、齿厚和标准中心距。

解　该齿轮为标准直齿圆柱齿轮传动，按表 8-2 所列公式计算如下：

分度圆直径：$d_1 = mz_1 = 7 \times 21\text{mm} = 147\text{mm}$

$\qquad\qquad\quad d_2 = mz_2 = 7 \times 37\text{mm} = 259\text{mm}$

齿顶圆直径：$d_{a1} = (z_1 + 2h_a^*)m = (21 + 2 \times 1) \times 7\text{mm} = 161\text{mm}$

$\qquad\qquad\quad d_{a2} = (z_2 + 2h_a^*)m = (37 + 2 \times 1) \times 7\text{mm} = 273\text{mm}$

齿根圆直径：$d_{f1} = (z_1 - 2h_a^* - 2c^*)m = (21 - 2 \times 1 - 2 \times 0.25) \times 7\text{mm} = 129.5\text{mm}$

$\qquad\qquad\quad d_{f2} = (z_2 - 2h_a^* - 2c^*)m = (37 - 2 \times 1 - 2 \times 0.25) \times 7\text{mm} = 241.5\text{mm}$

基圆直径：$\quad d_{b1} = d_1\cos\alpha = 147 \times \cos 20°\text{mm} = 138.13\text{mm}$

$\qquad\qquad\quad d_{b2} = d_2\cos\alpha = 259 \times \cos 20°\text{mm} = 243.38\text{mm}$

齿　厚：$\qquad s_1 = s_2 = \pi m/2 = \pi \times 7/2\text{mm} = 10.99\text{mm}$

标准中心距：$a = \dfrac{(z_1 + z_2)}{2}m = \dfrac{(21 + 37)}{2} \times 7\text{mm} = 203\text{mm}$

8.4　渐开线直齿圆柱齿轮的啮合传动

8.4.1　正确啮合条件

一对齿轮啮合传动时，两齿轮齿廓接触点的轨迹称为啮合线。由于啮合线在公法线 N_1N_2 上，而公法线为一条固定直线，且与两轮基圆的内公切线重合，而齿轮齿廓在传递力的时候也是沿着该固定直线传递，即啮合线、公法线、两基圆内公切线、发生线、力的作用线五线合一。

一对渐开线齿轮要正确啮合，齿轮在任何位置啮合时其啮合点都应处在啮合线 N_1N_2 上。如图 8-10 所示，前一对齿在啮合线上的 K' 点脱离啮合时，后一对齿必须准确地在啮合线上的 K 点进入啮合，而 KK' 既是齿轮 1 的法向齿距，又是齿轮 2 的法向齿距，两齿轮要想正确啮合，它们的法向齿距必须相等。由渐开线性质知，法向齿距应与基圆齿距相等，即

$$P_{b1} = P_{b2}$$

因　　　　　　　　　　　　$$P_b = P\cos\alpha$$

故　　　　$P_{b1} = P_1\cos\alpha = \pi m_1\cos\alpha_1 \qquad P_{b2} = P_2\cos\alpha = \pi m_2\cos\alpha_2$

可得 $\qquad m_1\cos\alpha_1 = m_2\cos\alpha_2$

由于模数 m 和压力角 α 均已标准化，要使上式成立，则须

$$\begin{cases} m_1 = m_2 = m \\ \alpha_1 = \alpha_2 = \alpha \end{cases} \qquad (8\text{-}2)$$

结论：一对渐开线齿轮，只要模数和压力角分别相等，就能正确啮合。

由相互啮合齿轮的模数相等的条件，可推出一对齿轮的传动比为

$$i_{12} = \frac{\omega_1}{\omega_2} = \frac{d_2'}{d_1'} = \frac{d_{b2}}{d_{b1}} = \frac{d_2}{d_1} = \frac{z_2}{z_1} \qquad (8\text{-}3)$$

即其传动比不仅与两轮的基圆、节圆、分度圆直径成反比，而且与两轮的齿数成反比。

8.4.2 连续传动条件

8.4.2.1 一对渐开线齿轮的啮合过程

齿轮传动是通过其轮齿交替啮合而实现的。如图 8-11 所示为一对轮齿的啮合过程。主动轮 1 顺时针方向转动，推动从动轮 2 作逆时针方向转动。一对轮齿的开始啮合点是从动轮齿顶圆与啮合线 $N_1 N_2$ 的交点 B_1，这时主动轮的齿根与从动轮的齿顶接触，两轮齿进入啮合，B_1 为起始啮合点。随着啮合传动的进行，两齿廓的啮合点将沿着啮合线向左下方移动。一直到主动轮的齿顶圆与啮合线的交点 B_2，主动轮的齿顶与从动轮的齿根即将脱离接触，两轮齿结束啮合，B_2 点为终止啮合点。线段 $\overline{B_1 B_2}$ 为啮合点的实际轨迹，称为

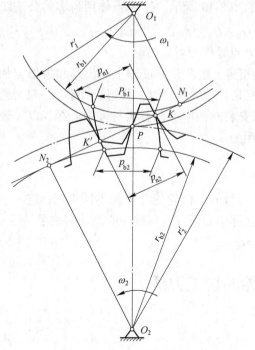

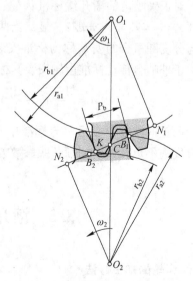

图 8-10 正确啮合的条件 　　　　　　　　图 8-11 渐开线齿轮的连续传动

实际啮合线段。当两轮齿顶圆加大时，点 B_1、B_2 分别趋于点 N_1、N_2，实际啮合线段将加长。但因基圆内无渐开线，故点 B_1、B_2 不会超过点 N_1、N_2，点 N_1、N_2 称为极限啮合点。线段 $\overline{N_1 N_2}$ 是理论上最长的啮合线段，称为理论啮合线段。

8.4.2.2　渐开线齿轮连续传动条件

为保证齿轮定传动比传动的连续性，仅具备两轮的基圆齿距相等的条件是不够的，还必须满足 $\overline{B_1 B_2} \geqslant P_b$。否则，当前一对齿在点 B_2 分离时，后一对齿尚未进入点 B_1 啮合，这样，在前后两对齿交替啮合时将引起冲击，无法保证传动的平稳性。因此，由图 8-11 可知，渐开线齿轮连续传动条件为 $\overline{B_1 B_2} \geqslant \overline{B_1 K}$，而 $\overline{B_1 K} = P_b$，故连续传动的条件可用下式表示

$$\overline{B_1 B_2} \geqslant p_b \text{ 或 } \frac{\overline{B_1 B_2}}{P_b} \geqslant 1$$

通常把实际啮合线段 $\overline{B_1 B_2}$ 与基圆齿距 P_b 的比值称为重合度，用 ε 表示，即

$$\varepsilon = \frac{\overline{B_1 B_2}}{P_b} \geqslant 1 \tag{8-4}$$

ε 表示了同时参与啮合齿轮的对数，ε 越大，同时参与啮合齿轮的对数越多，传动越平稳。因此，ε 是衡量齿轮传动质量的指标之一。

8.4.3　正确安装条件

两相互啮合的齿廓 E_1 和 E_2 在 K 点接触，如图 8-10 所示，过 K 点作两齿廓的公法线 $N_1 N_2$ 它与连心线 $O_1 O_2$ 的交点 P 称为节点。以 O_1、O_2 为圆心，以 $O_1 P$（r'_1）、$O_2 P$（r'_2）为半径所作的圆称为节圆，因两齿轮的节圆在 P 点处作相对纯滚动。

一对正确啮合的渐开线标准齿轮，其模数相等，故两轮分度圆上的齿厚和齿槽宽相等，即 $s_1 = e_1 = s_2 = e_2 = \pi m/2$。显然当两分度圆相切并作纯滚动时，其侧隙为零。一对齿轮节圆与分度圆重合的安装称为标准安装，标准安装时的中心距称为标准中心距，以 a 表示。对于外啮合传动标准齿轮安装其标准中心距为

$$a = \frac{1}{2}(d'_1 + d'_2) = \frac{1}{2}(d_1 + d_2) = \frac{m}{2}(z_1 + z_2) \tag{8-5}$$

当两轮的安装中心距 a' 与标准中心距 a 不一致时，两轮的分度圆不再相切，这时节圆与分度圆不重合，根据渐开线参数方程可得实际中心距 a' 与标准中心距 a 的关系

$$a' \cos\alpha' = a \cos\alpha \tag{8-6}$$

8.5　渐开线齿轮的加工方法

8.5.1　齿轮的加工方法

齿轮的齿廓加工方法有铸造、热轧、冲压、粉末冶金和切削加工等。最常用的是切削

加工法，根据切齿原理的不同，可分为仿形法和范成法两种。

8.5.1.1 仿形法（成型法）

仿形法加工是刀具在通过其轴线的平面内，刀刃的形状和被切齿轮齿间形状相同。一般采用盘状铣刀和指状铣刀切制齿轮，如图 8-12 所示。切制时，铣刀转动，同时毛坯沿其轴线移动一个行程，这样就切出一个齿间。然后毛坯退回原来位置，将毛坯转过 $360°/z$，再继续切制，直到切出全部齿间。

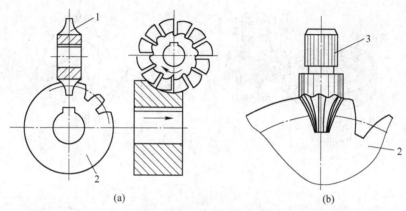

图 8-12　仿形法切制齿轮

（a）盘状铣刀；（b）指状铣刀

1—盘状铣刀；2—被切齿轮；3—指状铣刀

由于渐开线形状取决于基圆大小，而基圆直径 $d_b = mz\cos\alpha$，故齿廓形状与模数、齿数、压力角有关。理论上，模数和压力角相同，不同齿数的齿轮，应采用不同的刀具，这在实际中是不可能的。通常每种刀具加工一定范围的齿数，刀具齿形此范围内某一特定的齿数设计。因此对大多数齿轮，这种加工在理论上就存在误差。

为减少铣刀的品种、数量，生产中对加工模数 m、压力角 α 相同的齿轮时，对一定齿数范围的齿轮，一般配备一组刀具（8 把或 15 把）。表 8-3 为 8 把一组各号齿轮铣刀切制齿数范围。

表 8-3　8 把一组各号铣刀切制齿轮的齿数范围

刀号	1	2	3	4	5	6	7	8
加工齿数范围	12~13	14~16	17~20	21~25	26~34	35~54	55~134	135 以上
齿形								

因此，用仿形法加工的精度较低，又因切齿不能连续进行，故生产率低，不易成批生产，但加工方法简单，普通铣床就可铣齿，不需专用机床，适用于单件生产及精度要求不高的齿轮加工。

8.5.1.2 展成法（范成法）

展成法是利用一对齿轮无侧隙啮合时两轮的齿廓互为包络线的原理加工齿轮的。是目前齿轮加工中最常用的一种方法。加工时刀具与齿坯的运动就像一对互相啮合的齿轮，最后刀具将齿坯切出渐开线齿廓。范成法切制齿轮常用的刀具有 3 种：

（1）齿轮插刀。如图 8-13（a）所示为用齿轮插刀加工齿轮情况，齿轮插刀是一个具有切削刃的渐开线外齿轮。插齿时，插刀与轮坯严格地按定比传动作啮合传动，同时插刀沿轮坯轴线方向作上下往复的切削运动。为了防止插刀退刀时擦伤已加工的齿廓表面，在退刀时，轮坯还须作小距离的让刀运动。另外，为了切出轮齿的整个高度，插刀还需要向轮坯中心移动，作径向进给运动。

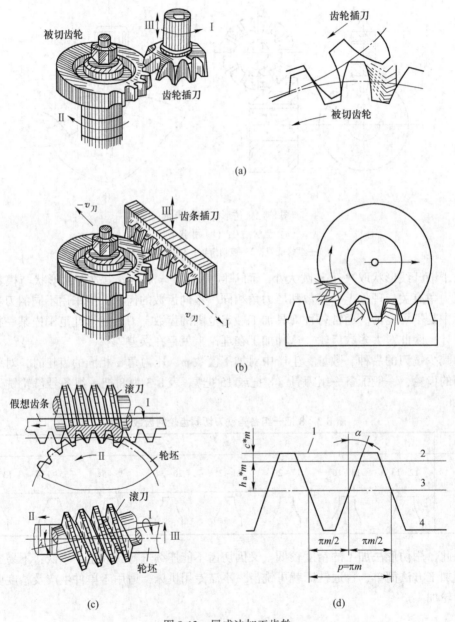

图 8-13 展成法加工齿轮

（a）齿轮插刀；（b）齿条插刀；（c）齿轮滚刀；（d）标准齿条刀具

1—顶刀线；2—齿顶线；3—中线；4—齿根线

（2）齿条插刀。如图 8-13（b）所示为用齿条插刀加工齿轮的情况。切制齿廓时，刀具与轮坯的展成运动相当于齿条与齿轮啮合传动，其切齿原理与用齿轮插刀加工齿轮的原理相同。

（3）齿轮滚刀。用以上两种刀具加工齿轮，其切削是不连续的，不仅影响生产率的提高，还限制了加工精度。因此，在生产中更广泛地采用齿轮滚刀来切制齿轮。如图 8-13（c）所示为用齿轮滚刀切制齿轮的情况。滚刀形状像梯形螺纹的螺杆，轴向剖面齿廓为精确的直线齿廓，滚刀转动时相当于齿条在移动。可以实现连续加工，生产率高。

用展成法加工齿轮时，所需刀具数量少，用一把刀可以加工出模数、压力角相同的所有齿数的齿轮，加工精度高，滚齿属于连续加工，生产率高，但必须在专门设备上进行切齿，适用于批量生产。

8.5.2　根切现象及最少齿数

8.5.2.1　根切现象

用展成法切削标准齿轮时，如果齿轮的齿数过少，刀具的齿顶线或齿顶圆超过被切齿轮的极限点 N 时（见图 8-14），则刀具的齿顶会将被切齿轮的渐开线齿廓根部的一部分切掉，这种现象称为根切，如图 8-15 所示。

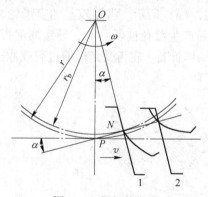

图 8-14　根切的产生

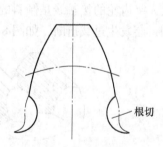

图 8-15　齿轮根切现象

被根切的轮齿不仅削弱了轮齿的抗弯强度，影响轮齿的承载能力，而且使一对轮齿的啮合过程缩短，重合度下降，传动平稳性较差。为保证齿轮传动质量，一般不允许齿轮出现根切。

8.5.2.2　最小齿数

如图 8-16 所示为齿条插刀加工标准外齿轮的情况，齿条插刀的分度线与齿轮的分度圆相切。要使被切齿轮不产生根切，刀具的齿顶线不得超过 N 点，即

$$h_a^* m \leqslant NM$$

而　　$NM = PN \cdot \sin\alpha = r\sin^2\alpha = \dfrac{mz}{2}\sin^2\alpha$

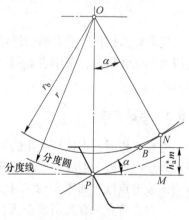

图 8-16　避免根切的条件

整理后得出

$$z \geqslant \frac{2h_a^*}{\sin^2\alpha}$$

即

$$z_{\min} = \frac{2h_a^*}{\sin^2\alpha}$$

可见，不产生根切的最少齿数是 h_a^* 和 α 的函数。当 $h_a^* = 1$、$\alpha = 20°$ 时，$z_{\min} = 17$。

8.6　齿轮的常见失效形式与对策

齿轮传动的失效主要发生在轮齿部分，其常见失效形式有：轮齿折断、齿面点蚀、齿面磨损、齿面胶合和塑性变形等五种。齿轮其他部分（如齿圈、轮辐、轮毂等）失效很少发生，通常按经验设计。

8.6.1　轮齿折断

轮齿在工作过程中，齿根部受较大的交变弯曲应力，并且齿根圆角及切削刀痕产生应力集中。当齿根弯曲应力超过材料的弯曲疲劳极限时，轮齿在受拉一侧将产生疲劳裂纹，随着裂纹的逐渐扩展，导致轮齿疲劳折断，如图 8-17（a）所示。齿宽较小的直齿轮常发生整齿折断。齿宽较大的直齿轮，因制造装配误差易产生载荷偏置一端，导致局部折断。斜齿轮及人字齿轮的接触线是倾斜的，也容易产生局部折断。轮齿受到短期过载或冲击载荷的作用，会发生过载折断，如图 8-17（b）所示。

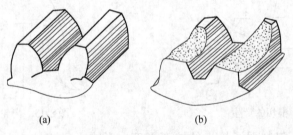

(a)　　　　　　　　　　　　(b)

图 8-17　轮齿折断

提高轮齿抗折断能力的措施：采用正变位齿轮，增大齿根过渡圆角半径，提高齿轮制造精度和安装精度，采用表面强化处理（如喷丸、碾压）等，都可以提高轮齿的抗折断能力。

8.6.2　齿面点蚀

齿轮工作时，在循环变化的接触应力、齿面摩擦力及润滑剂的反复作用下，轮齿表面或次表层出现疲劳裂纹，裂纹逐渐扩展，导致齿面金属剥落形成麻点状凹坑，这种现象称为齿面疲劳点蚀，如图 8-18 所示。

齿面疲劳点蚀首先出现在齿面节线偏齿根侧。这是因为节线附近齿面相对滑动速度小，油膜不易形成，摩擦力较大；且节线处同时参与啮合的轮齿对数少，接触应力大。点蚀的发展，会产生振动和噪声，以至不能正常工作而失效。软齿面（≤350HBS）的新齿轮，开始会出现少量点蚀，但随着齿面的跑合，点蚀可能不再继续扩展，这种点蚀称为收敛性点蚀。硬齿面（大于350HBS）齿轮，不会出现局限性点蚀，一旦出现点蚀就会继续发展，称为扩展性点蚀。

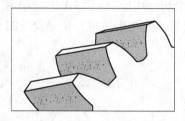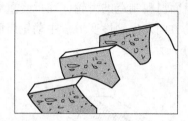

图 8-18　齿面点蚀

对于润滑良好的闭式齿轮传动，点蚀是主要失效形式。而在开式传动中，由于齿面磨损较快，一般不会出现点蚀。

提高轮齿面抗点蚀能力的措施：提高齿面硬度，降低齿面粗糙度值，合理选择润滑油的黏度及采用正变位齿轮传动等，都可以提高齿面抗点蚀能力。

8.6.3　齿面磨损

由于粗糙齿面的摩擦或有砂粒、金属屑等磨料落入齿面之间，都会引起齿面磨损。磨损引起齿廓变形和齿厚减薄，产生振动和噪声，甚至因轮齿过薄而断裂，如图 8-19 所示。磨损是开式齿轮传动的主要失效形式。

避免齿面磨损的主要措施：采用闭式齿轮传动，提高齿面硬度，降低齿面粗糙度值，注意保持润滑油清洁等，都有利于减轻齿面磨损。

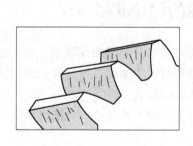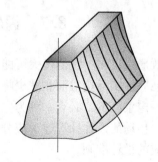

图 8-19　齿面磨损

8.6.4　齿面胶合

高速重载齿轮传动，因齿面间压力大、相对滑动速度大，在啮合处摩擦发热多，产生瞬间高温，使油膜破裂，造成齿面金属直接接触并相互黏着，而后随齿面相对运动，又将黏接金属撕落，使齿面形成条状沟痕，产生齿面热胶合，如图 8-20 所示。低速重载齿轮传动（$v \leq 4\text{m/s}$），由于啮合处局部压力很高齿，使油膜破裂而黏着，产生齿面冷胶合。齿面胶合会引起振动和噪声，导致失效。

防止齿面胶合的主要措施：采用正变位齿轮、减小模数及降低齿高以减小滑动速度，提高齿面硬度，降低齿面粗糙度值，采用抗胶合能力强的齿轮材料，在润滑油中加入极压添加剂等，都可以提高抗胶合能力。

8.6.5　齿面塑性变形

用较软齿面材料制造的齿轮，在承受重载的传动中，由于摩擦力的作用，齿面表层材料沿摩擦力的方向发生塑性变形。主动轮齿面节线处产生凹坑，从动轮齿面节线处产生凸起，如图 8-21 所示。

图 8-20　齿面胶合

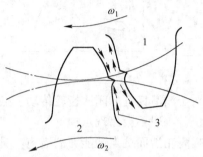

图 8-21　齿面塑性变形
1—主动轮；2—从动轮；3—摩擦力主向

防止齿面塑性变形的主要措施：提高齿面硬度和润滑油黏度，可以减轻或防止齿面塑性变形的产生。

必须注意，并非所有齿轮都同时存在上述 5 种失效，在一般工作条件下，闭式传动最有可能发生的失效是疲劳点蚀和弯曲疲劳断裂；开式传动齿轮最可能发生的失效形式是磨损；重载且润滑不良的情况下，才有可能发生胶合和齿面塑性变形失效。

8.7　齿轮的设计准则

轮齿的失效形式很多，它们不大可能同时发生，却又相互联系，相互影响。例如，轮齿表面产生点蚀后，实际接触面积减少将导致磨损的加剧，而过大的磨损又会导致轮齿的折断。可是在一定条件下，必有一种为主要失效形式。

在进行齿轮传动的设计计算时，应分析具体的工作条件，判断可能发生的主要失效形式，以确定相应的设计准则。

对于软齿面（硬度≤350HBS）的闭式齿轮传动，由于齿面抗点蚀能力差，润滑条件良好，齿面点蚀将是主要的失效形式。在设计计算时，通常按齿面接触疲劳强度设计，再作齿根弯曲疲劳强度校核。

对于硬齿面（硬度>350HBS）的闭式齿轮传动，齿面抗点蚀能力强，但易发生齿根折断，齿根疲劳折断将是主要失效形式。在设计计算时，通常按齿根弯曲疲劳强度设计，再作齿面接触疲劳强度校核。

当一对齿轮均为铸铁制造时，一般只需作轮齿弯曲疲劳强度设计计算。

对于汽车、拖拉机的齿轮传动，过载或冲击引起的轮齿折断是其主要失效形式，宜先作轮齿过载折断设计计算，再作齿面接触疲劳强度校核。

对于开式传动，其主要失效形式将是齿面磨损。但由于磨损的机理比较复杂，到目前为止尚无成熟的设计计算方法，通常只能按齿根弯曲疲劳强度设计，再考虑磨损，将所求得的模数增大 10%~20%。设计齿轮传动时，应根据实际工况条件，分析主要失效形式，确定相应的设计准则，进行设计计算。

8.8 齿轮的传动精度

渐开线圆柱齿轮精度按 GB/T 10095.1—2008，GB/T10095.2—2008 标准执行，此标准为新标准，替代 GB/T 10095-2001 标准，规定了 13 个精度等级，其中 0~2 级齿轮要求非常高，属于未来发展级；3~5 级称为高精度等级；6~8 级为最常用的中精度等级；9 级为较低精度等级；10~12 级低精度等级。精度分为 3 个公差组：第Ⅰ公差组——反映运动精度；第Ⅱ公差组——反映运动平稳性；第Ⅲ公差组——反映承载能力。允许各公差组选用不同的精度等级，两齿轮一般取相同精度等级。

齿轮精度等级应根据齿轮传动的用途、工作条件、传递功率和圆周速度的大小及其他技术要求等来选择。一般传递功率大，圆周速度高，要求传动平稳，噪声低等场合，应选用较高的精度等级，反之，为了降低制造成本，精度等级可选得低些。各类机器所用齿轮传动的精度等级范围列于表 8-4 中，中等速度和中等载荷的一般齿轮精度等级通常按分度圆处圆周速度来确定，具体选择参考表 8-5。各精度等级对应的各项偏差值可查 GB/T 10095.1—2008 或有关设计手册。

表 8-4 各类机器所用齿轮传动的精度等级范围

机器名称	精度等级	机器名称	精度等级
测量齿轮	3~5	载重汽车	7~9
透平机用减速器	3~6	拖拉机	6~8
汽轮机	3~6	通用减速器	6~8
金属切削机床	3~8	锻压机床	6~9
航空发动机	4~8	起重机	7~10
轻型汽车	5~8	农业机械	8~11

注：主传动齿轮或重要的齿轮传动，偏上限选择；辅助传动齿轮或一般齿轮传动，居中或偏下限选择。

表 8-5 齿轮精度等级的适用范围

精度等级	圆周速度 $v/\mathrm{m \cdot s^{-1}}$		工作条件与适用范围
	直齿	斜齿	
4	≤35	≤70	1. 特精密分度机构或在最平稳、无噪声的极高速下工作的传动齿轮； 2. 高速透平传动齿轮； 3. 检测 7 级齿轮的测量齿轮
5	≤20	≤40	1. 精密分度机构或在最平稳、无噪声的极高速下工作的传动齿轮； 2. 精密机构用齿轮； 3. 透平齿轮； 4. 检测 8 级和 9 级齿轮的测量齿轮

精度等级	圆周速度 $v/\mathrm{m \cdot s^{-1}}$		工作条件与适用范围
	直齿	斜齿	
6	≤15	≤25	1. 最高效率、无噪声的高速下平稳工作的齿轮； 2. 特别重要的航空、汽车齿轮； 3. 读数装置用的特别精密传动齿轮
7	≤10	≤17	1. 增速和减速用齿轮； 2. 金属切削机床进给机构用齿轮； 3. 高速减速器齿轮； 4. 航空、汽车用齿轮； 5. 读数装置用齿轮
8	≤5	≤10	1. 一般机械制造用齿轮； 2. 分度链之外的机床传动齿轮； 3. 航空、汽车用的不重要齿轮； 4. 起重机构用齿轮、农业机械中的重要齿轮； 5. 通用减速器齿轮
9	≤3	≤3.5	不提出精度要求的粗糙工作齿轮

注：关于锥齿轮精度等级可查 GB/T 11365—1989。

8.9　齿轮的材料和许用应力

8.9.1　齿轮材料的基本要求

由轮齿的失效分析可知，对齿轮材料的基本要求为：（1）齿面应有足够的硬度，以抵抗齿面磨损、点蚀、胶合以及塑性变形等；（2）齿芯应有足够的强度和较好的韧性，以抵抗齿根折断和冲击载荷；（3）应有良好的加工工艺性能及热处理性能，使之便于加工且便于提高其力学性能。即为：齿面要硬、齿芯要韧。

最常用的齿轮材料是钢，其次是铸铁，还有其他非金属材料等。

8.9.2　常用材料

8.9.2.1　锻钢

锻钢因具有强度高、韧性好、便于制造、便于热处理等优点，大多数齿轮都用锻钢制造。按齿面硬度可分为软齿面和硬齿面两类。

（1）软齿面齿轮。软齿面齿轮的齿面硬度不大于 350HBS，常用中碳钢和中碳合金钢，如 45 号钢、40Cr、35SiMn 等材料，进行调质或正火处理。这种齿轮适用于强度，精度要求不高的场合，轮坯经过热处理后进行插齿或滚齿加工，生产便利、成本较低。

在确定大、小齿轮硬度时，应注意使小齿轮的齿面硬度比大齿轮的齿面硬度高 30~50HBS，这是因为小齿轮受载荷次数比大齿轮多，且小齿轮齿根较薄. 为使两齿轮的轮齿接近等强度，小齿轮的齿面要比大齿轮的齿面硬一些。

（2）硬齿面齿轮。硬齿面齿轮的齿面硬度大于 350HBS，常用的材料为中碳钢或中碳合金钢经表面淬火处理。轮坯切齿后经表面硬化热处理，形成硬齿面，再经磨齿后精度可达 6 级以上。与软齿面齿轮相比，硬齿面齿轮大大提高齿轮的承载能力，结构尺寸和重量明显减小，综合经济效益显著提高。我国齿轮制造业已普遍采用合金钢及硬齿面、磨齿、高精度、轮齿修形等工艺方法，生产硬齿面齿轮。常用表面硬化热处理主要有：表面淬火、渗碳淬火、渗氮等。

8.9.2.2　铸钢

当齿轮的尺寸较大（大于 400~600mm）而不便于锻造时，可用铸造方法制成铸钢齿坯，再进行正火处理以细化晶粒。

8.9.2.3　铸铁

低速、轻载场合的齿轮可以制成铸铁齿坯。当尺寸大于 500mm 时可制成大齿圈，或制成轮辐式齿轮。

8.9.2.4　有色金属和非金属材料

有色金属（如铜合金、铝合金）用于有特殊要求的齿轮传动。

非金属材料的使用日益增多，常用有夹布胶木和尼龙等工程塑料，用于低速、轻载、要求低噪声而对精度要求不高的场合。由于非金属材料的导热性差，故需与金属齿轮配对使用，以利于散热。

表 8-6 中列出了齿轮常用材料及其力学性能，供设计时参考。

表 8-6　常用齿轮材料及其力学性能

类　别	材料牌号	热处理方法	抗拉强度 σ_b/MPa	屈服强度 σ_s/MPa	硬度 HBS 或 HRC
优质碳素钢	35	正火	500	270	150~180HBS
		调质	550	294	190~230HBS
	45	正火	588	294	169~217HBS
		调质	647	373	217~255HBS
		表面淬火			48~55HRC
	50	正火	628	373	180~220HBS
合金结构钢	40Cr	调质	700	500	240~258HBS
		表面淬火			48~55HRC
	35SiMn	调质	750	450	217~269HBS
		表面淬火			45~55HRC
	40MnB	调质	735	490	241~286HBS
		表面淬火			45~55HRC
	20Cr	渗碳淬火后回火	637	392	56~62HRC
	20CrMnTi		1079	834	56~62HRC
	38CrMnAlA	渗氮	980	834	850HV

类　别	材料牌号	热处理方法	抗拉强度 σ_b/MPa	屈服强度 σ_s/MPa	硬度 HBS 或 HRC
铸钢	ZG45	正火	580	320	156~217HBS
	ZG55		650	350	169~229HBS
灰铸铁	HT300	—	300		185~278HBS
	HT350		350		202~304HBS
球墨铸铁	QT600-3	—	600	370	190~270HBS
	QT700-2		700	420	225~305HBS
非金属	夹布胶木		100		25~35HBS

一般要求的齿轮传动可采用软齿面齿轮。为了减小胶合的可能性，并使配对的大小齿轮寿命相当，通常使小齿轮齿面硬度比大齿轮齿面硬度高出 30~50HBS。对于高速、重载或重要的齿轮传动，可采用硬齿面齿轮组合，齿面硬度可大致相同。

8.9.3　齿轮的许用应力

8.9.3.1　许用接触应力 $[\sigma_H]$

许用接触应力按下式计算：

$$[\sigma_H] = \frac{Z_N \sigma_{Hlim}}{S_H} \tag{8-7}$$

式中　　Z_N——接触疲劳寿命因数（如图 8-22 所示，图中的 N 为应力循环次数，$N = 60njL_h$），其中 n 为齿轮转速，r/min；

j——齿轮转一周时同侧齿面的啮合次数；

L_h——齿轮工作寿命，h；

S_H——齿面接触疲劳安全系数，见表 8-7；

σ_{Hlim}——试验齿轮的接触疲劳极限，MPa，与材料及硬度有关，如图 8-23 所示之数据为可靠度 99% 的试验值。

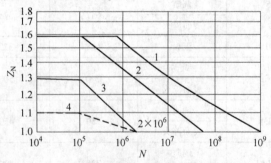

图 8-22　接触疲劳寿命因数 Z_N

1—结构钢、调质钢、碳钢经正火、珠光体和贝氏体球墨铸铁、珠光体黑心可锻铸铁、渗碳淬火钢，当允许有一定量点蚀时；2—结构钢、调质钢、碳钢经正火、珠光体和贝氏体球墨铸铁、珠光体黑心可锻铸铁、渗碳淬火钢、表面硬化钢，不允许出现点蚀时；3—经气体渗氮的调质钢和渗碳钢、氮化钢、灰铸铁、铁素体球墨铸铁；4—碳钢调质后液体氮化

表 8-7 安全系数 S_H 和 S_F

安全系数	软齿面	硬齿面	重要传动、渗碳淬火齿轮或铸造齿轮
S_H	1.0~1.1	1.1~1.2	1.3
S_F	1.3~1.4	1.4~1.6	1.6~2.2

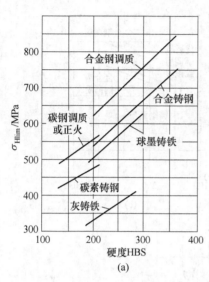
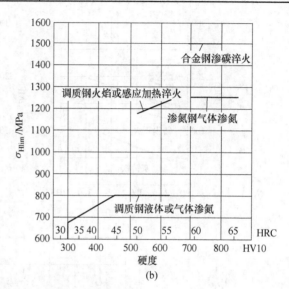

图 8-23 试验齿轮的接触疲劳极限 σ_{Hlim}

8.9.3.2 许用弯曲应力 $[\sigma_F]$

许用弯曲应力按下式计算:

$$[\sigma_F] = \frac{Y_N \sigma_{Flim}}{S_F} \tag{8-8}$$

式中 Y_N——弯曲疲劳寿命系数,如图 8-24 所示;

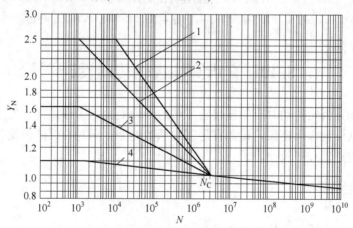

图 8-24 弯曲疲劳寿命因数 Y_N

1—调质钢,珠光体、贝氏体球墨铸铁,珠光体黑色可锻铸铁;2—碳钢经表面淬火、渗碳淬火的渗碳钢;
火焰或感应淬火钢和珠光体、贝氏体球墨铸铁;3—渗氮的氮化钢;渗氮的调质钢和渗碳钢;
铁素体球墨铸铁;灰铸铁;结构钢;4—碳氮共渗的调质钢和渗碳钢

σ_{Flim} —— 试验齿轮的弯曲疲劳极限，MPa，与材料及硬度有关，如图 8-25 所示之数据为可靠度 99% 的试验值，对于双侧工作的齿轮传动，齿根承受对称循环弯曲应力，应将图中数据乘以 0.7。

S_F —— 弯曲疲劳强度安全因数，见表 8-7。

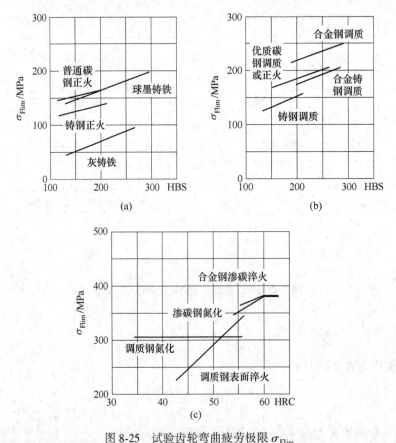

图 8-25　试验齿轮弯曲疲劳极限 σ_{Flim}
(a) 铸铁、正火结构钢和铸钢；(b) 调质钢和铸钢；(c) 表面硬化钢

8.10　直齿圆柱齿轮传动设计

设计直齿圆柱齿轮传动时应根据齿轮传动的轮齿受力、工作条件、失效情况等，合理地确定设计准则设计以保证齿轮传动有足够的承载能力；同时要保证齿轮各参数的选用合理以便于齿轮的正常加工及使用。

8.10.1　齿轮受力分析

8.10.1.1　直齿圆柱齿轮受力分析

如图 8-26 为直齿圆柱齿轮受力情况，转矩 T_1 由主动齿轮传给从动齿轮。若忽略齿面间的摩擦力，轮齿间法向力 F_n 的方向始终沿啮合线。法向力 F_n 在节点处可分解为两个相互垂直的分力：切于分度圆的圆周力 F_t 和沿半径方向的径向力 F_r。

$$\left.\begin{array}{l} F_t = \dfrac{2T_1}{d_1} \\[2mm] F_r = F_t \tan\alpha \\[2mm] F_n = \dfrac{F_t}{\cos\alpha} \end{array}\right\} \qquad (8\text{-}9)$$

式中　T_1——主动齿轮传递的名义转矩，N·mm，$T_1 = 9.55 \times 10^6 P_1 / n_1$，$P_1$ 为主动齿轮传
递的功率（kW），n_1 为主动齿轮的转速，r/min；

　　　　d_1——主动齿轮分度圆直径，mm；

　　　　α——分度圆压力角，（°）。

作用于主、从动轮上的各对力大小相等、方向相反。从动轮所受的圆周力 F_{t2} 是驱动
力，其方向与从动轮转向相同；主动轮 F_{t1} 所受的圆周力是阻力，其方向与从动轮转向相
反。径向力 F_{r1} 与 F_{r2} 分别指向各轮中心（外啮合），如图 8-27 所示。

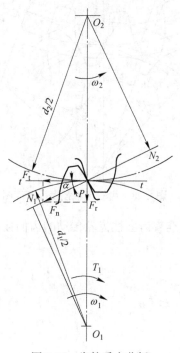

图 8-26　齿轮受力分析

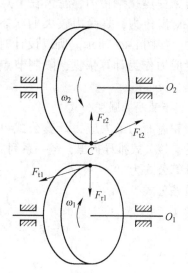

图 8-27　齿轮的受力方向

8.10.1.2　计算载荷

上述所求得的各力是用齿轮传递的名义转矩求得的载荷称为名义载荷。实际上，由于
原动机及工作机的性能、齿轮制造及安装误差、齿轮及其支撑件变形等因素的影响，实际
作用于齿轮上的载荷要比名义载荷大。因此，在计算齿轮传动的强度时，用载荷系数 K
对名义载荷进行修正，名义载荷 F_n 与载荷系数的乘积称为计算载荷 F_{nc}，即

$$F_{nc} = KF_n \qquad (8\text{-}10)$$

式中　K——考虑实际传动中各种影响载荷因素的载荷因数，查表 8-8 取值。

表 8-8　载荷因数 K

原动机工作情况	工作机械的载荷特性		
	平稳和比较平稳	中等冲击	严重冲击
工作平稳（如电动机、汽轮机）	1.2~1.2	1.2~1.6	1.6~1.8
轻度冲击（如多缸内燃机）	1.2~1.6	1.6~1.8	1.9~2.1
中等冲击（如单缸内燃机）	1.6~1.8	1.8~2.0	2.2~2.4

注：1. 斜齿轮、圆周速度低、精度高的齿轮传动，取小值；直齿轮、圆周速度高的齿轮传动，取大值。
　　2. 齿轮在两轴承之间且对称布置时，取小值；齿轮不在两轴承中间，或悬臂布置时，取大值。

8.10.2　齿轮强度计算

8.10.2.1　齿面接触疲劳强度计算

为避免齿面发生点蚀失效，应进行齿面接触疲劳强度计算。

A　计算依据

一对渐开线齿轮啮合传动，齿面接触近似于一对圆柱体接触传力，轮齿在节点工作时往往是一对齿传力，是受力较大的状态，容易发生点蚀，如图 8-28 所示。所以设计时以节点处的接触应力作为计算依据，限制节点处接触应力 $\sigma_H \leqslant [\sigma_H]$。

B　接触疲劳强度公式

齿轮齿面的最大应力计算公式可由弹性力

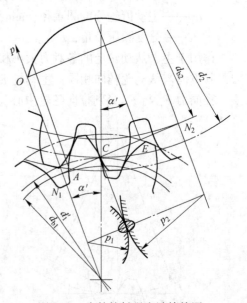

图 8-28　齿轮接触强度计算简图

学中的赫兹公式推导得出，经一系列简化，渐开线标准直齿圆柱齿轮传动的齿面接触疲劳强度计算公式为

校核公式

$$\sigma_H = 3.53 Z_E \sqrt{\frac{KT_1(u \pm 1)}{bd_1^2 u}} \leqslant [\sigma_H] \qquad (8\text{-}11)$$

设计公式

$$d_1 \geqslant \sqrt[3]{\left(\frac{3.53 Z_E}{[\sigma_H]}\right)^2 \frac{KT_1(u \pm 1)}{\Psi_d u}} \qquad (8\text{-}12)$$

式中　　　K——载荷因数，K 值见表 8-8；

　　　　Z_E——材料的弹性系数，MPa，见表 8-9；

　　　　T_1——小齿轮传递的转矩，N·mm；

　　　　b——轮齿的工作宽度，mm；

　　　　u——大轮与小轮的齿数比；

"+"，"-"——符号分别表示外啮合和内啮合；

　　　　d_1——主动轮的分度圆直径，mm；

Ψ_d——齿宽因数，$\Psi_d = \dfrac{b}{d_1}$，见表8-11；

$[\sigma_H]$——齿轮的许应接触应力，MPa。

表8-9　材料的弹性系数 Z_E （MPa）

		大　齿　轮			
	材料	钢	铸钢	球墨铸铁	灰铸铁
	$E/$MPa	206000	202000	173000	126000
小齿轮	钢　206000	189.8	188.9	181.4	165.4
	铸钢　202000	—	188.0	180.5	161.4
	球墨铸铁　173000	—	—	173.9	156.6
	灰铸铁　126000	—	—	—	146.0

应用上述公式时应注意以下几点：

（1）两齿轮齿面的接触应力 σ_{H1} 与 σ_{H2} 大小相同；

（2）两齿轮的许用接触应力 $[\sigma_H]_1$ 与 $[\sigma_H]_2$ 一般不同，进行强度计算时应选用较小值；

（3）齿轮的齿面接触疲劳强度与齿轮的直径或中心距的大小有关，即与 m 与 z 的乘积有关，而与模数的大小无关。当一对齿轮的材料、齿宽系数、齿数比一定时，由齿面接触强度所决定的承载能力仅与齿轮的直径或中心距有关。

8.10.2.2　齿根弯曲疲劳强度计算

进行齿根弯曲疲劳强度计算的目的，是防止轮齿疲劳折断。

A　计算依据

根据一对轮齿啮合时，力作用于齿顶的条件，限制齿根危险截面拉应力边的弯曲应力 $\sigma_F \leqslant [\sigma_F]$。

轮齿受弯时其力学模型如悬臂梁，受力后齿根产生最大弯曲应力，而圆角部分又有应力集中，故齿根是弯曲强度的薄弱环节。齿根受拉应力边裂纹易扩展，是弯曲疲劳的危险区，其危险截面可用30°切线法确定，如图8-29所示，即作与轮齿对称线成30°角并与齿根过渡圆弧相切的两条切线，通过两切点并平行于齿轮轴线的截面即为轮齿危险截面。

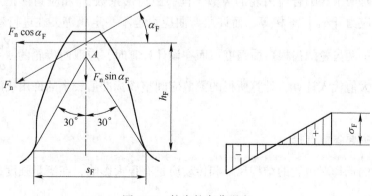

图8-29　轮齿的弯曲强度

B　齿根弯曲疲劳强度公式

如图 8-29 所示，作用于齿顶的法向力 F_n，可分解为相互垂直的两个分力：切向分力 $F_n\cos\alpha_F$ 使齿根产生弯曲应力和切应力，径向分力 $F_n\sin\alpha_F$ 使齿根产生压应力。其中切应力和压应力起得作用很小，疲劳裂纹往往从齿根受拉边开始。因此，只考虑起主要作用的弯曲拉应力，并以受拉侧为弯曲疲劳强度计算的依据。对切应力、压应力以及齿根过渡曲线的应力集中效应的影响，用应力修正系数 Y_S 予以修正。因此齿根部分产生的弯曲应力最大，经推导可得轮齿齿根弯曲疲劳强度的相关计算公式为：

校核公式
$$\sigma_F = \frac{2KT_1}{bm^2 z_1} Y_F Y_S \leqslant [\sigma_F] \qquad (8-13)$$

设计公式
$$m \geqslant \sqrt[3]{\frac{2KT_1 Y_F Y_S}{\Psi_d z_1^2 [\sigma_F]}} \qquad (8-14)$$

式中　σ_F——齿根最大弯曲应力，MPa；

K——载荷因数，K 值见表 8-8；

T_1——小齿轮传递的转矩，N·mm；

Y_F——齿形修正因数，见表 8-10；

Y_s——应力修正因数，见表 8-10；

b——齿宽，mm；

m——模数，mm；

z_1——小轮齿数；

$[\sigma_F]$——轮齿的许用弯曲应力，MPa。

表 8-10　标准外齿轮的齿形因数 Y_F 与应力修正因数 Y_S

z	12	14	16	17	18	19	20	22	25	28	30
Y_F	3.47	3.22	3.03	2.97	2.91	2.85	2.81	2.75	2.65	2.58	2.54
Y_S	1.44	1.47	1.51	1.53	1.54	1.55	1.56	1.58	1.59	1.61	1.63

z	35	40	45	50	60	80	100	≥200
Y_F	2.47	2.41	2.37	3.35	2.30	2.25	2.18	2.14
Y_S	1.65	1.67	1.69	1.71	1.73	1.77	1.80	1.88

注意：通常两个相啮合齿齿轮的齿数不同，故齿形系数 Y_F 和应力修正系数 Y_S 不同，所以齿根弯曲应力 $[\sigma_F]$ 不相等，而许用弯曲应力也不一定相等，在进行弯曲强度计算时，应分别校核两齿轮的齿根弯曲强度；而在设计计算时，应取两齿轮的 $\dfrac{Y_F Y_S}{[\sigma_F]}$ 值进行比较，取其中较大值代入计算，计算所得的模数应圆整成标准值较小的许用接触应力代入计算公式。

8.10.3　齿轮主要参数选择

几何参数的选择对齿轮的结构尺寸和传动质量有很大影响，在满足强度条件下，应合理选择。

8.10.3.1 传动比 i

$i<8$ 时可采用一级齿轮传动，为避免使齿轮传动的外廓尺寸太大，推荐值为 $i=3\sim5$。若总传动比 i 为 $8\sim40$，可分为二级传动；若总传动比 i 大于 40，可分为三级或三级以上传动。

8.10.3.2 齿轮齿数 z

一般设计中取 $z_1>z_{min}$，齿数多则重合度大，传动平稳，且能改善传动质量、减少磨损。若分度圆直径不变，增加齿数使模数减少，可以减少切齿的加工量，节约工时。但模数减少会导致轮齿的弯曲度降低。具体设计时，在保证弯曲强度足够的前提下，宜取较多的齿数。

对于闭式软齿面齿轮传动，按齿面接触强度确定小齿轮直径 d_1 后，在满足抗弯疲劳强度的前提下，宜选取较小的模数和较多的齿数，以增加重合度，提高传动的平稳性，降低齿高，减轻齿轮重量，并减少金属切削量。通常取 $z_1=20\sim40$。对于高速齿轮传动还可以减小齿面相对滑动，提高抗胶合能力。

对于闭式硬齿面和开式齿轮传动，承载能力主要取决于齿根弯曲疲劳强度，模数不宜太小，在满足接触疲劳强度的前提下，为避免传动尺寸过大，z_1 应取较小值，一般取 $z_1=17\sim20$。

配对齿轮的齿数以互质数为好，至少不要成整数比，以使所有齿轮磨损均匀并有利于减小振动。这样实际传动比可能与要求的传动比有差异，因此通常要验算传动比，一般情况下保证传动比误差在 $\pm5\%$ 以内。

8.10.3.3 模数

模数 m 直接影响齿根弯曲强度，而对齿面接触强度没有直接影响。用于传递动力的齿轮，一般应使 $m>1.5\sim2$mm，以防止过载时轮齿突然折断。

8.10.3.4 齿宽系数 Ψ_d

齿宽因数 $\Psi_d=b/d_1$，当 d_1 一定时，增大齿宽因数必然加大齿宽，可提高轮齿的承载能力。但齿宽越大，载荷沿齿宽的分布越不均匀，造成偏载反而降低传动能力，因此应合理选择 Ψ_d，齿宽系数 Ψ_d 的选择可参见表 8-11。

表 8-11 齿宽系数 Ψ_d

齿轮相对于轴承位置	齿面硬度	
	软齿面（≤350HBS）	硬齿面（>350HBS）
对称布置	0.8~1.4	0.4~0.9
非对称布置	0.6~1.2	0.3~0.6
悬臂布置	0.3~0.4	0.2~0.25

注：1. 对于直齿圆柱齿轮取较小值；斜齿轮可取较大值；人字齿可取更大值；
　　2. 载荷平稳、轴的刚性较大时，取值应大一些；变载荷、轴的刚性较小时，取值应小一些。

由齿宽因数 Ψ_d 计算出的圆柱齿轮齿宽 b，应加以圆整。为了保证齿轮传动有足够的啮合宽度，并便于安装和补偿轴向尺寸误差，一般取小齿轮的齿宽 $b_1 = b_2 + (5 \sim 10)$mm，大齿轮的齿宽 $b_2 = b$，b 为啮合宽度。

8.10.4　典型设计实例分析

【例 8-2】　试设计图 8-30 所示带式输送机中的单级直齿圆柱齿轮传动，已知圆柱齿轮传递功率 $P = 7.5$kW，小齿轮转速 $n_1 = 970$r/min，传动比 $i = 3.6$，原动机为电动机，载荷平稳，使用寿命为 10a，单班制工作。

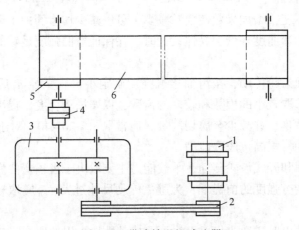

图 8-30　带式输送机减速器

1—电动机；2—带传动；3—减速器；4—联轴器；5—输送机轮；6—输送带

设计步骤如下：

（1）选择齿轮精度等级。运输机是一般机械，速度不高，见表 8-5，选择 8 级精度。

（2）选择齿轮材料与热处理。该齿轮传动无特殊要求，为制造方便，采用软齿面，大小齿轮均用 45 钢，小齿轮调质处理，取硬度 220HBS，大齿轮正火处理，取硬度为 170HBS，见表 8-6。

（3）确定齿轮许用应力。

$$\sigma_{\text{Hlim1}} = 570\text{MPa} \quad \sigma_{\text{Hlim2}} = 530\text{MPa}[\text{见图 8-23(a)}]$$
$$\sigma_{\text{Flim1}} = 190\text{MPa} \quad \sigma_{\text{Flim2}} = 180\text{MPa}[\text{见图 8-25(b)}]$$
$$S_H = 1 \quad S_F = 1.3(\text{见表 8-7})$$

根据题意，齿轮工作年限为 10a，每年 52 周，每周工作日为 5d，单班制，每天工作8h，所以应力循环数：

$$L_h = 10 \times 52 \times 5 \times 8\text{h} = 20800\text{h}$$
$$N_1 = 60n_1jL_h = 60 \times 970 \times 1 \times 20800 = 1.21 \times 10^9$$
$$N_2 = N_1/i = 1.21 \times 10^9/3.6 = 3.36 \times 10^8$$
$$Z_{N1} = 1 \quad Z_{N2} = 1.07(\text{见图 8-22}) \quad Y_{N1} = Y_{N2} = 1(\text{见图 8-24})$$

由式（8-7）、式（8-8），求得许用应力：

$$[\sigma_{H1}] = \frac{Z_{N1}\sigma_{\text{Hlim1}}}{S_H} = \frac{1 \times 570}{1}\text{MPa} = 570\text{MPa}$$

$$[\sigma_{H2}] = \frac{Z_{N2}\sigma_{Hlim2}}{S_H} = \frac{1.07 \times 530}{1} MPa = 567 MPa$$

$$[\sigma_{F1}] = \frac{Y_{N1}\sigma_{Flim1}}{S_F} = \frac{1 \times 190}{1.3} MPa = 146 MPa$$

$$[\sigma_{F2}] = \frac{Y_{N2}\sigma_{Flim2}}{S_F} = \frac{1 \times 180}{1.3} MPa = 138 MPa$$

（4）按齿面接触疲劳强度设计。

1）小齿轮所传递的转矩。

$$T_1 = 9.55 \times 10^6 \frac{P}{n_1} = 9.55 \times 10^6 \times \frac{7.5}{970} N \cdot mm = 73840 N \cdot mm$$

2）载荷因数 K。见表 8-8，选取 $K = 1.1$。

3）齿数 z_1 和齿宽因数 Ψ_d。选择小齿轮的齿数 $z_1 = 25$，则大齿轮齿数 $z_2 = 25 \times 3.6 = 90$，因是单级齿轮传动减速箱，故为对称布置，见表 8-11，选取 $\Psi_d = 1$。

4）齿数比 u。

$$u = z_2/z_1 = 90/25 = 3.6$$

5）材料弹性系数 Z_E。因为两齿轮材料均为钢，见表 8-9，查得 $Z_E = 189.8 MPa$

6）计算小齿轮直径 d_1 及模数 m。

由公式（8-12）计算

$$d_1 \geqslant \sqrt[3]{\left(\frac{3.53 Z_E}{[\sigma_H]}\right)^2 \frac{K T_1(u+1)}{\Psi_d u}} = \sqrt[3]{\left(\frac{3.53 \times 189.8}{567}\right)^2 \frac{1.1 \times 73840 \times (3.6+1)}{1 \times 3.6}} mm = 52.53 mm$$

$m = d_1/z_1 = 52.53/25 = 2.10 mm$，见表 8-1，取标准模数 $m = 2.5 mm$。

（5）计算大、小齿轮的几何尺寸

$$d_1 = m z_1 = 2.5 \times 25 mm = 62.5 mm$$

$$d_{a1} = m(z_1 + 2h_a^*) = 2.5 \times (25 + 2 \times 1) mm = 67.5 mm$$

$$d_{f1} = m(z_1 - 2h_a^* - 2c^*) = 2.5 \times (25 - 2 \times 1 - 2 \times 0.25) mm = 56.25 mm$$

$$d_2 = m z_2 = 2.5 \times 90 mm = 225 mm$$

$$d_{a2} = m(z_2 + 2h_a^*) = 2.5 \times (90 + 2 \times 1) mm = 230 mm$$

$$d_{f2} = m(z_2 - 2h_a^* - 2c^*) = 2.5 \times (90 - 2 \times 1 - 2 \times 0.25) mm = 218.75 mm$$

$$h_1 = h_2 = m(2h_a^* + c^*) = 2.5 \times (2 \times 1 + 0.25) mm = 5.625 mm$$

$$a = \frac{m(z_1 + z_2)}{2} = \frac{2.5 \times (25 + 90)}{2} = 143.75 mm$$

$b = \Psi_d d_1 = 1 \times 62.5 = 62.5 mm$，经圆整取 $b_2 = 65 mm$。

$$b_1 = b_2 + 5 = 70 mm$$

（6）校核齿根弯曲疲劳强度。见表 8-10，查 $Y_{F1} = 2.65$，$Y_{F2} = 2.215$，$Y_{S1} = 1.59$，$Y_{S2} = 1.785$

由公式（8-13）计算：

$$\sigma_{F1} = \frac{2K T_1}{b m^2 z_1} Y_F Y_S = \frac{2 \times 1.1 \times 73840}{62.5 \times 2.5^2 \times 25} \times 2.65 \times 1.59 MPa = 70.09 MPa$$

$$\sigma_{F1} = 70.09\text{MPa} < [\sigma_{F1}] = 146\text{MPa}$$

$$\sigma_{F2} = \sigma_{F1} \frac{Y_{F2}Y_{S2}}{Y_{F1}Y_{S1}} = 70.09 \times \frac{2.215 \times 1.785}{2.65 \times 1.59}\text{MPa} = 65.77\text{MPa}$$

$$\sigma_{F2} = 65.77\text{MPa} < [\sigma_{F2}] = 138\text{MPa}$$

齿根弯曲强度足够。

（7）验算齿轮圆周速度 v。

$$v = \frac{\pi d_1 n_1}{60 \times 1000} = \frac{3.14 \times 62.5 \times 970}{60 \times 1000}\text{m/s} = 3.17\text{m/s}$$

$v = 3.17\text{m/s} < 5\text{m/s}$，合适对照表 8-5 可知齿轮选 8 级精度是合适的。

（8）结构设计及绘制齿轮零件图（略）。

8.11 渐开线斜齿圆柱齿轮传动

8.11.1 斜齿齿廓曲面的形成及啮合特点

如图 8-31（a）所示，直齿圆柱齿轮的齿廓实际上是由与基圆柱相切作纯滚动的发生面 S 上一条与基圆柱轴线平行的任意直线 KK 展成的渐开线曲面。

当一对直齿圆柱齿轮啮合时，轮齿的接触线是与轴线平行的直线，如图 8-31（b）所示，轮齿沿整个齿宽突然同时进入啮合和退出啮合，所以易引起冲击、振动和噪声，传动平稳性差。

斜齿轮齿面形成的原理和直齿轮类似，所不同的是形成渐开线齿面的直线 KK 与基圆轴线偏斜了一角度 β_b（图 8-32a），KK 线展成斜齿轮的齿廓曲面，称为渐开线螺旋面。该曲面与任意一个以轮轴为轴线的圆柱面的交线都是螺旋线。由斜齿轮齿面的形成原理可知，在端平面上，斜齿轮与直齿轮一样具有准确的渐开线齿形。

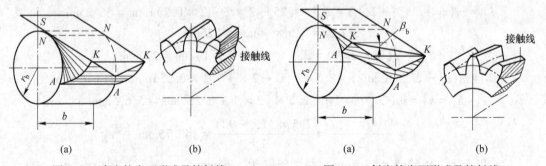

图 8-31 直齿轮齿面形成及接触线   图 8-32 斜齿轮齿面形成及接触线

如图 8-32（b）所示，斜齿轮啮合传动时，齿面接触线的长度随啮合位置而变化，开始时接触线长度由短变长，然后由长变短，直至脱离啮合，因此提高了啮合的平稳性。

与直齿圆柱齿轮传动相比，平行轴斜齿轮传动具有以下特点：

（1）平行轴斜齿轮传动中齿廓接触线是斜直线，轮齿是逐渐进入和脱离啮合的，故工作平稳，冲击和噪声小，适用于高速传动。

（2）重合度较大，有利于提高承载能力和传动的平稳性。

（3）最少齿数小于直齿轮的最小齿数 z_{min}。

（4）在传动中产生轴向力。由于斜齿轮轮齿倾斜，工作时要产生轴向力 F_a，如图 8-33（a）所示，对工作不利，因而需采用人字齿轮使轴向力抵消，如图 8-33（b）所示。

（5）斜齿轮不能作滑移齿轮使用。

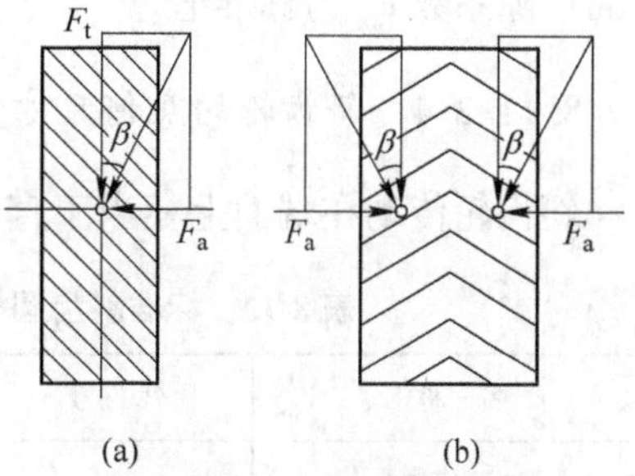

8.11.2 斜齿圆柱齿轮的基本参数和尺寸计算

图 8-33　轴向力

（a）斜齿轮；（b）人字齿轮

8.11.2.1 螺旋角 β

如图 8-34 所示，在斜齿轮分度圆柱面上螺旋线展开所成的直线与轴线的夹角 β 即为斜齿轮在分度圆柱上的螺旋角，简称斜齿轮的螺旋角。β 是表示斜齿轮轮齿倾斜程度的重要参数。对直齿圆柱齿轮，可认为 $\beta=0°$。

当斜齿轮的螺旋角 β 增大时，其重合度 ε 也增大，传动更加平稳，但其所产生的轴向力也随着增大，所以螺旋角 β 的取值不能过大。一般斜齿轮取 $\beta=8°\sim20°$，人字齿齿轮取 $\beta=25°\sim45°$。

图 8-35 所示为斜齿轮旋向。轮齿螺旋线方向分为左旋和右旋。判断方向时，将齿轮轴线垂直放置，沿齿向右高左低为右旋，反之为左旋。

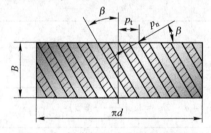

图 8-34　斜齿轮沿分度圆柱面展开

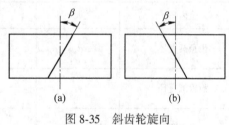

图 8-35　斜齿轮旋向

（a）右旋；（b）左旋

8.11.2.2 模数和压力角

如图 8-34 所示，P_t 为端面齿距，而 P_n 为法面齿距，$P_n=P_t\cos\beta$，因为 $P=\pi m$，所以 $\pi m_n=\pi m_t\cos\beta$，故端面模数 m_t 和法向模数 m_n 有如下关系

$$m_n = m_t\cos\beta \qquad (8-15)$$

端面压力角 α_t 与法向压力角间关系 α_n（见图 8-36）为

$$\tan\alpha_n = \tan\alpha_t\cos\beta \qquad (8-16)$$

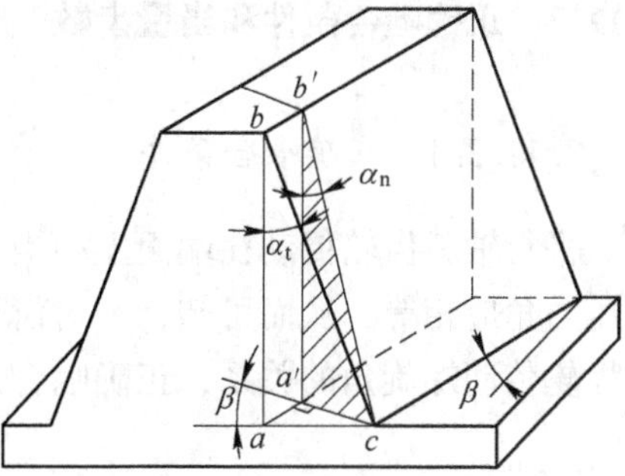

图 8-36　斜齿轮压力角

8.11.2.3 齿顶高系数及顶隙系数

切制斜齿轮时，刀具沿齿线方向进刀，故刀具的齿形参数与轮齿的法面齿形参数相同。斜齿轮以法面参数为标准值即法面模数 m_n、法面压力角 α_n、法面的齿顶高系数 h_{an}^*、

法面顶隙系数 c_n^* 为标准值。

8.11.2.4　斜齿轮的几何尺寸计算

斜齿轮传动在端面上相当于直齿轮传动，其几何尺寸计算公式见表8-12。

表 8-12　标准斜齿圆柱齿轮的几何计算公式（$h_{an}^*=1$，$c_n^*=0，25$）

名　称	代　号	计　算　公　式
法面模数	m_n	与直齿圆柱齿轮 m 相同。由强度计算决定。
螺旋角	β	$\beta_1=-\beta_2$　　一般 $\beta=8°\sim20°$
端面模数	m_t	$m_t=\dfrac{m_n}{\cos\beta}$
端面压力角	α_t	$\tan\alpha_t=\dfrac{\tan\alpha_n}{\cos\beta}$
分度圆直径	d	$d=\dfrac{m_n}{\cos\beta}z$
法面齿距	p_n	$p_n=\pi m_n$
齿顶高	h_a	$h_a=m_n$
齿根高	h_f	$h_f=1.25m_n$
全齿高	h	$h=h_a+h_f$
齿顶圆直径	d_a	$d_a=d+2h_a=m_n\left(\dfrac{z}{\cos\beta}+2\right)$
齿根圆直径	d_f	$d_a=d-2h_f=m_n\left(\dfrac{z}{\cos\beta}-2.5\right)$
中心距	a	$a=\dfrac{1}{2}(d_1+d_2)=\dfrac{m_n}{2\cos\beta}(z_1+z_2)$

8.11.3　正确啮合条件和当量齿数

8.11.3.1　正确啮合条件

平行轴斜齿轮传动在端面上相当于一对直齿圆柱齿轮传动，因此端面上两齿轮的模数和压力角应相等，从而可知，一对齿轮的法向模数和压力角也应分别相等。考虑到平行轴斜齿轮传动螺旋角的关系，正确啮合条件应为

$$\left.\begin{array}{l}m_{n1}=m_{n2}\\[4pt]\alpha_{n1}=\alpha_{n2}\\[4pt]\beta_1=\pm\beta_2\end{array}\right\}\tag{8-17}$$

式中表明，平行轴斜齿轮传动螺旋角相等，外啮合时旋向相反，取"−"号，内啮合时旋向相同，取"+"号。

8.11.3.2 重合度

由平行轴斜齿轮一对齿啮合过程的特点可知，在计算斜齿轮重合度时，还必须考虑螺旋角 β 的影响。图8-37所示为两个端面参数（齿数、模数、压力角、齿顶高系数及顶隙系数）完全相同的标准直齿轮和标准斜齿轮的分度圆柱面（即节圆柱面）展开图。由于直齿轮接触线为与齿宽相当的直线，从 B 点开始啮入，从 B' 点啮出，工作区长度为 BB'；斜齿轮接触线，由点 A 啮入，接触线逐渐增大，至 A' 啮出，比直齿轮多转过一个弧 $f=b\cdot\tan\beta$，因此平行轴斜齿轮传动的重合度为端面重合度 ε_α 和轴向重合度 ε_β 之和，即

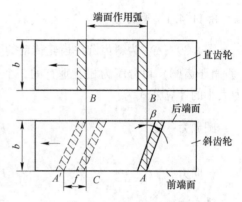

图8-37　斜齿圆柱齿轮的重合度

$$\varepsilon = \frac{AA'}{P_t} = \frac{AC+CA'}{P_t} = \varepsilon_\alpha + \frac{b\tan\beta}{P_t} = \varepsilon_\alpha + \varepsilon_\beta \qquad (8\text{-}18)$$

式中　ε_α——端面重合度，其值等于与端面参数相同的直齿轮重合度；

ε_β——轴向重合度，为轮齿倾斜而产生的附加值重合度。

由式（8-18）知，斜齿轮传动的重合度随螺旋角 β 和齿宽 b 的增大而增大，其值可以达到很大，这是斜齿轮传动运动平稳、承载能力较高的原因之一。工程设计中常根据齿数和 z_1+z_2 以及螺旋角 β 查表求取重合度。

8.11.3.3 斜齿轮的当量齿数

用仿形法加工斜齿轮时，盘状铣刀是沿螺旋线方向切齿的。因此，刀具需按斜齿轮的法向齿形来选择。如图8-38所示，用法向截面截斜齿轮的分度圆柱得一椭圆，椭圆短半轴顶点 C 处被切齿槽两侧为与标准刀具一致的标准渐开线齿形。工程中为计算方便，特引入当量齿轮的概念。当量齿轮是指按 C 处曲率半径 ρ_c 为分度圆半径 r_v，以 m_n、α_n 为标准齿形的假想直齿轮。当量齿数 Z_v 由下式求得

$$Z_v = \frac{Z}{\cos^3\beta} \qquad (8\text{-}19)$$

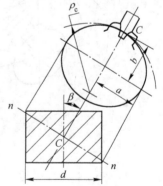

图8-38　斜齿轮的当量齿数

用仿形法加工时，应按当量齿数选择铣刀号码；强度计算时，可按一对当量直齿轮传动近似计算一对斜齿轮传动；在计算标准斜齿轮不发生根切的齿数时，可按下式求得

$$Z_{min} = Z_{vmin}\cos^3\beta = 17\cos^3\beta \qquad (8\text{-}20)$$

显然，斜齿轮不产生根切的最小齿数小于17，斜齿轮可以得到比直齿轮更为紧凑的结构。

注意：当量齿数并非真实齿数，应用时 Z_v 不必圆整为整数。

8.11.4　斜齿圆柱齿轮的受力分析和强度计算

8.11.4.1　受力分析

图 8-39（a）为斜齿圆柱齿轮传动的受力情况。忽略摩擦力，作用在轮齿上法向力 F_n（垂直于齿廓）可分解为相互垂直的 3 个分力：圆周力 F_t、径向力 F_r 和轴向力 F_a，各分力大小的计算公式为：

$$
\left.
\begin{aligned}
\text{圆周力} \qquad & F_t = \frac{2T_1}{d_1} \\[2mm]
\text{径向力} \qquad & F_r = \frac{F_t \tan\alpha_n}{\cos\beta} \\[2mm]
\text{轴向力} \qquad & F_a = F_t \tan\beta
\end{aligned}
\right\} \tag{8-21}
$$

式中　T_1——主动齿轮上的理论转矩，N·mm；

　　　d_1——主动齿轮分度圆直径，mm；

　　　β——螺旋角；

　　　α_n——法面压力角，标准齿轮 $\alpha_n = 20°$。

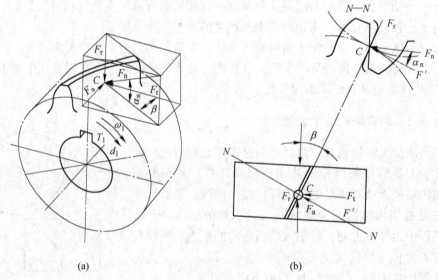

图 8-39　斜齿轮的受力分析

如图 8-40 所示，圆周力的方向在主动轮上与其回转方向相反，在从动轮上与其回转方向相同；径向力的方向都分别指向回转中心；轴向力的方向决定于齿轮的回转方向和轮齿的旋向，可根据"左、右手定则"来判定。主动轮左旋用左手，右旋用右手，环握齿轮轴线，四指表示主动轮的回转方向，拇指的指向即为主动轮上的轴向力方向，如图 8-41 所示。

8.11.4.2　强度计算

斜齿圆柱齿轮传动的强度计算方法与直齿圆柱齿轮相似，但受力是按轮齿的法向进行

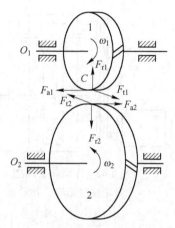

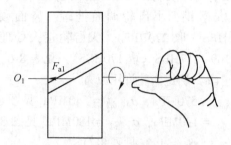

图 8-40 主、从动斜齿轮各分力关系 　　图 8-41 轴向力方向的判断

的。由于斜齿轮啮合时，齿面接触线倾斜以及传动重合度增大等因素的影响，使斜齿轮的接触应力和弯曲应力降级，承载能力比直齿轮强。其强度简化计算公式如下。

（1）齿面接触疲劳强度计算。

校核公式为

$$\sigma_H = 3.17 Z_E \sqrt{\frac{KT_1}{bd_1^2} \frac{u \pm 1}{u}} \leqslant [\sigma_H] \qquad (8\text{-}22)$$

设计公式

$$d_1 \geqslant \sqrt[3]{\left(\frac{3.17 Z_E}{[\sigma_H]}\right)^2 \frac{KT_1}{\Psi_d} \frac{u \pm 1}{u}} \qquad (8\text{-}23)$$

（2）齿根弯曲疲劳强度计算。

校核公式为

$$\sigma_F = \frac{1.6 KT_1 \cos\beta}{bm_n^2 z_1} Y_F Y_S \leqslant [\sigma_F] \qquad (8\text{-}24)$$

设计公式为

$$m_n \geqslant \sqrt[3]{\frac{1.6 KT_1 \cos^2\beta}{\Psi_d z_1^2} \frac{Y_F Y_S}{[\sigma_F]}} \qquad (8\text{-}25)$$

式中，Y_F、Y_S 应按斜齿轮的当量齿数 Z_v 查取，公式应用注意点同直齿轮。另外，由于斜齿轮传动较直齿轮传动平稳，上述强度计算公式中载荷因素 K 应较直齿取较小值。

8.11.5 典型设计实例

【例 8-3】 如图 8-42 所示为一单级斜齿圆柱齿轮减速器传动的传动方案图，已知工作机输入功率 $P_W = 9kW$，转速 $n = 100r/min$，减速器使用年限为 10a，单班制工作，轻微冲击，批量生产，要求结构紧凑，试设计该减速器。

解：本案例在绪论中已经设计出该减速器工作所需电动的功率、结构及各传动轴的转速等参数，另外还设计出减速器的运动和动力参数，即 $n_I = 323r/min$，$P_I = 9.6kW$，齿轮传动比 $i = 3.23$。下面设计该减速器的结构，其设计步骤如下：

（1）选择齿轮精度等级。一般减速器速度不高，见表8-5，选择8级精度。

（2）选择齿轮材料与热处理。减速器的外廓尺寸没有特殊限制，采用软齿面齿轮，大、小齿轮均用45号钢，小齿轮调质处理，齿面硬度217~255HBS（取220HBS），大齿轮正火处理，齿面硬度169~217HBS（取170HBS），见表8-6。

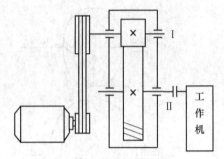

图8-42　单级斜齿圆柱
齿轮减速器传动方案

（3）确定齿轮许用应力。

$\sigma_{Hlim1} = 570MPa$，$\sigma_{Hlim2} = 540MPa$［见图8-23（a）］

$\sigma_{Flim1} = 190MPa$，$\sigma_{Flim2} = 180MPa$［见图8-25（b）］

$S_H = 1$　$S_F = 1.3$（见表8-7）

根据题意，齿轮工作年限为10a，每年52周，每周工作日为5d，单班制，每天工作8h，所以应力循环数：

$$L_h = 10 \times 52 \times 5 \times 8h = 20800h$$

$$N_1 = 60n_1jL_h = 60 \times 323 \times 1 \times 20800 = 4.03 \times 10^8$$

$$N_2 = N_1/i = 4.03 \times 10^8/3.23 = 1.25 \times 10^8$$

$$Z_{N1} = 1.08 \quad Z_{N2} = 1.15（图8-22） \quad Y_{N1} = Y_{N2} = 1（见图8-24）$$

由式（8-7）、式（8-8），求得许用应力：

$$[\sigma_{H1}] = \frac{Z_{N1}\sigma_{Hlim1}}{S_H} = \frac{1.08 \times 570}{1}MPa = 616MPa$$

$$[\sigma_{H2}] = \frac{Z_{N2}\sigma_{Hlim2}}{S_H} = \frac{1.12 \times 540}{1}MPa = 605MPa$$

$$[\sigma_{F1}] = \frac{Y_{N1}\sigma_{Flim1}}{S_F} = \frac{1 \times 190}{1.3}MPa = 146MPa$$

$$[\sigma_{F2}] = \frac{Y_{N2}\sigma_{Flim2}}{S_F} = \frac{1 \times 180}{1.3}MPa = 138MPa$$

（4）按齿面接触疲劳强度设计。

1）小齿轮所传递的转矩：

$$T_1 = 9.55 \times 10^6 \frac{P_I}{n_I} = 9.55 \times 10^6 \times \frac{9.6}{323}N \cdot mm = 2.84 \times 10^5 N \cdot mm$$

2）载荷因数K、齿宽因数Ψ_d及材料弹性系数Z_E。

见表8-8，选取$K = 1.1$。

查表8-11 取$\Psi_d = 1.1$；查表8-9得　$Z_E = 189.8MPa$。

3）计算小齿轮分度圆直径。由公式（8-23）得：

$$d_1 \geqslant \sqrt[3]{\left(\frac{3.17Z_E}{[\sigma_H]}\right)^2 \frac{KT_1}{\Psi_d} \frac{u \pm 1}{u}} = \sqrt[3]{\left(\frac{3.17 \times 189.8}{605}\right)^2 \times \frac{1.1 \times 2.84 \times 10^5}{1.1} \times \frac{3.23 + 1}{3.23}} = 71.63mm$$

（5）确定主要参数

1）齿数　取$z_1 = 20$，则$z_2 = z_1i = 20 \times 3.23 = 64.6$，取$z_2 = 65$

2）初选螺旋角 $\beta_0 = 14°$

3）确定模数：

$$m_n = d_1 \cos\beta_0 / z_1 = 71.63 \times \cos14° / 20 = 3.47\text{mm}$$

查表 8-1，取标准值 $m_n = 3.5\text{mm}$。

4）计算中心距 a： $d_2 = d_1 i = 71.63 \times 3.23 = 231.36\text{mm}$

初定中心距： $a_0 = (d_1 + d_2)/2 = (71.63 + 231.36)/2 = 151.50\text{mm}$

圆整取 $a = 152\text{mm}$。

5）计算螺旋角 β

$$\cos\beta = m_n(z_1 + z_2)/(2a) = 3.5 \times (20 + 65)/(2 \times 152) = 0.9786$$

则 $\beta = 12°$，β 在 $8° \sim 20°$ 的范围内，故合适。

6）计算主要尺寸：

分度圆直径 $d_1 = m_n z_1 / \cos\beta = 3.5 \times 20/0.9786 = 71.53\text{mm}$

$d_2 = m_n z_2 / \cos\beta = 3.5 \times 65/0.9786 = 232.47\text{mm}$

齿宽 $b = \Psi_d d_1 = 1.1 \times 71.53 = 78.68\text{mm}$

取 $b_2 = 80\text{mm}$；$b_1 = b_2 + 5\text{mm} = 85\text{mm}$。

（6）验算圆周速度 v_1

$$v_1 = \pi n_1 d_1 / (60 \times 1000) = 3.14 \times 323 \times 71.53/(60 \times 1000) = 1.21\text{m/s}$$

$v_1 < 10\text{m/s}$，故取 8 级精度合适。

（7）按齿根弯曲疲劳强度校核。

1）齿形系数 Y_{FS} $z_{v1} = z_1 / \cos^3\beta = 20/0.9786^3 = 21.3$

$z_{v2} = z_2 / \cos^3\beta = 65/0.9786^3 = 69.36$

由表 8-10 得 $Y_{F1} = 2.77$，$Y_{S1} = 1.57$（插值法）

$Y_{F2} = 2.28$，$Y_{S2} = 1.75$（插值法）

2）计算弯曲应力。由公式（8-24）得：

$$\sigma_{F1} = \frac{1.6KT_1\cos\beta}{bm_n^2 Z_1}Y_F Y_S = \frac{1.6 \times 1.1 \times 2.84 \times 10^5 \times 0.9786}{80 \times 3.5^2 \times 20} \times 2.77 \times 1.57$$

$$= 108.53\text{MPa} \leqslant [\sigma_{F1}] = 146\text{MPa}$$

$$\sigma_{F2} = \sigma_{F1} \frac{Y_{F2}Y_{S2}}{Y_{F1}Y_{S1}} = 108.53 \times \frac{2.28 \times 1.75}{2.77 \times 1.57} = 99.57\text{MPa} \leqslant [\sigma_{F2}] = 138\text{MPa}$$

齿根弯曲强度足够。

（8）结构设计及绘制齿轮零件图（略）

8.12 直齿圆锥齿轮传动

8.12.1 概述

圆锥齿轮机构用于相交轴之间的传动，两轴的交角 $\Sigma = \delta_1 + \delta_2$ 由传动要求确定，可为任意值，$\Sigma = 90°$ 的圆锥齿轮传动应用最广泛，如图 8-43 所示。

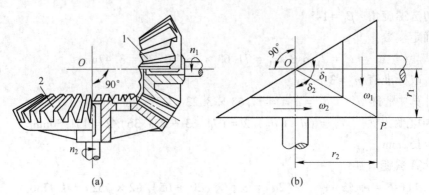

图 8-43　直齿圆锥齿轮传动

由于圆锥齿轮的轮齿分布在圆锥面上，所以齿形从大端到小端逐渐缩小。一对圆锥齿轮传动时，两个节圆锥作纯滚动，与圆柱齿轮相似，圆锥齿轮也有基圆锥、分度圆锥、齿顶圆锥、齿根圆锥。正确安装的标准圆锥齿轮传动，其节圆锥与分度圆锥重合。

圆锥齿轮的轮齿有直齿、斜齿和曲齿等类型，直齿圆锥齿轮因加工相对简单，应用较多，适用于低速、轻载的场合；曲齿圆锥齿轮设计制造较复杂，但因传动平稳，承载能力强，常用于高速、重载的场合；斜齿圆锥齿轮目前已很少使用。本节只讨论直齿圆锥轮传动。

8.12.2　圆锥齿轮基本参数与几何尺寸计算

8.12.2.1　基本参数

为了便于计算和测量，圆锥齿轮的参数和几何尺寸均以大端为准。标准直齿锥齿轮的基本参数有 m、z、α、δ、h_a^* 和 c^*，我国规定了圆锥齿轮大端模数的标准系列，见表 8-13 所示，大端压力角为 $\alpha = 20°$，齿顶高系数 $h_a^* = 1$，顶隙系数 $c^* = 0.2$。

表 8-13　锥齿轮的标准模数（摘自 GB/T 12368—1990）　　　　　　（mm）

0.1	0.35	0.9	1.75	3.25	5.5	10	20	36
0.12	0.4	1	2	3.5	6	11	22	40
0.15	0.5	1.125	2.25	3.75	6.5	12	25	45
0.2	0.6	1.25	2.5	4	7	14	28	50
0.25	0.7	1.375	2.75	4.5	8	16	30	—
0.3	0.8	1.5	3	5	9	18	32	—

8.12.2.2　几何尺寸

图 8-44 所示为两轴交角 $\Sigma = 90°$ 的标准直齿圆锥齿轮传动，它的各部分名称及几何尺寸的计算公式见表 8-14。

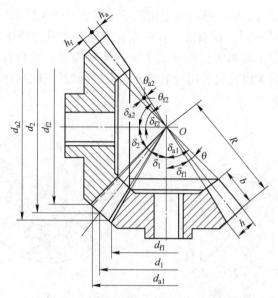

图 8-44　锥齿轮传动的几何尺寸（不等间隙）

表 8-14　标准直齿圆锥齿轮传动的主要几何尺寸

名　称	符号	小齿轮	大齿轮
齿　数	z	z_1	z_2
传动比	i	$i = z_2/z_1 = \cot\delta_1 = \tan\delta_2$	
分度圆锥角	δ	$\delta_1 = \arctan(z_1/z_2)$	$\delta_2 = 90° - \delta_1$
齿顶高	h_a	$h_{a1} = h_{a2} = h_a^* m$	
齿根高	h_f	$h_{f1} = h_{f2} = (h_a^* + c^*)m = 1.2m$	
分度圆直径	d	$d_1 = z_1 m$	$d_2 = z_2 m$
齿顶圆直径	d_a	$d_{a1} = d_1 + 2h_a\cos\delta_1 = m(z_1 + 2\cos\delta_1)$	$d_{a2} = d_2 + 2h_a\cos\delta_2 = m(z_2 + 2\cos\delta_2)$
齿根圆直径	d_f	$d_{f1} = d_1 - 2h_f\cos\delta_1 = m(z_1 - 2.4\cos\delta_1)$	$d_{f2} = d_2 - 2h_f\cos\delta_2 = m(z_2 - 2.4\cos\delta_2)$
锥　距	R	$R = \dfrac{1}{2}\sqrt{d_1^2 + d_2^2} = \dfrac{d_1}{2}\sqrt{i^2 + 1} = \dfrac{m}{2}\sqrt{z_1^2 + z_2^2}$	
齿顶角	θ_a	不等定隙收缩齿： $\theta_{a1} = \theta_{a2} = \arctan(h_a/R)$ 等定隙收缩齿： $\theta_{a1} = \theta_{f2}$　　　$\theta_{a2} = \theta_{f1}$	
齿根角	θ_f	$\theta_{f1} = \theta_{f2} = \arctan(h_f/R)$	
齿顶圆锥面圆锥角	δ_a	$\delta_{a1} = \delta_1 + \theta_a$	$\delta_{a2} = \delta_2 + \theta_a$
齿根圆锥面圆锥角	δ_f	$\delta_{f1} = \delta_1 - \theta_f$	$\delta_{f2} = \delta_2 - \theta_f$
齿　宽	b	$b = \psi_R R$，齿宽系数 $\psi_R = b/R$，ψ_R	

8.12.3　圆锥齿轮的齿廓曲线、背锥和当量齿数

8.12.3.1　圆锥齿轮的齿廓曲线的形成

直齿圆锥齿轮齿廓曲线是一条空间球面渐开线，其形成过程与圆柱齿轮类似。不同的

是，圆锥齿轮的齿面是发生面在基圆锥上作纯滚动时，其上直线 KK' 所展开的渐开线曲面 AA'、K'、K，如图 8-45 所示。因直线上任一点在空间所形成的渐开线距锥顶的距离不变，故称为球面渐开线。由于球面无法展开成平面，使得圆锥齿轮设计和制造存在很大的困难，所以，实际上的圆锥齿轮是采用近似的方法来进行设计和制造的。

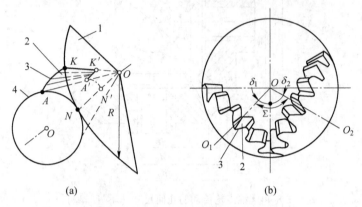

图 8-45　直齿锥齿轮齿面的形成

（a）齿面的形成；（b）球面渐开线齿廓

1—发生面；2—齿廓曲面；3—球面渐开线；4—基圆锥

8.12.3.2　背锥与当量齿数

图 8-46 所示为一具有球面渐开线齿廓的直齿圆锥齿轮，过分度圆锥上的点 A 作球面的切线 AO_1，与分度圆锥的轴线交于 O_1 点。以 OO_1 为轴，O_1A 为母线作一圆锥体，此圆锥面称为背锥。背锥母线与分度圆锥上的切线的交点 a'、b' 与球面渐开线上的 a、b 点非常接近，即背锥上的齿廓曲线和齿轮的球面渐开线很接近。由于背锥可展成平面，其上面的平面渐开线齿廓可代替直齿圆锥齿轮的球面渐开线。

将展开背锥所形成的扇形齿轮（图 8-47）补足成完整的齿轮，即为直齿圆锥齿轮的当

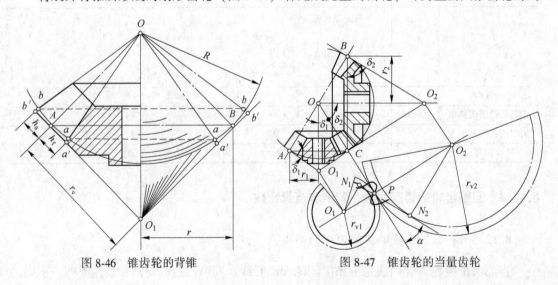

图 8-46　锥齿轮的背锥　　　　　　　图 8-47　锥齿轮的当量齿轮

量齿轮，当量齿轮的齿数称为当量齿数，即：

$$\left.\begin{array}{l} z_{v1} = \dfrac{z_1}{\cos\delta_1} \\[3mm] z_{v2} = \dfrac{z_2}{\cos\delta_2} \end{array}\right\} \tag{8-26}$$

式中，z_1，z_2为两直齿圆锥齿轮的实际齿数；δ_1，δ_2为两齿轮的分锥角。

由以上可知圆锥齿轮不发生切齿干涉的最小齿数为：

$$z_{\min} = z_{v\min} \cdot \cos\delta = 17\cos\delta < 17$$

选择齿轮铣刀的刀号、轮齿弯曲强度计算及确定不产生根切的最少齿数时，都是以 z_v 为依据的。

8.12.4 直齿圆锥齿轮的啮合传动

（1）正确啮合条件。直齿圆锥齿轮的正确啮合条件由当量圆柱齿轮的正确啮合条件得到，即两齿轮的大端模数和压力角分别相等，即有：$m_1 = m_2 = m$；$\alpha_1 = \alpha_2 = \alpha$。

（2）传动比

如图所示，因 $\delta_1 + \delta_2 = 90°$，故两齿轮的传动比为：

$$i = \frac{\omega_1}{\omega_2} = \frac{n_1}{n_2} = \frac{z_2}{z_1} = \frac{r_2}{r_1} = \cot\delta_1 = \tan\delta_2 \tag{8-27}$$

8.12.5 直齿锥齿轮的强度计算

8.12.5.1 直齿锥齿轮的受力分析

图 8-48（a）所示为直齿锥齿轮传动主动轮上的受力情况。若忽略接触面上摩擦力的影响，轮齿上作用力为集中在分度圆锥平均直径 d_{m1} 处的法向力 F_n，F_n 可分解成 3 个互相垂直的分力：圆周力 F_t 径向力 F_r 及轴向力 F_a，计算公式为：

$$\left.\begin{array}{l} F_t = \dfrac{2T_1}{d_{m1}} \\[3mm] F_r = F'\cos\delta = F_t\tan\alpha\cos\delta \\[3mm] F_a = F'\sin\delta = F_t\tan\alpha\sin\delta \end{array}\right\} \tag{8-28}$$

公式中平均分度圆直径 d_{m1} 可根据锥齿轮分度圆直径 d_1、锥距 R 和齿宽 b 来确定，即

$$d_{m1} = \frac{R - 0.5b}{R}d_1 = (1 - 0.5\psi_R)d_1 \tag{8-29}$$

圆周力 F_t 和径向力 F_r 的方向判定方法与直齿圆柱齿轮相同，两齿轮轴向力 F_a 的方向都是沿着各自的轴线方向并指向轮齿的大端［如图 8-48（b）］。值得注意的是：主动轮上的轴向力 F_{a1} 与从动轮上的径向力 F_{r2} 大小相等方向相反，主动轮上的径向力 F_{r1} 与从动轮上的轴向力 F_{a2} 大小相等方向相反，即

$$F_{a1} = -F_{r2} \quad F_{r1} = -F_{a2} \quad F_{t1} = -F_{t2}$$

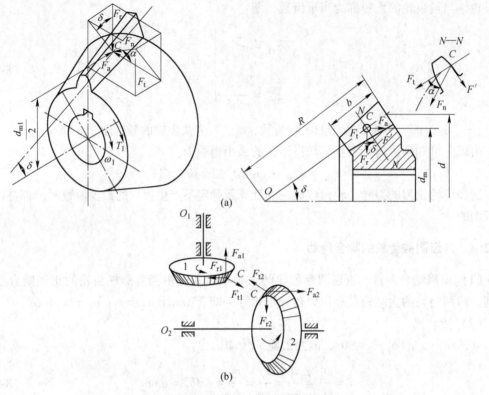

图 8-48　直齿锥齿轮的受力分析
1—主动锥齿轮；2—从动锥齿轮

8.12.5.2　强度计算

（1）齿面接触疲劳强度计算。
校核公式

$$\sigma_H = \frac{4.98 Z_E}{1 - 0.5 \psi_R} \sqrt{\frac{KT_1}{\psi_R d_1^3 u}} \leqslant [\sigma_H] \tag{8-30}$$

设计公式

$$d_1 \geqslant \sqrt[3]{\left(\frac{4.98 Z_E}{(1 - 0.5 \psi_R [\sigma_H])}\right)^2 \frac{KT_1}{\psi_R u}} \tag{8-31}$$

（2）齿面弯曲疲劳强度计算。
校核公式

$$\sigma_F = \frac{4 K T_1 Y_F Y_S}{\psi_R (1 - 0.5 \psi_R)^2 z_1^2 m^3 \sqrt{u^2 + 1}} \leqslant [\sigma_F] \tag{8-32}$$

设计公式

$$m \geqslant \sqrt[3]{\frac{4 K T_1 Y_F Y_S}{\psi_R (1 - 0.5 \psi_R)^2 z_1^2 [\sigma_F] \sqrt{u^2 + 1}}} \tag{8-33}$$

式中，ψ_R 为齿宽因数，$\psi_R = b/R$，一般 $\psi_R = 0.25 \sim 0.3$。其余各项符号的意义与直齿圆柱齿轮相同。

8.13 齿轮的结构

齿轮结构设计主要确定齿轮的轮缘、轮毂及腹板（轮辐）的结构形式和尺寸大小。结构设计通常要考虑齿轮的几何尺寸、材料、使用要求、工艺性及经济性等因素，进行齿轮的结构设计时，必须综合考虑上述各方面的因素。通常是先按齿轮的直径大小，选定合适的结构形式，然后再根据荐用的经验数据，进行结构设计。齿轮结构形式有以下 4 种。

8.13.1 齿轮轴

对于直径很小的钢制齿轮，当为圆柱齿轮时，若齿根与键槽底部的距离 $e < 2.5 m_t$（m_t 为端面模数）；当为锥齿轮时，按齿轮小端尺寸计算而得的 $e < 1.6 m$（m 为大端模数）时，如图 8-49 所示，均应将齿轮和轴做成一体，叫做齿轮轴，如图 8-50 所示。若 e 值超过上述尺寸时，齿轮与轴以分开制造较为合理。

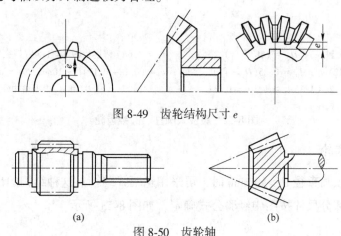

图 8-49 齿轮结构尺寸 e

图 8-50 齿轮轴

8.13.2 实体式齿轮

当齿轮的齿顶圆直径 $d_a \leqslant 200\text{mm}$ 时，且 e 超过做齿轮轴的尺寸，可采用实体式圆柱齿轮 [图 8-51（a）]或实体式圆锥齿轮 [图 8-51（b）]。这种结构形式的齿轮常用锻钢制造。

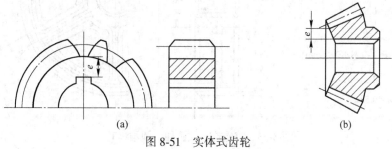

图 8-51 实体式齿轮

（a）实体式圆柱齿轮；（b）实体式圆锥齿轮

8.13.3　腹板式齿轮

当齿轮的齿顶圆直径 $d_a = 200 \sim 500\mathrm{mm}$ 时，为减轻重量、节省材料，可采用腹板式结构。这种结构的齿轮多用锻钢制造，其各部分尺寸按图中经验公式确定，如图 8-52 所示。

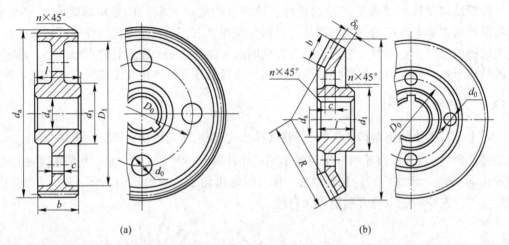

$$d_1 = 1.6d_s(d_s \text{ 为轴径}), \quad D_0 = (D_1 + d_1)/2$$
$$D_1 = d_a - (10 \sim 12)m_n, \quad d_0 = 0.25(D_1 - d_1),$$
$$c = 0.3b \quad l = (1.2 \sim 1.3)d_s \geqslant b, \quad n = 0.5m$$

$$d_1 = 1.6d_s(\text{铸钢}), \quad d_1 = 1.8d_s(\text{铸铁}), \quad l = (1 \sim 1.2)d_s$$
$$c = (0.1 \sim 0.17)l > 10\mathrm{mm}, \quad \delta_0 = (3 \sim 4)m > 10\mathrm{mm}$$
$$D_0 \text{ 和 } d_0 \text{ 根据结构确定}$$

图 8-52　腹板式圆柱、圆锥齿轮

8.13.4　轮辐式齿轮

当齿轮的齿顶圆直径 $d_a > 500\mathrm{mm}$ 时，可采用轮辐式结构。这种结构的齿轮常用铸钢或铸铁制造，其各部分尺寸按图中经验公式确定，如图 8-53 所示。

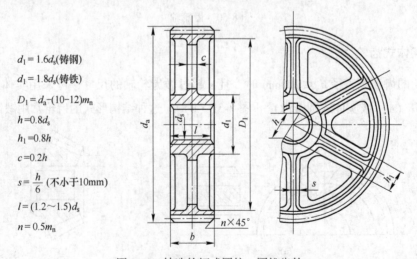

$d_1 = 1.6d_s(\text{铸钢})$

$d_1 = 1.8d_s(\text{铸铁})$

$D_1 = d_a - (10-12)m_n$

$h = 0.8d_s$

$h_1 = 0.8h$

$c = 0.2h$

$s = \dfrac{h}{6}$ (不小于10mm)

$l = (1.2 \sim 1.5)d_s$

$n = 0.5m_n$

图 8-53　铸造轮辐式圆柱、圆锥齿轮

8.14 齿轮传动的润滑与维护

8.14.1 齿轮传动的润滑

齿轮传动时，相啮合的齿面间有相对滑动，因此就要发生摩擦和磨损，增加动力消耗，降低传动效率，特别是高速传动，就更需要考虑齿轮的润滑。轮齿啮合面间加注润滑剂，可以避免金属直接接触，减少摩擦损失，还可以散热及防锈蚀。因此，对齿轮传动进行适当的润滑，可以大为改善齿轮的工作状况，且保持运转正常及预期的寿命。

8.14.1.1 齿轮传动的润滑方式

（1）开式及半开式齿轮传动，或速度较低的闭式齿轮传动，通常用人工周期性加油润滑，所用润滑剂为润滑油或润滑脂。

（2）通用闭式齿轮传动，其润滑方法根据齿轮圆周速度大小而定。当齿轮圆周速度 v <12m/s 时，常将大齿轮轮齿进入油池进行浸油润滑，如图 8-54（a）所示。齿轮浸入油中的深度可视齿轮圆周速度大小而定，对圆柱齿轮通常不宜超过一个齿高，但一般不小于10mm；对圆锥齿轮应浸入全齿宽，至少应浸入齿宽的一半。在多级齿轮传动中，对于未浸入油池内的齿轮，可借带油轮将油带到未进入油池内的齿轮的齿面上，如图 8-54（b）所示。浸油齿轮可将油甩到齿轮箱壁上，有利于散热。

当齿轮的圆周速度 v>12m/s 时，应采用喷油润滑，如图 8-54（c）所示，即由油泵或中心油站以一定的压力供油，借喷嘴将润滑油喷到轮齿的啮合面上。当 v≤25m/s 时，喷嘴位于轮齿啮入边或啮出边均可；当 v>25m/s 时，喷嘴应位于轮齿啮出的一边，以便借润滑油及时冷却刚啮合过的轮齿，同时亦对轮齿进行润滑。

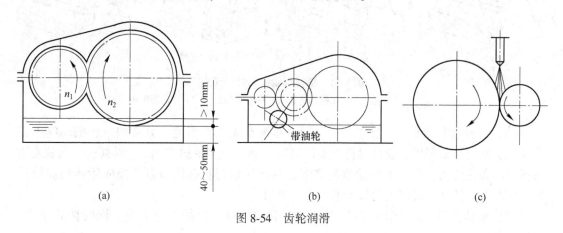

(a)　　　　　　　　　　(b)　　　　　　　　　　(c)

图 8-54　齿轮润滑

8.14.1.2 润滑剂的选择

齿轮传动常用的润滑剂为润滑油或润滑脂。选用时，应根据齿轮的工作情况（转速高低、载荷大小、环境温度等），在表 8-15 中选择润滑剂的黏度、牌号。

表 8-15　齿轮传动润滑油黏度荐用值

齿轮材料	抗拉强度	圆周速度 v/m·s⁻¹						
		<0.5	0.5~1	1~2.5	2.5~5	5~12.5	12.5~25	>25
		运动黏度 ν(mm/s)(40°)						
塑料、铸铁、青铜	—	350	220	150	100	80	55	—
钢	450~1000	500	350	220	150	100	80	55
	1000~1250	500	500	350	220	150	100	80
渗碳或表面淬火	1250~1580	900	500	500	350	220	150	100

注：1. 对于多级齿轮传动，采用各级传动圆周速度的平均值来选取润滑黏度。

　　2. 对于 δ_b>800MPa 的镍铬钢制齿轮（不渗碳）的润滑油黏度应取高一级的数值。

8.14.2　齿轮传动的维护

　　正常维护是保证齿轮传动正常工作、延长齿轮使用寿命的必要条件。日常维护工作主要有以下内容：

　　（1）安装与跑合 。齿轮、轴承、键等零件安装在轴上，注意固定和定位都符合技术要求。使用一对新齿轮，先作跑合运转，即在空载及逐步加载的方式下，运转十几小时至几十小时，然后清洗箱体，更换新油，才能使用。

　　（2）检查齿面接触情况。采用涂色法检查，若色迹处于齿宽中部，且接触面积较大，说明装配良好［见图 8-55（a）］；若接触部位不合理［见图 8-55（b）、（c）、（d）］，会使载荷分布不均，通常可通过调整轴承座位以及修理齿面等方法解决。

　　（3）保证正常润滑 。按规定润滑方式，定时、定量加润滑油。对自动润滑方式，注意油路是否畅通，润滑机构是否灵活。

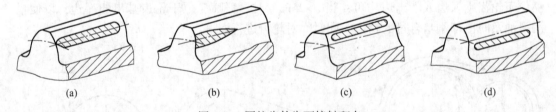

图 8-55　圆柱齿轮齿面接触斑点
(a) 正确安装；(b) 轴线偏斜；(c) 中心距偏大；(d) 中心距偏小

　　（4）监控运转状态。通过看、摸、听，监视有无超常温度、异常响声、振动等不正常现象。发现异常现象，应及时检查加以解决，禁止其"带病 工作"。对高速、重载或重要场合的齿轮传动，可采用自动监测装置，对齿轮运行状态的信息搜集故障诊断和报警等，实现自动控制，确保齿轮传动的安全、可靠。

　　（5）装防护罩。对于开式齿轮传动，应装防护罩，保护人身安全，同时防止灰尘、切屑等杂物侵入齿面，加速齿面磨损。

习　　题

8-1　填空

　　（1）渐开线上各点的压力角_____，越远离基圆压力角_____。通常所说的压力角是指_____上的压力角，我国规定标准压力角 $\alpha =$_____。

（2）_____、_____和_____是齿轮几何尺寸计算的主要参数。齿形的大小和强度与_____成正比。

（3）齿轮齿条传动，主要用于把齿轮的_____运动转变为齿条的_____运动，也可以把运动的形式相反转变。

（4）渐开线齿轮传动不但能保证_____恒定，而且还具有_____可分性。

（5）用范成法加工正常标准渐开线齿轮的最小齿数为_____；若轮齿小于此数则会产生_____。

（6）斜齿圆柱齿轮的正确啮合条件是：两齿轮的_____和_____分别相等；两齿轮在分度圆上的_____必须相等，且外啮合时旋向_____，内啮合时旋向_____。

（7）渐开线的几何形状与_____的大小有关，它的直径越大，渐开线的曲率_____。

（8）如果模数取的是_____值，分度圆上的压力角等于_____，且齿厚和齿槽宽的齿轮，就称为标准齿轮。

（9）齿轮齿面抗点蚀的能力主要与齿面的_____有关。

（10）对齿轮传动的基本要求是：传动要_____；_____强。

（11）渐开线齿轮连续传动条件是_____。

（12）开式齿轮传动，轮齿失效的主要形式是_____和_____。

（13）闭式齿轮传动中，软齿面轮齿失效的主要形式是_____；硬齿面轮齿失效的主要形式是_____；在高速重载情况下，轮齿可能发生失效。

（14）闭式软齿面齿轮传动一般按_____强度进行设计计算，确定的参数是_____；闭式硬齿面齿轮传动一般按_____强度进行设计计算，确定的参数是_____。

（15）当齿轮的圆周速度 $v>12\text{m/s}$ 时，应采用_____润滑。

8-2 选择

（1）一对渐开线齿轮传动，安装中心距大于标准中心距时，齿轮的节圆半径____分度圆半径，啮合角____压力角。

　　　A. 大于；　　　　　　　　　B. 等于；　　　　　　　　　C. 小于。

（2）渐开线标准直齿圆柱齿轮基圆上的压力角____。

　　　A. 大于 20°；　　　　　　　B. 等于 20°；　　　　　　　C. 等于 0°。

（3）两渐开线标准直齿圆柱齿轮正确啮合的条件是____。

　　　A. 模数相等；　　　　　　　B. 压力角相等；　　　　　　C. 模数和压力角分别相等。

（4）斜齿圆柱齿轮的当量齿数____其实际齿数。

　　　A. 大于；　　　　　　　　　B. 等于；　　　　　　　　　C. 小于。

（5）直齿圆锥齿轮的当量齿数____其实际齿数。

　　　A. 大于；　　　　　　　　　B. 等于；　　　　　　　　　C. 小于。

（6）标准直齿圆柱齿轮的齿形系数决定于齿轮的____。

　　　A. 模数；　　　　　　　B. 齿数；　　　　　　　C. 材料；　　　　　D. 齿宽系数。

（7）齿轮传动中，小齿轮的宽度应＿＿＿大齿轮的宽度。

  A. 稍大于；   B. 等于；   C. 稍小于。

（8）闭式软齿面齿轮传动的主要失效形式是＿＿＿，闭式硬齿面齿轮传动的主要失效形式是＿＿＿。

  A. 齿面点蚀；   B. 轮齿折断；   C. 齿面胶合；

  D. 磨粒磨损；   E. 齿面塑性变形。

（9）直齿锥齿轮的强度计算是以＿＿＿的当量圆柱齿轮为计算基础。

  A. 大端；   B. 小端；   C. 齿宽中点处。

（10）材料为45号钢的软齿面齿轮的加工过程一般为＿＿＿，硬齿面齿轮的加工过程一般为＿＿＿。

  A. 切齿、调质；   B. 调质、切齿；   C. 切齿、表面淬火、磨齿。

  D. 切齿、渗碳、磨齿； E. 调质、切齿、表面淬火。

（11）一对标准直齿圆柱齿轮传动，齿数不同时，它们工作时两齿轮的齿面接触应力＿＿＿，齿根弯曲＿＿＿。

  A. 相同；   B. 不同。

（12）设计闭式齿轮传动时，计算接触疲劳强度主要针对的失效形式是＿＿＿，计算弯曲疲劳强度主要针对的失效形式是＿＿＿。

  A. 齿面点蚀；   B. 齿面胶合；   C. 轮齿折断；

  D. 磨损；   E. 齿面塑性变形。

（13）开式齿轮传动中，保证齿根弯曲应力 $\sigma_F \le [\sigma_F]$，主要是为了避免齿轮的＿＿＿失效。

  A. 轮齿折断；   B. 齿面磨损；   C. 齿面胶合；D. 齿面点蚀。

（14）在齿轮传动中，提高其抗点蚀能力的措施之一是＿＿＿。

  A. 提高齿面硬度；   B. 降低润滑油黏度； C. 减小分度圆直径。

（15）在齿轮传动中，为减少动载荷，可采取的措施是＿＿＿。

  A. 用好材料；   B. 提高齿轮制造精度；C. 降低润滑油黏度。

8-3 判断题

（1）一对相啮合的齿轮，如果两齿轮的材料和热处理情况均相同，则它们的工作接触应力和许用接触应力均相等。（ ）

（2）齿轮传动中，经过热处理的齿面称为硬齿面，而未经热处理的齿面称为软齿面。（ ）

（3）齿面点蚀失效在开式齿轮传动中不常发生。（ ）

（4）齿轮传动中，主、从动齿轮齿面上产生塑性变形的方向是相同的。（ ）

（5）标准渐开线齿轮的齿形系数大小与模数有关，与齿数无关。（ ）

（6）同一条渐开线上各点的压力角不相等。（ ）

（7）变位齿轮的模数、压力角仍和标准齿轮一样。（ ）

（8）用仿形法加工标准直齿圆柱齿轮（正常齿）时，当齿数少于17时产生根切。（ ）

（9）一对外啮合渐开线斜齿圆柱齿轮，轮齿的螺旋角相等，旋向相同。（ ）

（10）渐开线齿轮上具有标准模数和标准压力角的圆称为分度圆。 （ ）

（11）相啮合的一对齿数不相等的齿轮，因为两轮压力角相等，模数相等，所以齿形相同。 （ ）

（12）仿形法加工的齿轮比范成法加工的齿轮精度高。 （ ）

（13）钢制圆柱齿轮，若齿根圆到键槽底部的距离 $x>2mm$ 时，应做成齿轮轴结构。

（ ）

（14）在直齿锥齿轮传动中，锥齿轮所受的轴向力必定指向大端。 （ ）

8-4 简答题

（1）分度圆与节圆有什么区别？什么情况下两者重合？

（2）为什么小齿轮的齿面硬度要比大齿轮的齿面硬度高？

（3）为什么斜齿圆柱齿轮比直齿圆柱齿轮传动平稳？

（4）何谓齿廓的根切现象？产生根切的原因是什么？根切有什么危害？如何避免根切？

（5）在两级圆柱齿轮传动中，如其中有一级用斜齿圆柱传动，它一般被用在高速级还是低速级？为什么？

8-5 分析题

（1）为修配一对齿轮查阅了原设计资料，知大小齿轮均使用 45 号钢正火。试指出设计的不妥之处和轮齿的失效形式，并提出改进的措施。

（2）图 8-56 所示为圆锥-圆柱齿轮减速箱，已知齿轮 1 为主动轮，转向如图所示，若要使 Ⅱ 轴上两个齿轮所受的轴向力方向相反，试在图上画出：

1）各轴的转向；

2）齿轮 3、4 的轮齿旋向；

3）齿轮 2、3 所受各分力的方向。

（3）如图 8-57 所示为圆锥-圆柱齿轮减速器，已知 z_1 为主动，转向 n_1 方向，如图 8-57 所示。为使中间轴上的轴向力尽可能抵消一部分。

1）圆柱齿轮 z_3 的螺旋线方向；

2）绘出圆锥齿轮和圆柱齿轮啮合点处各分力的方向。

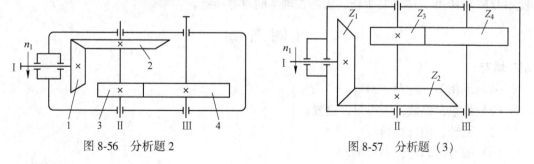

图 8-56 分析题 2 　　　　　　　　　图 8-57 分析题（3）

8-6 计算题

（1）一对渐开线标准直齿圆柱齿轮外啮合传动，已知标准中心距 $a=90mm$，小齿轮的齿数 $z_1=20$、齿顶圆直径 $d_{a1}=66mm$。1）求小齿轮的模数 m；2）求大齿轮的齿数 z_2、分度圆直径 d_2、齿顶圆直径 d_{a2}。

（2）一对渐开线标准直齿圆柱齿轮外啮合传动，已知传动比 $i=2.5$，现测得大齿轮的齿数 $Z_2=60$、齿顶圆直径 $d_{a2}=123.8mm$。1）求齿轮的模数 m；2）求小齿轮的齿数 z_1、分度圆直径 d_1、齿顶圆直径 d_{a1}；3）求该对齿轮传动的标准中心距 a。

（3）一对渐开线标准斜齿圆柱齿轮外啮合传动，已知齿轮的法向模数 $m_n=4\ mm$，小齿轮的齿数 $z_1=19$，大齿轮的齿数 $z_2=60$，标准中心距 $a=160mm$。1）求该对斜齿轮的螺旋角 β；2）计算两齿轮的分度圆直径 d_1、d_2，齿顶圆直径 d_{a1}、d_{a2}。

（4）设计一单级直齿圆柱齿轮减速箱，已知传递的功率为 4kW，小齿轮转速 $n_1=$ 1450r/min，传动比 $i=3.5$，载荷平稳，使用寿命5a，两班制。

（5）图 8-58 所示两级斜齿圆柱齿轮减速器。已知齿轮1的螺旋线方向和Ⅲ轴的转向，齿轮2的参数 $m_n=3mm$，$z_2=57$，$\beta=14°$，齿轮3的参数 $m_n=5mm$，$z_3=21$。求：

1）为使Ⅱ轴所受轴向力最小，齿轮3应是何旋向？在图 8-58（b）上标出齿轮2和3轮齿的旋向；

2）在图 8-58（b）上标出齿轮2和3所受各分力的方向；

3）如果使Ⅱ轴的轴承不受轴向力，则齿轮3的旋转角 β_3 应取多大值？（忽略摩擦损失）。

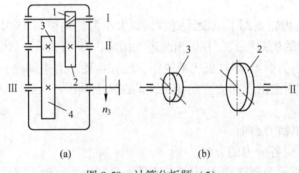

（a）　　　　　　　　　　（b）

图 8-58　计算分析题（5）

（6）设计一单级减速箱中的斜齿圆柱齿轮传动。已知：转速 $n_1=1460r/min$，传递功率 $P=10kW$，传动比 $i_{12}=3.5$，齿数 $z_1=25$，电动机驱动，单向运转，载荷又中等冲击，使用寿命为10年，两班制工作，齿轮在轴承间对称布置。

习 题 答 案

8-1 填空

（1）不相等，越大，20°。

（2）齿数，模数，压力角，模数。

（3）回转，往复直线。

（4）瞬时传动比，中心距。

（5）17，根切现象。

（6）法向模数、发面压力角、螺旋角 β、相反、相同。

（7）基圆、越大。

（8）标准、20°、相等。

(9) 硬度。

(10) 准确平稳、承载能力。

(11) $\varepsilon \geqslant 1$。

(12) 齿根折断、齿面磨损。

(13) 齿面点蚀、齿根折断。

(14) 解除疲劳、小齿轮分度圆直径；齿根弯曲、齿轮模数。

(15) 喷油。

8-2 选择题

(1) A, A; (2) C; (3) C; (4) A; (5) A; (6) B; (7) A; (8) A, B; (9) A; (10) E, C; (11) A, B; (12) A, C; (13) A; (14) A; (15) B。

8-3 判断题

(1) ×; (2) ×; (3) √; (4) ×; (5) ×; (6) ×; (7) √; (8) ×; (9) ×; (10) ×; (11) √; (12) ×; (13) ×; (14) √。

8-4 简答

(1) 答：分度圆是指单个齿轮上具有标准模数和标准压力角的圆，只要确定了齿数和模数，这个齿轮的分度圆半径就确定下来了，在加工、安装、传动时分度圆都不会改变。节圆是一对齿轮在啮合传动时两个相切作纯滚动的圆，其大小将随两轮中心距的变化而变化。单个齿轮没有节圆。一般情况下节圆半径与分度圆的半径不相等，只有当两轮的实际中心距等于标准中心距时，两轮的节圆才分别与两轮的分度圆重合。

(2) 答：因为无论是减速箱传动还是增速传动，小齿轮轮齿单位时间内所受变应力次数都多于大齿轮，提高齿面硬度，有利于提高抵抗各种形式失效发生的能力，使大小齿轮更加接近于等强度。

(3) 答：直齿圆柱齿轮啮合时，齿面的接触线均平行于齿轮的轴线。因此轮齿是沿整个齿宽同时进入啮合、同时脱离啮合的，载荷沿齿宽突然加上及卸下因此直齿圆柱齿轮传动的平稳性差，容易产生噪音和冲击，因此不适合用于高速和重载的传动中。一对平行轴斜齿圆柱齿轮啮合时，齿轮的齿阔是逐渐进入啮合、逐渐脱离啮合的，斜齿轮齿廓接触线的长度由零逐渐增加，又逐渐缩短，直至脱离接触。载荷也不是突然加上或卸下的，而且斜齿轮的啮合过程比直齿轮的长，同时参与啮合的齿数也多于直齿轮，重合度较大，因此斜齿圆柱齿轮传动工作较平稳。

(4) 答：用展成法加工齿轮，齿轮坯的渐开线齿廓根部会被刀具过多地切削掉的现象时称为根切现象。其产生的原因是刀具的齿顶线与啮合线的交点超过了被切齿轮的啮合极限点，刀具齿顶线超过啮合极限点的原因是被加工齿轮的齿数过少，压力角过小，齿顶高系数过大。

根切产生的危害：使齿根的弯曲强度降低，承载能力下降，重合度减少，传动平稳性较差。

避免根切的措施：1) 不产生根切的最少齿数 $z_{\min} \geqslant 17$；2) 采用变位齿轮。

(5) 答：斜齿圆柱齿轮传动应用在高速级。因为斜齿轮传动齿轮是逐渐进入啮合和脱离啮合，传动比较平稳，适合于高速传动，同时，高速级传递扭矩较小，斜齿轮产生的轴向力也较小，有利于轴承部件其他零件的设计。

8-5 分析

（1）答：不妥之处是大小齿轮的热处理方式一样，即大小齿轮的硬度相等。其主要失效形式为齿面磨损。

改进措施：使小齿轮齿面的硬度应比大齿轮高出 20~50HBS。

（2）解：1）各轴的转向如图 8-59 所示。

2）齿轮 3、4 的轮齿旋向分别为左旋和右旋，如图 8-59 所示。

3）齿轮 2、3 所受各分力的方向如图 8-59 所示。

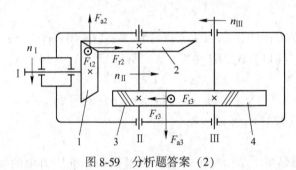

图 8-59 分析题答案（2）

（3）解：在确定 Ⅱ 轴转向及 F_{a2} 方向后，可按题要求分析 3 轮为左旋，4 轮为右旋，如图 8-60 所示。

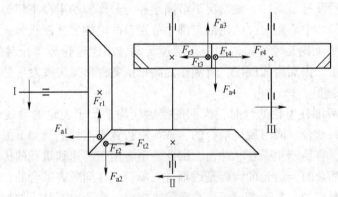

图 8-60 分析题答案（3）

8-6 计算（略）

（（1）、（2）、（3）题参照教材例 8-1；（4）题参照分析题（3）；（5）、（6）题参照案例（1）、（2））。

9 蜗杆传动

蜗杆蜗轮机构由蜗杆和蜗轮组成，传递的是空间两交错轴之间的运动和动力，如图9-1所示。通常两轴交错角为90°，蜗杆是主动件。蜗杆传动广泛应用于各种机器和仪器设备中。

图 9-1　蜗杆蜗轮机构

9.1　蜗杆传动的类型和特点

9.1.1　蜗杆传动的类型

蜗杆蜗轮机构的类型很多，其主要区别在于蜗杆形状的不同。常用的主要有：圆柱面蜗杆传动［见图9-2（a）］、圆弧面蜗杆传动［见图9-2（b）］和锥面蜗杆传动［见图9-2（c）］。

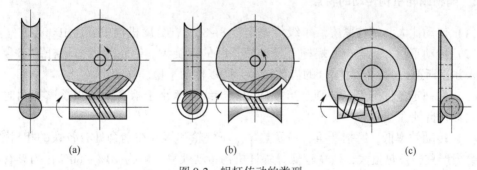

(a)　　　　　　　　　(b)　　　　　　　　　(c)

图 9-2　蜗杆传动的类型

按螺旋面形状的不同，圆柱面蜗杆又可分为阿基米德蜗杆（ZA 型）、渐开线蜗杆（ZI 型号）等。

图9-3所示为阿基米德蜗杆，在普通车床上即可加工。加工时车刀刀刃置于水平位置，并与蜗杆轴线在同一水平面内，两切削刃的夹角 $2\alpha=40°$。这样加工出来的蜗杆，在轴剖面内的齿廓侧边为直线，在垂直于轴线的端面上齿廓为阿基米德螺旋线，故称为阿基米德蜗杆。

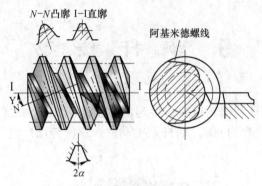

图 9-3　阿基米德蜗杆

　　图 9-4 所示为渐开线蜗杆,其端面齿廓为渐开线,加工时刀具的切削刃与基圆相切,用两把刀具分别加工出左、右侧螺旋面。渐开线蜗杆可以用滚刀加工,也可在专用机床上磨削,制造精度高,工艺复杂。

　　其中阿基米德蜗杆制造简便,应用最为广泛,且其传动的基本知识也同样适用于其他类型的蜗杆蜗轮机构,所以本章主要介绍阿基米德蜗杆蜗轮机构。

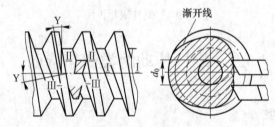

图 9-4　渐开线蜗杆

9.1.2　蜗杆蜗轮机构传动的特点

　　(1) 传动比大,结构紧凑。单级传动比 $i = 8 \sim 80$,在分度机构中可达 1000。

　　(2) 传动平稳、无噪声。蜗杆上是连续不断的螺旋齿,蜗轮轮齿与蜗杆的啮合是逐渐进入并逐渐退出的,同时啮合的齿数较多,所以传动平稳、噪声小。

　　(3) 在一定条件下可以自锁。当蜗杆的螺旋线升角小于啮合面的当量摩擦角时,蜗杆传动具有自锁性。

　　(4) 传动效率低,磨损严重,易发热。由于蜗轮和蜗杆在啮合处有较大的相对滑动,因而磨损严重,发热量大,效率较低。蜗杆机构传动效率一般为 70% ~ 80%,当具有自锁性时,效率小于 50%;

　　(5) 蜗杆轴向力较大,轴承易磨损,蜗轮造价较高。

9.2　蜗杆传动的主要参数及几何尺寸计算

　　如图 9-5 所示,通过蜗杆轴线并垂直于蜗轮轴线的平面称为中间平面。在中间平面内,蜗杆齿廓为直线,相当于齿条,而与之啮合的蜗轮齿廓则为渐开线,蜗轮与蜗杆的啮合相当于渐开线齿轮与齿条的啮合。因此规定，设计蜗杆传动时，其参数和尺寸均在中间平面内确定，并沿用渐开线圆柱齿轮传动的计算公式。

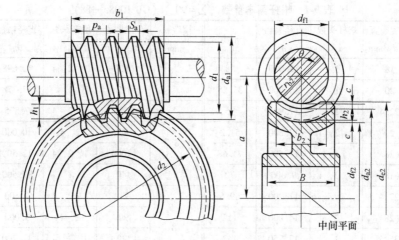

图 9-5 阿基米德蜗杆传动的主要参数和几何尺寸

9.2.1 蜗杆传动的主要参数及其选择

9.2.1.1 模数 m 和压力角 α

蜗杆与蜗轮啮合时，蜗杆的轴向齿距 $p_a = \pi m_{a1}$ 应与蜗轮端面分度圆齿距 $p_t = \pi m_{t1}$ 相等。即蜗杆的轴向模数 m_{a1} 应与蜗轮的端面模数 m_{t2} 相等：

$$m_{a1} = m_{t2} = m$$

同时蜗杆的轴向压力角 α_{a1} 也应等于蜗轮端面压力角 α_{t2}，且均为标准压力角：

$$\alpha_{a1} = \alpha_{t2} = \alpha = 20°$$

蜗杆蜗轮机构两轴的交错角 $\sum = \beta_1 + \beta_2 = 90°$，故还必须满足 $\gamma_1 = \beta_2$，旋向相同。

综上所述，阿基米德蜗杆传动的正确条件为：

$$\begin{cases} m_{a1} = m_{t2} = m \\ \alpha_{a1} = \alpha_{t2} = \alpha \\ \gamma_1 = \beta_2 \end{cases} \tag{9-1}$$

标准模数值见表 9-1。

9.2.1.2 蜗杆头数 z_1、蜗轮齿数 z_2 和传动比 i

蜗杆头数（齿数）即为蜗杆螺旋线的数目，可根据要求的传动比和效率来选择，一般取 $z_1 = 1 \sim 6$。选择的原则是：当要求传动比较大，或要求传递大的转矩时，则 z_1 取小值；要求传动自锁时取 $z_1 = 1$；要求具有高的传动效率，或高速传动时，则 z_1 取较大值。蜗杆头数越多，加工精度也就越难保证。

传递动力时，取蜗轮齿数 $z_2 = 28 \sim 80$。最少齿数应避免发生根切与干涉，理论上应使 $z_2 \geqslant 17$。但 $z_2 < 26$ 时，啮合区显著减小，影响平稳性，而在 $z_2 \geqslant 30$ 时，则可始终保持有两对齿以上啮合，因之通常规定 $z_2 > 28$。另一方面 z_2 也不能过多，当 $z_2 > 80$ 时，蜗轮直径将增大过多，在结构上就须增大蜗杆两支承点间的跨距，影响蜗杆轴的刚度和啮合精度。对一定直径的蜗轮，如 z_2 取得过多，模数 m 就减小甚多，将影响轮齿的弯曲强度。

表 9-1　蜗杆基本参数 （$\Sigma = 90°$）（GB 10085—88）

模数 m /mm	分度圆直径 d_1/mm	蜗杆头数 z_1	直径系数 q	$m^2 d_1$	模数 m /mm	分度圆直径 d_1/mm	蜗杆头数 z_1	直径系数 q	$m^2 d_1$
1	18	1	18.000	18	6.3	(80)	1, 2, 4	12.698	3175
1.25	20	1	16.000	31.25		112	1	17.778	4445
	22.4	1	17.920	35	8	(63)	1, 2, 4	7.875	4032
1.6	20	1, 2, 4	12.500	51.2		80	1, 2, 4, 6	10.000	5376
	28	1	17.500	71.68		(100)	1, 2, 4	12.500	6400
2	(18)	1, 2, 4	9.000	72		140	1	17.500	8960
	22.4	1, 2, 4, 6	11.200	89.6	10	(71)	1, 2, 4	7.100	7100
	(28)	1, 2, 4	14.000	112		90	1, 2, 4, 6	9.000	9000
	35.5	1	17.750	142		(112)	1, 2, 4	11.200	11200
2.5	(22.4)	1, 2, 4	8.960	140		160	1	16.000	16000
	28	1, 2, 4, 6	11.200	175	12.5	(90)	1, 2, 4	7.200	14062
	(35.5)	1, 2, 4	14.200	221.9		112	1, 2, 4	8.960	17500
	45	1	18.000	281		(140)	1, 2, 4	11.200	21875
3.15	(28)	1, 2, 4	8.889	278		200	1	16.000	31250
	35.5	1, 2, 4, 6	11.27	352		(112)	1, 2, 4	7.000	28672
	45	1, 2, 4	14.286	447.5	16	140	1, 2, 4	8.750	35840
	56	1	17.778	556		(180)	1, 2, 4	11.250	46080
4	(31.5)	1, 2, 4	7.875	504		250	1	15.625	64000
	40	1, 2, 4, 6	10.000	640		(140)	1, 2, 4	7.000	56000
	50	1, 2, 4	12.500	800	20	160	1, 2, 4	8.000	64000
	71	1	17.750	1136		(224)	1, 2, 4	11.200	89600
5	(40)	1, 2, 4	8.000	1000		315	1	15.750	126000
	50	1, 2, 4, 6	10.000	1250		(180)	1, 2, 4	7.200	112500
	(63)	1, 2, 4	12.600	1575	25	200	1, 2, 4	8.000	125000
	90	1	18.000	2250		(280)	1, 2, 4	11.200	175000
6.3	(50)	1, 2, 4	7.936	1985		400	1	16.000	250000
	63	1, 2, 4, 6	10.000	2500					

注：1. 表中模数均系第一系列，$m<1$mm 的未列入，$m>25$mm 的还有 31.5mm、40mm 两种。

2. 模数和分度圆直径均应优先选用第一系列。括号中的数字尽可能不采用。

传递运动时，z_2 可达 200、300，甚至可到 1000。z_1 和 z_2 的推荐值见表 9-2。

传动比 i 等于蜗杆与蜗轮的转速之比。通常蜗杆为主动件，当蜗杆转一周时，蜗轮转过 z_1 个齿，即转过 z_1/z_2 周，计算公式如下：

$$i = \frac{n_1}{n_2} = \frac{1}{z_1/z_2} = \frac{z_2}{z_1} \tag{9-2}$$

z_1 和 z_2 可根据传动比 i 按表 9-2 选取。

表 9-2 蜗杆头数 z_1、蜗轮齿数 z_2 推荐值

传动比 i	7~13	14~27	28~40	>40
蜗杆头数 z_1	4	2	2、1	1
蜗轮齿数 z_2	28~52	28~54	28~80	>40

9.2.1.3 蜗杆导程角 γ

将蜗杆分度圆上的螺旋线展开，如图 9-6 所示，其与端面之间的夹角即为蜗杆的导程角 γ，也称螺旋线升角。p_z 为导程，p_a 为蜗杆的轴向齿距。对于多头蜗杆，由图可知：

$$p_z = z_1 p_a = z_1 \pi m$$

$$\tan\gamma = \frac{p_z}{\pi d_1} = \frac{z_1 p_a}{\pi d_1} = \frac{z_1 m\pi}{\pi d_1} = \frac{z_1 m}{d_1} \quad (9\text{-}3)$$

蜗杆传动的效率与导程角有关，导程角越大传动效率越高，蜗杆的车削加工也越困难。通常取 $\gamma = 3.5° \sim 27°$，若要求具有反传动自锁性能时，常取 $\gamma \leqslant 3.5°$ 的单头蜗杆。

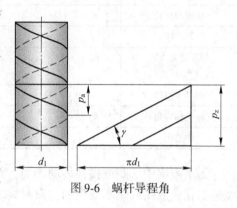

图 9-6 蜗杆导程角

9.2.1.4 蜗杆的分度圆直径 d_1 和直径系数 q

为了保证蜗杆与蜗轮的正确啮合，要求加工蜗轮的滚刀直径和齿形参数必须与相应的蜗杆参数相同。从式（9-3）可知，蜗杆分度圆直径 d_1 不仅和模数 m 有关，而且还随 $z_1/\tan\gamma$ 变化。即使模数相同，也会有许多不同的蜗杆直径，这样就造成要配备很多的蜗轮滚刀，显然这样很不经济。为了限制蜗轮滚刀的数量，取蜗杆直径 d_1 为标准值，并引入直径系数 q，即：

$$q = \frac{d_1}{m} \quad (9\text{-}4)$$

式中，d_1、m 均为标准值，而值不一定为整数（见表 9-1）。将上式代入式（9-3），可得：

$$\tan\gamma = \frac{z_1}{q} \quad (9\text{-}5)$$

9.2.1.5 中心距 a

蜗杆传动的中心距为：

$$a = \frac{d_1 + d_2}{2} = \frac{m(q + z_2)}{2} \quad (9\text{-}6)$$

9.2.2 蜗杆传动的几何尺寸计算

标准阿基米德蜗杆传动的几何尺寸计算公式见表 9-3。

表 9-3　阿基米德蜗杆传动的几何尺寸计算

名　称	符　号	计算公式	
		蜗杆	蜗轮
齿顶高	h_a	$h_{a1} = h_{a2} = h_a^* m$	
齿根高	h_f	$h_{f1} = h_{f2} = (h_a^* + c^*) m$	
全齿高	h	$h_1 = h_2 = (2h_a^* + c^*) m$	
分度圆直径	d	$d_1 = mq$	$d_2 = mz_2$
齿顶圆直径	d_a	$d_{a1} = d_1 + 2h_{a1}$	$d_{a2} = d_2 + 2h_{a2}$
齿根圆直径	d_f	$d_{f1} = d_1 - 2h_{f1}$	$d_{f2} = d_2 - 2h_{f2}$
顶　隙	c	$c = c^* m = 0.2m$	
蜗杆轴向齿距 蜗轮端面齿距	p_{a1} p_{t2}	$p_{a1} = p_{t2} = \pi m$	
蜗杆导程角	γ	$\gamma = \arctan z_1 / q$	
蜗轮螺旋角	β_2		$\beta_2 = \gamma$
中心距	a	$a = 0.5m(q + z_2)$	

为了配凑中心距或提高传动能力，蜗杆蜗轮机构也可以采用变位修正，但由于 d_1 已经标准化，故蜗杆是不变位的，只对蜗轮进行变位修正。

9.3　蜗杆与蜗轮的材料和结构

9.3.1　蜗杆与蜗轮的材料

蜗杆与蜗轮的材料不仅要求具有足够的强度，更重要的是要有良好的减摩、耐磨性和良好的抗胶合能力。

9.3.1.1　蜗杆材料

（1）低速，不太重要的场合常用 40 号、45 号钢调质处理，硬度为 220~300HBS；

（2）一般传动时采用 40Cr、45Cr、40Cr 并经表面淬火，硬度为 45~55HRC；

（3）高速重载蜗杆常用 15Cr、20Cr、12CrNiA、20CrMnTi 并经渗碳淬火，硬度为 58~63HRC。

9.3.1.2　蜗轮材料

（1）铸锡青铜（ZCuSn10Pl，ZCuSn5P65Zn5）用于 $v_s \geqslant 3$m/s 时，减摩性好，抗胶合性好，但是价格较贵，强度稍低；

（2）铸铝铁青铜（ZCuAl10Fe3）用于 $v_s \leqslant 4$m/s 时，减摩性、抗胶合性稍差，但强度高，价格较低；

（3）灰铸铁和球墨铸铁只能用于 $v_s \leqslant 2$m/s 的场合，且要进行时效处理、防止变形。
常用蜗杆蜗轮的配对材料见表 9-4。

表 9-4 蜗杆蜗轮配对材料

相对滑动速度 $v_s/m \cdot s^{-1}$	蜗轮材料	蜗杆材料
≤25	ZCuSn10P1	20CrMnTi、20Cr
≤12	ZCuSn5P65Zn5	45、40Cr
≤10	ZCuAl9Fe4Ni4Mn2 ZCuAl9Mn2	45、40Cr
≤2	HT150、HT200	45

9.3.2 蜗杆与蜗轮的结构

蜗杆直径较小，常和轴制成一个整体，如图 9-7 所示。螺旋部分常用车削加工，也可铣削。车削加工时需要有退刀槽，故刚性较差。

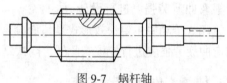

图 9-7 蜗杆轴

蜗轮的结构根据材料和尺寸的不同分为多种形式，如图 9-8 所示。

（1）齿圈式蜗轮［见图 9-8（a）］。由于蜗轮材料价格较贵，直径较大的蜗轮常采用组合结构：齿圈用青铜制造，轮芯采用铸铁或铸钢制造。齿圈与轮芯一般用 H7/rb 配合装配，并在配合面接缝上，加装 4~6 个紧定螺钉。这种结构主要用于尺寸不太大且工作温度变化较小的场合。

（2）螺栓连接式蜗轮［见图 9-8（b）］。这种结构的齿圈与轮芯用普通螺栓或铰制孔螺栓连接，装拆较方便，常用于尺寸较大或磨损后需更换蜗轮齿圈的场合。

（3）整体式蜗轮［见图 9-8（c）］。主要用于直径较小的青铜蜗轮或铸铁蜗轮。

（4）镶铸式蜗轮［见图 9-8（d）］。将青铜轮缘铸在铸铁轮芯上，轮芯制出榫槽，防止轮缘和轮芯产生轴向滑动。

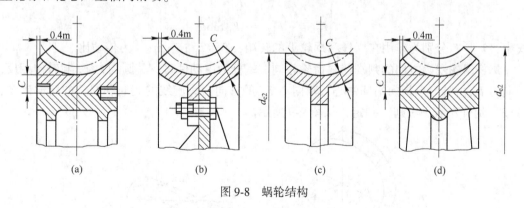

图 9-8 蜗轮结构

9.4 蜗杆传动的强度计算

蜗杆传动的强度是否足够将直接影响蜗杆的正常使用，所以应根据蜗杆传动的工作情况、轮齿受力、失效形式等合理地进行强度计算以保证蜗杆传动的强度。

9.4.1　蜗杆传动的失效形式及计算准则

（1）蜗杆传动的失效形式。蜗杆传动类似于螺旋传动，啮合效率较低且相对滑动速度 v_s 较大。

$$v_s = \sqrt{v_1^2 + v_2^2} = \frac{v_1}{\cos\gamma} \tag{9-7}$$

因此齿面点蚀、磨损和胶合是蜗杆传动最常见的失效形式，尤其当润滑不良时出现的可能性更大。又由于材料和结构上的原因，蜗杆螺旋齿部分的强度总是高于蜗轮轮齿的强度。故一般只对蜗轮轮齿承载能力和蜗杆传动的抗胶合能力进行计算。

（2）蜗杆传动的计算准则。开式传动中主要失效形式是齿面磨损和轮齿折断，要按齿根弯曲疲劳强度进行设计。

闭式传动中主要失效形式是齿面胶合或点蚀。要按齿面接触疲劳强度进行设计，而按齿根弯曲疲劳强度进行校核。此外，闭式蜗杆传动由于散热较为困难，还应作热平衡核算。

9.4.2　蜗杆传动的受力分析

蜗杆传动的受力分析与斜齿圆柱齿轮相似。若不计齿面间的摩擦力，作用在蜗杆齿面上的法向力 F_{n1} 在节点 C 处可以分解成三个互相垂直的分力：圆周力 F_{t1}、径向力 F_{r1} 和轴向力 F_{a1}。由于蜗杆轴和蜗轮轴成 90° 夹角，故蜗杆的圆周力 F_{t1} 与蜗轮的轴向力 F_{a2}、蜗杆的轴向力 F_{a1} 与蜗轮的圆周力 F_{t2}、蜗杆的径向力 F_{r1} 与蜗轮的径向力 F_{r2} 分别大小相等，方向相反，即：

$$\begin{cases} F_{t1} = \dfrac{2T_1}{d_1} = -F_{a2} \\[3mm] F_{a1} = -F_{t2} = \dfrac{2T_2}{d_2} \\[3mm] F_{r1} = -F_{r2} = -F_{t2}\tan\alpha \end{cases} \tag{9-8}$$

式中，T_1、T_2 分别为作用在蜗杆和蜗轮上的转矩，$T_2 = T_1 \cdot i \cdot \eta$；$i$ 为传动比。

蜗杆蜗轮受力方向的判别与斜齿轮相同。蜗杆为主动件时，其圆周力 F_{t1} 与转向相反，径向力 F_{r1} 由啮合点指向蜗杆中心，轴向力 F_{a1} 的方向由螺旋线的旋向和蜗杆的转向确定，可按"蜗杆左右手法则"判定，如图9-9所示。

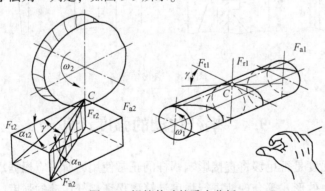

图 9-9　蜗轮传动的受力分析

9.4.3 蜗杆传动的强度计算

9.4.3.1 蜗轮齿面接触疲劳强度计算

蜗轮与蜗杆啮合处的齿面接触应力与齿轮传动相似，利用赫兹应力公式，考虑蜗杆和蜗轮齿廓特点，可以推导出齿面接触疲劳强度的校核公式为：

$$\sigma_H = 520\sqrt{\frac{KT_2}{d_2^2 d_1}} = 520\sqrt{\frac{KT_2}{m^2 d_1 z_2^2}} \leqslant [\sigma_H] \tag{9-9}$$

上式适用于钢制蜗杆与青铜或铸铁蜗轮的啮合传动，设计公式为

$$m^2 d_1 \geqslant \left(\frac{520}{z_2[\sigma_H]}\right)^2 KT_2 \tag{9-10}$$

式中　T_2——蜗轮轴传递的扭矩，单位 N·mm；

　　　K——载荷系数，$K = 1.1 \sim 1.4$，载荷平稳，滑动速度 $v_s \geqslant 3\text{m/s}$，传动精度高时取小值；

　　　m——模数；

　　　z_2——蜗轮齿数；

　　$[\sigma_H]$——许用接触应力，单位 MPa。

9.4.3.2 蜗轮轮齿的齿根弯曲疲劳强度计算

蜗轮齿根弯曲疲劳强度的校核公式为

$$\sigma_F = \frac{1.64KT_2}{m^2 d_1 z_2} Y_{Fa} Y_\beta \leqslant [\sigma_F] \tag{9-11}$$

设计公式为

$$m^2 d_1 \geqslant \frac{1.64KT_2}{z_2[\sigma_F]} Y_{Fa} Y_\beta \tag{9-12}$$

式中　Y_{Fa}——蜗轮的齿形系数，根据当量齿数 $z_v = z/\cos^3\gamma$ 由表 9-5 查取；

　　　Y_β——为螺旋角系数，$Y_\beta = 1 - \gamma/140°$；

　　$[\sigma_F]$——许用弯曲应力，单位 MPa。

表 9-5　蜗轮齿形系数 Y_{Fa}

z_v	Y_{Fa}	z_v	Y_{Fa}	z_v	Y_{Fa}	z_v	Y_{Fa}
20	1.98	30	1.76	40	1.55	80	1.34
24	1.88	32	1.71	45	1.48	100	1.30
26	1.85	35	1.64	50	1.45	150	1.27
28	1.80	38	1.61	60	1.40	300	1.24

9.4.4 蜗轮材料的许用应力

9.4.4.1 蜗轮材料的许用接触应力 $[\sigma_H]$

蜗轮材料的许用接触应力 $[\sigma_H]$ 由材料的抗失效能力决定。

若蜗轮材料为锡青铜时，主要失效形式为疲劳点蚀，此时

$$
\begin{cases}
[\sigma_H] = [\sigma_H]' K_{HN} \\
K_{HN} = \sqrt[8]{10^7/N} \\
N = 60 n_2 j L_h
\end{cases}
\tag{9-13}
$$

式中　$[\sigma_H]'$——蜗轮基本许用接触应力，见表9-6；

　　　K_{HN}——寿命系数；

　　　L_h——工作寿命，h；

　　　j——蜗轮每转一周，单个轮齿参与啮合的次数；

　　　N——应力循环次数。当 $N>25\times10^7$ 时，取 $N=25\times10^7$；当 $N<2.6\times10^5$ 时，取 $N=2.6\times10^5$。

若蜗轮材料为铸铝青铜或铸铁时，其主要失效形式为齿面胶合，$[\sigma_H]$ 的值可由表9-7查得。

表 9-6　蜗轮材料的基本许用接触应力 $[\sigma_H]'$（MPa）$N=10^7$

蜗轮材料	铸造方法	适用的滑动速度 $v_s/\text{m}\cdot\text{s}^{-1}$	$[\sigma_H]'$	
			≤350HBS	>45HRC
ZCuSn10P1	砂模	≤12	180	200
	金属模	≤25	200	220
ZCuSnPb5Zn5	砂模	≤10	110	125
	金属模	≤12	135	150

表 9-7　蜗轮材料的许用应力 $[\sigma_H]$（MPa）

材　料		滑动速度 $v_s/\text{m}\cdot\text{s}^{-1}$						
蜗杆	蜗轮	0.5	1	2	3	4	6	8
淬火钢	ZCuAl10Fe3	250	230	210	180	160	120	90
渗碳钢	HT200 HT150	130	115	90	—	—	—	—
调质钢	HT150	110	90	70	—	—	—	—

9.4.4.2　蜗轮材料的许用弯曲应力 $[\sigma_F]$

蜗轮的许用弯曲应力 $[\sigma_F]$ 计算公式为

$$
\begin{cases}
[\sigma_F] = [\sigma_F]' K_{FN} \\
K_{FN} = \sqrt[9]{10^6/N}
\end{cases}
\tag{9-14}
$$

式中　$[\sigma_F]'$——蜗轮基本许用弯曲应力，见表9-8；

　　　K_{FN}——寿命系数；

　　　N——应力循环次数，单位 r/min。当 $N>25\times10^7$ 时，取 $N=25\times10^7$；当 $N<10^5$ 时，取 $N=10^5$。

表 9-8　蜗轮材料的基本许用弯曲应力 $[\sigma_F]'$（MPa） $N=10^6$

蜗轮材料及铸造方法	与硬度≤45HRC 的蜗杆配对		与硬度>45HRC 并经磨光或抛光的蜗杆配对	
	一侧受载	两侧受载	一侧受载	两侧受载
铸锡磷青铜（ZCuSn10P1），砂模铸造	46	32	58	40
铸锡磷青铜（ZCuSn10P1），金属模铸造	58	42	73	52
铸锡磷青铜（ZCuSn10P1），离心铸造	66	46	83	58
铸锡锌铅青铜（ZCuSn5Pb5Zn5），砂模铸造	32	24	40	30
铸锡锌铅青铜（ZCuSn5Pb5Zn5），金属模铸造	41	32	51	40
铸铝铁青铜（ZCuAl10Fe3），砂型铸造	112	91	140	116
灰铸铁（HT150），砂模铸造	40	—	50	—

9.5　蜗杆传动的传动效率、润滑和热平衡计算

9.5.1　蜗杆传动的效率

蜗杆传动类似于螺旋传动，具有相对滑动，啮合效率较低，效率可按下式计算：

$$\eta = \eta_1 \cdot \eta_2 \cdot \eta_3 \tag{9-15}$$

式中　η_1——由啮合摩擦损耗所决定的效率；

η_2——轴承的效率；

η_3——蜗杆或蜗轮搅油引起的效率。

其中

$$\eta_1 = \frac{\tan\gamma}{\tan(\gamma + \varphi_V)} \tag{9-16}$$

式中　γ——蜗杆分度圆柱上的导程角；

φ_V——当量摩擦角，$\varphi_V = \arctan f_V$，见表 9-9；

f_V——当量摩擦系数。

表 9-9　当量摩擦系数 f_V 和当量摩擦角 φ_V

蜗轮材料	锡青铜				无锡青铜				灰铸铁			
蜗杆齿面硬度	≥45HRC		<45HRC		≥45HRC				≥45HRC		<45HRC	
滑动速度 v_s/m·s⁻¹	f_V	φ_V	f_V	φ_V	f_V	φ_V	f_V	φ_V	f_V	φ_V	f_V	φ_V
0.01	0.11	6°17′	0.12	6°51′	0.18	10°12′	0.18	10°12′	0.19	10°45′		
0.10	0.08	4°34′	0.09	5°09′	0.13	7°24′	0.13	7°24′	0.14	7°58′		
0.25	0.065	3°43′	0.075	4°17′	0.10	5°43′	0.10	5°43′	0.12	6°51′		
0.50	0.055	3°09′	0.065	3°43′	0.09	5°09′	0.09	5°09′	0.10	5°43′		
1.00	0.045	2°35′	0.055	3°09′	0.07	4°00′	0.07	4°00′	0.09	5°09′		
1.50	0.04	2°17′	0.05	2°52′	0.065	3°43′	0.065	3°43′	0.08	4°34′		
2.00	0.035	2°00′	0.045	2°35′	0.055	3°09′	0.055	3°09′	0.07	4°00′		

蜗轮材料	锡青铜				无锡青铜		灰铸铁			
蜗杆齿面硬度	≥45HRC		<45HRC		≥45HRC		≥45HRC		<45HRC	
滑动速度 $v_s/\text{m} \cdot \text{s}^{-1}$	f_V	φ_V	f_V	φ_V	f_V	φ_V	f_V	φ_V	f_V	φ_V
2.50	0.03	1°43′	0.04	2°17′	0.05	2°52′				
3.00	0.028	1°36′	0.035	2°00′	0.045	2°35′				
4.00	0.024	1°22′	0.031	1°47′	0.04	2°17′				
5.00	0.022	1°16′	0.029	1°40′	0.035	2°00′				
8.00	0.018	1°02′	0.026	1°29′	0.03	1°43′				
10.0	0.016	0°55′	0.024	1°22′						
15.0	0.014	0°48′	0.020	1°09′						
24	0.013	0°45′								

通常取 $\eta_2 \cdot \eta_3 = 0.95 \sim 0.97$，则蜗杆传动的总效率为

$$\eta = (0.95 \sim 0.97) \frac{\tan\gamma}{\tan(\gamma + \varphi_V)} \qquad (9\text{-}17)$$

导程角 γ 是影响蜗杆传动啮合效率的最主要的参数之一。从上式不难看出，η_1 随 γ 增大而提高，但 $\gamma>28°$ 后，η_1 随 γ 的变化就比较缓慢，而大导程角的蜗杆制造困难，所以一般取 $\gamma<28°$。当导程角 γ 小于当量摩擦角 φ_V 时，蜗杆传动能自锁，此时蜗杆的传动效率一般小于50%。

9.5.2　蜗杆传动的润滑

蜗轮蜗杆传动的啮合方式以滑动为主，相对滑动速度大，不易实现良好的润滑。因此蜗轮蜗杆传动发热量大、蜗轮磨损快、易发生胶合、传动效率低。这必然影响蜗轮蜗杆副的承载能力、传动效率和使用寿命，并限制蜗轮传动的发展和应用。就影响蜗轮磨损的主要因素而言，除了蜗轮蜗杆设计水平、制造装配精度、材料、热处理质量等之外，润滑油的影响不容忽视。润滑油可以减小摩擦和磨损，提高蜗轮副传动效率及使用寿命。若润滑不良，传动效率显著降低，并且会使轮齿早期发生磨损和胶合。

开式蜗杆传动，采用黏度较高的齿轮油或润滑脂进行润滑。

对于闭式蜗杆传动，润滑油的黏度和给油方法，主要是根据滑动速度和载荷类型进行选择，见表9-10。若采用油池润滑，在保证搅油损失不至过大的情况下，应保持一定的浸

表 9-10　蜗杆传动的润滑油黏度和给油方法

蜗杆传动相对滑动速度 $v_s/\text{m} \cdot \text{s}^{-1}$	0~1	0~2.5	0~5	>5~10	>10~15	>15~25	>25
载荷类型	质量	质量	中	（不限）	（不限）	（不限）	（不限）
运动黏度 $V_{40}/\text{mm}^2 \cdot \text{s}^{-1}$	900	500	350	220	150	100	80
给油方式	油池润滑			喷油润滑或油池润滑	喷油润滑时的喷油压力/MPa		
					0.7	2	3

油深度，以利于蜗杆传动散热。上置式蜗杆，润滑较差，但搅油损失小，浸油深度约为蜗轮外径的1/3；下置式蜗杆，润滑较好，但搅油损失大，浸油深度约为蜗杆的一个齿高。

9.5.3 蜗杆传动的热平衡计算

蜗杆传动效率较低，摩擦发热较大，温升较高。过高的温度会使润滑油黏度下降，加剧磨损和胶合，因此要进行热平衡计算。

设蜗杆传动功率为 $P_1(\text{kW})$，效率为 η，蜗杆传动单位时间的发热量为 Q_1，则

$$Q_1 = 1000P_1(1 - \eta)$$

式中，Q_1 的单位为 W。若以自然冷却方式，单位时间散热量为 Q_2，则

$$Q_2 = K_d A(t_1 - t_0)$$

式中　K_d——箱体表面散热系数，取 $K_d = 8.15 \sim 17.45 \text{W}/(\text{m}^2 \cdot \text{℃})$，通风良好时取大值；

A——箱体散热面积（内表面能被油溅到，而外表面又可为周围空气冷却的箱体表面面积）；

t_1——油的工作温度，一般应限制在 $60 \sim 70\text{℃}$，最高不超过 90℃；

t_0——环境温度，一般取 $t_0 = 20\text{℃}$。

蜗杆传动达到热平衡时，有

$$1000P_1(1 - \eta) = K_d A (t_1 - t_0)$$

所以热平衡时润滑油的工作温度

$$t_1 = t_0 + \frac{1000P_1(1 - \eta)}{K_d A}(\text{℃}) \leqslant [t_1] \qquad (9\text{-}18)$$

如果润滑油的温度超过允许范围时可采取下列措施：

（1）加散热片以增大散热面积；

（2）蜗杆轴端加风扇，用强制风冷却［见图9-10（a）］；

（3）在传动箱内安装循环冷却管路［见图9-10（b）］；

（4）采用压力喷油润滑［见图9-10（c）］。

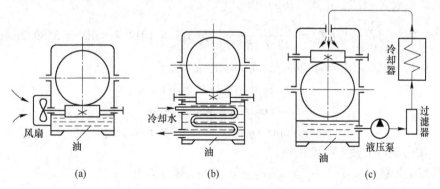

图9-10　蜗杆传动的散热方式

【**例9-1**】　设计一搅拌机的闭式蜗杆传动。蜗杆传递功率 $P_1 = 7.5\text{kW}$，蜗杆的转速 $n_1 = 1440\text{r/min}$，传动比 $i = 24$，估计散热面积 $A = 2\text{m}^2$，载荷平稳，单向回转，设计使用寿命8年，单班制工作。

解：

（1）选择材料，确定许用应力。

蜗杆：选择 45 号钢淬火，硬度 45~50HRC。

蜗轮：根据初估滑动速度选用抗胶合性能较好的铸锡青铜 ZCuSn10P1，砂模铸造。

查表 9-6，蜗轮材料的基本许用接触应力为

$$[\sigma_H]' = 200\text{MPa}$$

查表 9-8，蜗轮材料的基本许用弯曲应力为

$$[\sigma_F]' = 58\text{MPa}$$

计算蜗轮转速 $\qquad n_2 = 1440/24 = 60\text{r/min}$

计算应力循环次数 $\quad N = 60jn_2L_h = 60 \times 1 \times 60 \times (8 \times 52 \times 40) = 5.99 \times 10^7$

计算寿命系数 $\quad K_{HN} = \sqrt[8]{\dfrac{10^7}{N}} = \sqrt[8]{\dfrac{10^7}{5.99 \times 10^7}} = 0.7995$

$$K_{FN} = \sqrt[9]{\dfrac{10^6}{N}} = \sqrt[9]{\dfrac{10^6}{5.99 \times 10^7}} = 0.6346$$

计算许用应力 $[\sigma_H] = [\sigma_H]' \times K_{HN} = 200 \times 0.7995 = 159.9\text{MPa}$

$$[\sigma_F] = [\sigma_F]' \times K_{FN} = 58 \times 0.6346 = 36.8\text{MPa}$$

（2）确定蜗杆头数 z_1 和蜗轮齿数 z_2。

查表 9-2，根据传动比 i 取 $z_1 = 2$，则 $z_2 = i \times z_1 = 48$。

（3）计算蜗轮转矩 T_2。

$$T_2 = 9550 \times \frac{P_1}{n_2} \times \eta \quad \text{N} \cdot \text{m}$$

取 $\eta = 0.85$，则 $T_2 = 9550 \times \dfrac{P_1}{n_2} \times \eta = 9550 \times \dfrac{7.5}{60} \times 0.85 = 1014.7\text{N} \cdot \text{m}$

（4）按齿面接触疲劳强度设计。

取载荷系数 $K = 1.2$，由式（9-9）得

$$m^2 d_1 \geqslant \left(\frac{520}{z_2[\sigma_H]}\right)^2 KT_2 = \left(\frac{520}{48 \times 159.9}\right)^2 \times 1.2 \times 1014.7 \times 10^3 = 5589.2\text{mm}^3$$

查表 9-1，选取 $m^2 d_1 = 6400\text{mm}^3$，得 $m = 8$，$q = 12.5$。

$$d_1 = mq = 8 \times 12.5 = 100\text{mm}$$

$$d_2 = mz_2 = 8 \times 48 = 384\text{mm}$$

$$\gamma = \arctan z_1/q = \arctan 2/12.5 = 9.1°$$

（5）按齿根弯曲疲劳强度校核。

计算当量齿数 $\qquad z_v = z_2/\cos^3\gamma = 48/\cos^3 9.1 = 50$

查表 9-5，得 $\qquad Y_{Fa} = 1.45$

$$Y_\beta = 1 - \gamma/140° = 1 - 9.1/140 = 0.935$$

$$\sigma_F = \frac{1.64KT_2}{m^2 d_1 z_2}Y_{Fa}Y_\beta = \frac{1.64 \times 1.2 \times 1014.7 \times 1000}{8^2 \times 100 \times 48} \times 1.45 \times 0.935 = 8.8\text{MPa} \leqslant [\sigma_F]$$

所以齿根弯曲疲劳强度校核合格。

（6）验算传动效率。

$$v_1 = \frac{\pi d_1 n_1}{60 \times 1000} = \frac{3.14 \times 100 \times 1440}{60 \times 1000} = 7.54 \text{m/s}$$

$$v_s = \frac{v_1}{\cos\gamma} = \frac{7.54}{\cos 9.1} = 7.64 \text{m/s}$$

查表 9-9 得 $f_V = 0.017$，$\varphi_V = 1°$，所以有

$$\eta = (0.95 \sim 0.97) \frac{\tan\gamma}{\tan(\gamma + \varphi_V)} = (0.95 \sim 0.97) \frac{\tan 9.1°}{\tan(9.1° + 1°)} = 0.85 \sim 0.87$$

与估计值相近。

（7）热平衡计算。

取室温 $t_0 = 20°$，取散热系数 $K_d = 15 \text{W/(m}^2 \cdot ℃)$，则

$$t_1 = t_0 + \frac{1000 P_1(1 - \eta)}{K_d A} (℃) = 20℃ + \frac{1000 \times 7.5 \times (1 - 0.86)}{15 \times 2}℃ = 55℃$$

油温在允许范围内，符合要求。

（8）中心距。

$$a = \frac{d_1 + d_2}{2} = \frac{100 + 384}{2} = 242 \text{mm}$$

其余尺寸计算略。

9.6 蜗杆传动的安装与维护

根据蜗杆传动的啮合特点，安装时应使蜗轮的中间平面通过蜗杆的轴线，如图 9-11 所示，故蜗杆传动的安装精度要求较高。

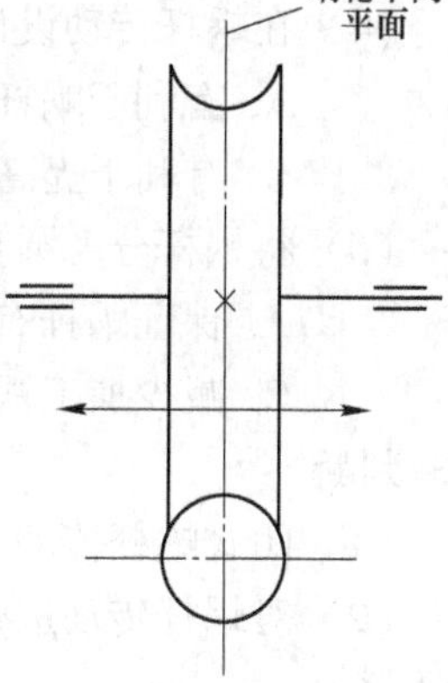

蜗轮安装的轴向定位要求很准，在装配时可以采用垫片进行调整。对于较大距离的轴向位置调整，还可以采用改变蜗轮与轴承之间的套筒长度的方法，或者以上两个方法联用。

为保证蜗杆传动的正确啮合，工作中蜗轮不允许有轴向移动，因此蜗轮轴应采用两端固定的支撑方式。

蜗杆轴由于支撑的跨距大，故受热后的伸长变形也大，其支承一般采用一端固定另一端游动的方式。对于支撑跨距较短、传动功率小的上置式蜗杆，或间断工作、发热量小的蜗杆，因蜗杆轴的热伸长变形小，也可采用两端固定的支承方式。

蜗杆传动装置在装配后要进行跑合，以使蜗轮蜗杆接触良好。跑合时首先应低速运转，然后逐渐加载至额定载荷运行 1~5h。运转时应仔细观察蜗杆齿面，发现有青铜粘连需立即停车，用细砂纸打磨后继续跑合。跑合完成后清洗全部零件，更换润滑油。

蜗杆传动的维护很重要。蜗杆传动装置发热量大，应经常检查通风散热情况是否良好，若发现油温超过允许范围应停机检查，改善散热条件。此外还要检查蜗轮齿面是否保

图 9-11 蜗杆传动的安装位置

持完好，发现擦伤、胶合及显著磨损，必须采取有效措施制止。良好的润滑有利于保证蜗杆传动的正常运行，并能延长其使用寿命。蜗杆下置时，需采用刮油板、溅油轮等方法对蜗轮进行润滑。

习　　题

9-1 填空

（1）蜗杆传动的正确啮合条件是_____。

（2）对蜗杆传动，已知 $m=6$，$Z_1=2$，$q=10$，$Z_2=30$，则中心距 $a=$ _____ mm，蜗杆分度圆柱上的导角 $\gamma=$ _____。

（3）常用的蜗杆材料有_____，蜗轮材料有_____。

（4）作用在蜗杆齿面上的法向力 F_{n1} 在节点 C 处可以分解成 3 个互相垂直的分力：_____、_____和_____。

（5）常见的蜗轮结构形式有_____、_____、_____和_____。

9-2 选择

（1）蜗杆传动通常是____传递动力。

　　A. 由蜗杆向蜗轮；　　　　　　　　　　B. 由蜗轮向蜗杆；

　　C. 可以由蜗杆向蜗轮，也可以由蜗轮向蜗杆。

（2）传递动力时，蜗杆传动的传动比的范围通常为____。

　　A. 小于 1；　　　　B. 1~8；　　　　C. 8~80；　　　　D. 大于 80~120。

（3）起吊重物用的手动蜗杆传动，宜采用____的蜗杆。

　　A. 单头、小导程角；　　　　　　　　B. 单头、大导程角；

　　C. 多头、小导程角；　　　　　　　　D. 多头、大导程角。

（4）在蜗杆传动设计中，蜗杆头数 z_1 选多一些，则____。

　　A. 有利于蜗杆加工；　　　　　　　　B. 有利于提高蜗杆刚度；

　　C. 有利于提高传动的承载能力；　　　　D. 有利于提高传动效率。

（5）将蜗杆分度圆直径 d_1 标准化，是为了____。

　　A. 保证蜗杆有足够的刚度；　　　　　　B. 提高蜗杆传动的效率；

　　C. 减少加工蜗轮时的滚刀数目；　　　　D. 减小加工蜗杆时的滚刀数目。

9-3 判断

（1）闭式蜗杆传动的主要失效形式是蜗杆断裂。　　　　　　　　　　（　　）

（2）对蜗杆传动进行热平衡计算，其主要目的是为了防止温升过高导致材料力学性能下降。　　　　　　　　　　　　　　　　　　　　　　　　　　　　　（　　）

（3）在蜗杆传动中，当其他条件相同时，增加蜗杆头数 z_1，则传动效率上升。

　　　　　　　　　　　　　　　　　　　　　　　　　　　　　　　　（　　）

（4）蜗杆传动中，蜗轮轮缘通常用青铜制造，这是因为青铜的工艺性好。（　　）

（5）在其中间平面内具有直线齿廓的是阿基米德蜗杆。　　　　　　　（　　）

9-4 简答

（1）与齿轮传动相比，蜗杆传动有何优点？

（2）蜗杆传动的主要失效形式和齿轮传动相比有什么异同？为什么？

（3）为增加蜗杆减速器输出轴的转速，决定用双头蜗杆代替原来的单头蜗杆，问原来的蜗轮是否可以继续使用？为什么？

（4）如何根据蜗杆的转向确定轮齿的受力方向？

（5）为什么蜗杆传动只计算蜗轮轮齿的强度，而不计算蜗杆齿的强度？

（6）指出图 9-12 中未注明的蜗杆或蜗轮的螺旋线旋向及蜗杆或蜗轮的转向，并给出蜗杆和蜗轮啮合点作用力的方向。

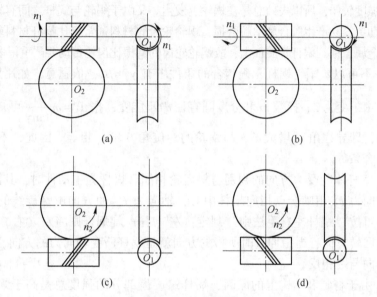

图 9-12　蜗轮传动

9-5 设计计算

（1）试设计带式运输机用单级蜗杆减速器中的普通圆柱蜗杆传动。蜗杆轴上的输入功率 $P_1 = 5.5\text{kW}$，$n_1 = 960\text{r/min}$，$n_2 = 65\text{r/min}$，电动机驱动，单向运转，载荷平稳。每天工作 8h，工作寿命 8a。

（2）设计一起重设备的阿基米德蜗杆传动，载荷有中等冲击。蜗杆轴由电动机驱动，传递功率 $P_1 = 10\text{kW}$，$n_1 = 1440\text{r/min}$，$n_2 = 100\text{ r/min}$，间隙工作，每天工作 8h，要求工作寿命 10a。

习 题 答 案

9-1 填空

（1）在中间平面内：$m_{a1} = m_{t2} = m$，$\alpha_{a1} = \alpha_{t2} = \alpha$，$\gamma_1 = \beta_2$。

（2）中心距 $a = 120\text{mm}$，蜗杆分度圆柱上的导角 $\gamma = 11.3°$。

（3）常用的蜗杆材料有 40Cr、45Cr、40Cr、15Cr、20Cr、12CrNiA、20CrMnTi 等，蜗轮材料有铸锡青铜、铸铝铁青铜和铸铁。

（4）圆周力 F_{t1}、径向力 F_{r1} 和轴向力 F_{a1}。

（5）齿圈式蜗轮、螺栓连接式蜗轮、整体式蜗轮和镶铸式蜗轮。

9-2 选择

（1）A；（2）C；（3）A；（4）D；（5）C。

9-3 判断

（1）×；（2）×；（3）√；（4）×；（5）√。

9-4 简答

（1）答：1）传动比大，结构紧凑。2）传动平稳、无噪声。3）在一定条件下可以自锁。

（2）答：齿轮的失效形式主要有：齿轮折断、齿面磨损、齿面点蚀、齿面胶合及塑性变形等；而蜗杆传动最常见的失效形是齿面点蚀、磨损和胶合等。由于材料和结构上的原因，一般来说蜗轮的强度较弱，所以失效总是在蜗轮上发生。又由于蜗轮与蜗杆之间有较大的相对滑动，比齿轮传动更容易产生胶合和磨粒磨损，蜗轮轮齿的材料通常又比蜗杆材料软，发生胶合时蜗轮表面的金属会粘到蜗杆螺旋面上，故蜗轮轮齿的磨损比齿轮传动要严重得多。

（3）答：不可以。蜗轮蜗杆正确啮合的条件中有 $\gamma_1 = \beta_2$，依题意，如用原来的蜗轮，当蜗杆头数 z_1 由 1 变为 2，模数 m 和分度圆直径 d_1 不能变，据 $d_1 = m\dfrac{z_1}{\tan\gamma}$ 可知，$\tan\gamma$ 增大为原来的 2 倍，即导程角 γ_1 增大了，与蜗轮的螺旋角 β 不再相等。因此，不再符合蜗轮蜗杆的正确啮合条件。

（4）答：蜗杆蜗轮受力方向的判别与斜齿轮相同。蜗杆为主动件时，其圆周力 F_{t1} 与转向相反，径向力 F_{r1} 由啮合点指向蜗杆中心，轴向力 F_{a1} 的方向由螺旋线的旋向和蜗杆的转向确定，可按"蜗杆左右手法则"判定：左（右）旋蜗杆则将左（右）手握拳，四指表示蜗杆的回转方向，拇指伸直时所指的方向就是蜗杆所受轴向力的方向，蜗轮轮齿的受力和运动方向与之相反。

（5）答：由于材料和结构上的原因，蜗杆螺旋齿部分的强度总是高于蜗轮轮齿的强度。故一般只对蜗轮轮齿承载能力和蜗杆传动的抗胶合能力进行计算。

（6）指出图 9-13 中未注明的蜗杆或蜗轮的转向。

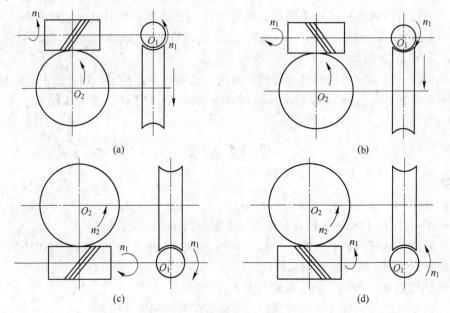

图 9-13　蜗轮传动

9-5 略。

10 轮 系

在齿轮传动中，只讨论了一对齿轮的啮合问题。但在实际机械传动中，为了满足不同的工作要求，经常采用一系列齿轮共同传动。这种由一系列齿轮组成的传动系统称为齿轮系，简称轮系。

10.1 轮系及其分类

如果轮系中各齿轮的轴线互相平行，则称为平面轮系，否则称为空间轮系。根据轮系运转时齿轮的轴线相对于机架的位置是否固定，轮系又可分为定轴轮系和行星轮系两大类。

10.1.1 定轴轮系

当轮系运转时，若其中各齿轮的轴线保持固定，则称为定轴轮系，如图 10-1 所示。由轴线相互平行的圆柱齿轮组成的定轴轮系称为平面定轴轮系［见图 10-1（a）］。包含有锥齿轮或蜗杆蜗轮等相交轴齿轮、交错轴齿轮在内的定轴轮系，则称为空间定轴轮系［见图 10-1（b）］。

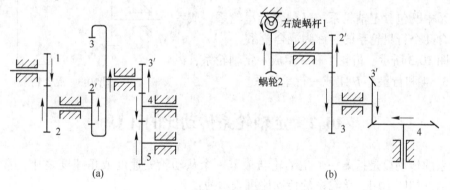

图 10-1 定轴轮系
（a）平面定轴轮系；（b）空间定轴轮系

10.1.2 行星轮系

当轮系在运动时，若至少有一个齿轮的轴线相对于机架的位置是变化的，这样的轮系就称为行星轮系。如图 10-2 所示，齿轮 1、3 和构件 H 均绕固定的互相重合的几何轴线转动，齿轮 2 空套在构件 H 上，同时与齿轮 1、3 相啮合。齿轮 2 既可绕自身轴线 O_2 旋转（自转），又能随构件 H 绕齿轮 1 和齿轮 3 的重合几何轴线旋转（公转），这种既有自转又有公转的齿轮称为行星轮。H 是支持行星轮的构件，称为行星架或系杆。齿轮 1、3 称为太阳轮。

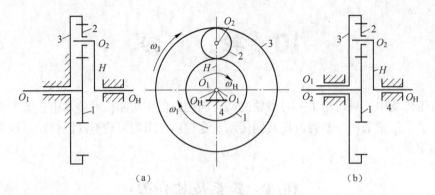

图 10-2　行星轮系

（a）简单行星轮系；（b）差动行星轮系

根据行星轮系自由度的不同，可把行星轮系分为两类：

（1）简单行星轮系。若有一个太阳轮固定不动，则轮系的自由度为 1，这种行星轮系称为简单行星轮系，如图 10-2（a）所示。

（2）差动行星轮系。若两个太阳轮都能转动，则轮系的自由度为 2，这种行星轮系称为差动行星轮系，如图 10-2（b）所示。

10.1.3　混合轮系

轮系中既包含定轴轮系，又包含行星轮系，或者同时包含几个行星轮系的，称为混合轮系。

如图 10-3 所示，齿轮 1 和 2 组成一定轴轮系，齿轮 2′、3、4 和行星架 H 组成一行星轮系。

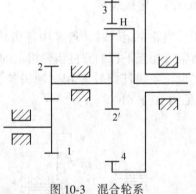

图 10-3　混合轮系

10.2　定轴轮系传动比的计算

轮系的传动比是指第一个主动轮与最末一个从动轮的速度或角速度之比，常用字母"i"表示，如图 10-1，该轮系的传动比可表示为：

$$i_{15} = \frac{n_1}{n_5} \tag{10-1}$$

在传动比的计算中，既要确定传动比的大小，又要确定输入轮与输出轮之间的转向关系。

10.2.1　一对齿轮啮合的传动比

如图 10-4 所示，设主动轮 1 的转速为 n_1，齿数为 z_1；从动轮 2 的转速为 n_2，齿数为 z_2，则传动比为

$$i_{12} = \frac{n_1}{n_2} = \pm \frac{z_2}{z_1} \tag{10-2}$$

式中，"+"号表示从动轮与主动轮转向相同，如内啮合圆柱齿轮传动；"-"号表示从动轮与主动轮转向相反，如外啮合圆柱齿轮传动。两轮的转向也可用箭头在图中表示出来。

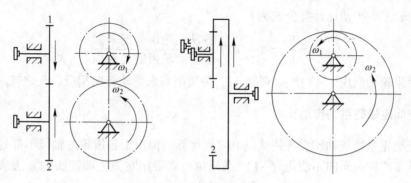

图 10-4　平面齿轮传动的转向关系

对于轴线互不平行的空间齿轮传动，如锥齿轮传动和蜗杆蜗轮传动，式（10-2）同样适用，但各轮的转向只能用箭头在图中表示，如图 10-5 所示。

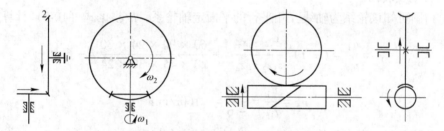

图 10-5　空间齿轮传动的转向关系

10.2.2　平面定轴轮系的传动比

如图 10-1（a）所示，设齿轮 1 为首齿轮，齿轮 5 为末齿轮，z_1、z_2、$z_{2'}$、z_3、$z_{3'}$、z_4 及 z_5 分别为各齿轮的齿数，n_1、n_2、$n_{2'}$、n_3、$n_{3'}$、n_4 及 n_5 分别为各齿轮的转速。根据式（10-1）可求得各对齿轮啮合的传动比：

$$i_{12} = \frac{n_1}{n_2} = -\frac{z_2}{z_1} \quad i_{2'3} = \frac{n_{2'}}{n_3} = \frac{z_3}{z_{2'}} \quad i_{3'4} = \frac{n_{3'}}{n_4} = -\frac{z_4}{z_{3'}} \quad i_{45} = \frac{n_4}{n_5} = -\frac{z_5}{z_4}$$

其中，$n_2 = n_{2''}$，$n_3 = n_{3'}$，将以上各式两边连乘可得：

$$i_{12} \cdot i_{2'3} \cdot i_{3'4} \cdot i_{45} = \frac{n_1 n_{2'} n_{3'} n_4}{n_2 n_3 n_4 n_5} = (-1)^3 \frac{z_2 z_3 z_4 z_5}{z_1 z_{2'} z_{3'} z_4}$$

因此有

$$i_{15} = \frac{n_1}{n_5} = i_{12} \cdot i_{2'3} \cdot i_{3'4} \cdot i_{45} = (-1)^3 \frac{z_2 z_3 z_5}{z_1 z_{2'} z_{3'}}$$

从以上分析可知，定轴轮系的传动比等于轮系中各对啮合齿轮传动比的连乘积，也等于轮系中所有从动轮齿数的乘积与所有主动轮齿数的乘积之比，传动比的正负号取决于外啮合齿轮的对数。

在该轮系中，齿轮 4 虽然参与啮合，但却不影响传动比的大小，只起到改变转向的作用，这样的齿轮称为惰轮。

将上述计算推广到一般情况，用 A、K 分别表示轮系的首末两轮，m 表示外啮合次数，则定轴轮系的传动比计算公式为：

$$i_{AK} = \frac{n_A}{n_K} = (-1)^m \frac{\text{各从动轮齿数连乘积}}{\text{各主动轮齿数连乘积}} \tag{10-3}$$

首末两齿轮转向用 $(-1)^m$ 来判别，i_{AK} 为负则首末两轮转向相反，反之转向相同。

10.2.3　空间定轴轮系的传动比

空间定轴轮系的传动比也可用式（10-2）计算，但由于各齿轮的轴线不都是互相平行的，所以首末两轮的转向不能用 $(-1)^m$ 来确定，而要用在图上画箭头的方法来确定，如图 10-1 所示。

【例 10-1】　图 10-1（a）中，已知 $n_1 = 960 \text{r/min}$，转向如图 10-1（a）所示，各齿轮的齿数分别为 $z_1 = 20$，$z_2 = 60$，$z_{2'} = 45$，$z_3 = 90$，$z_{3'} = 30$，$z_4 = 24$，$z_5 = 30$。试求齿轮 5 的转速 n_5，并注明其转向。

解：由图可知该轮系为轴线互相平行的平面定轴轮系，故根据式（10-3）计算得

$$i_{15} = \frac{n_1}{n_5} = (-1)^3 \frac{z_2 z_3 z_4 z_5}{z_1 z_{2'} z_{3'} z_4} = -\frac{60 \times 90 \times 24 \times 30}{20 \times 45 \times 30 \times 24} = -6$$

$$n_5 = \frac{n_1}{i_{15}} = \frac{960}{-6} = -160 \text{r/min}$$

传动比为负号，所以齿轮 5 的转向与齿轮 1 的转向相反。

【例 10-2】　在图 10-1（b）所示的空间定轴轮系中，已知 $z_1 = 2$，$z_2 = 51$，$z_{2'} = 18$，$z_3 = 30$，$z_{3'} = 24$，$z_4 = 48$。试求传动比 i_{14}，并标明各轮转向。

解：空间定轴轮系的传动比仍使用式（10-3）计算，但不应代入符号，因此有

$$i_{14} = \frac{n_1}{n_4} = \frac{z_2 z_3 z_4}{z_1 z_{2'} z_{3'}} = \frac{51 \times 30 \times 48}{2 \times 18 \times 24} = 85$$

各齿轮的转向如图 10-1（b）中箭头所示。

10.3　行星轮系传动比的计算

10.3.1　行星轮系传动比的计算

对于行星轮系可用反转法，也称为转化机构法，将行星轮系转化为定轴轮系，再根据定轴轮系传动比的计算方法来计算其传动比。即假想对整个行星轮系加上一个绕主轴 O—O 转动的公共转速 $-n_H$，这时各构件的相对运动关系并不变，但系杆 H 的转速变为 $n_H - n_H = 0$，即相对静止不动。齿轮 1、2、3 则成为绕定轴转动的齿轮，原来的行星轮系就转化为一个假想的定轴轮系。该假想的定轴轮系称为原行星轮系的转化机构，如图 10-6 所示。

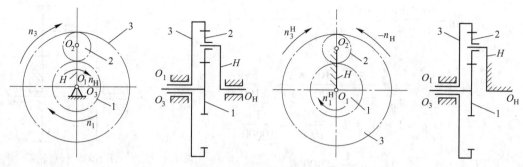

图 10-6 行星轮系的转化

转化机构中各构件的相对转速见表 10-1。

表 10-1 各构件的相对转速

构件代号	原有转速（绝对转速）	转化后的转速（相对转速）
1	n_1	$n_1^H = n_1 - n_H$
2	n_2	$n_2^H = n_2 - n_H$
3	n_3	$n_3^H = n_3 - n_H$
H	n_H	$n_H^H = n_H - n_H = 0$

n_1^H、n_2^H、n_3^H、n_H^H 分别表示各构件在转化机构中的转速。因转化机构是假想的定轴轮系，故可按定轴轮系传动比计算公式（10-3）计算该机构的相对传动比。

$$i_{13}^H = \frac{n_1^H}{n_3^H} = \frac{n_1 - n_H}{n_3 - n_H} = (-1)^m \frac{z_2 z_3}{z_1 z_2} = -\frac{z_3}{z_1}$$

等式右边的负号表示转化机构中齿轮 1 和齿轮 3 的转向相反。

以上分析可以推广到一般的行星轮系中，设首轮 A，末轮 K 和行星架 H 的绝对转速分别为 n_A、n_K、n_H，m 表示齿轮 A 到 K 的外啮合次数，则其转化机构的相对传动比表达式为：

$$i_{AK}^H = \frac{n_A - n_H}{n_K - n_H} = (-1)^m \frac{\text{从 } A \text{ 到 } K \text{ 之间所有从动轮齿数的连乘积}}{\text{从 } A \text{ 到 } K \text{ 之间所有主动轮齿数的连乘积}} \quad (10-4)$$

公式说明：

（1）$i_{AK}^H \neq i_{AK}$。i_{AK}^H 是行星轮系转化机构的传动比，亦即齿轮 A、K 相对于行星架 H 的相对传动比，而 $i_{AK} = n_A / n_K$ 是行星轮系中 A、K 两齿轮的传动比。

（2）A、K 和 H 三个构件的轴线应互相平行，而且将 n_A、n_K 和 n_H 的值代入上式计算时，必须带正负号。对差动轮系，如两构件转速相反，则一构件用正值代入，另一构件用负值代入，第三个构件的转速用所求得的正、负号来判断。

【例 10-3】 图 10-7 所示为一传动比很大的简单行星减速器。已知各轮齿数分别为 $z_1 = 100$，$z_2 = 101$，$z_{2'} = 100$，$z_3 = 99$。试求传动比 i_{H1}。

解：图示行星轮系仅有一个自由度，其中齿轮 1 为活动太阳轮，齿轮 3 为固定太阳轮，双联齿轮 2-2′ 为行星轮，H 是系杆。根据式（10-4）可得：

$$i_{13}^{H} = \frac{n_1 - n_H}{n_3 - n_H} = \frac{n_1 - n_H}{0 - n_H} = 1 - \frac{n_1}{n_H} = 1 - i_{1H}$$

因此　　　　　　　　　　$i_{1H} = 1 - i_{13}^{H}$

又因为　$i_{13}^{H} = (-1)^2 \frac{z_2 z_3}{z_1 z_{2'}} = \frac{101 \times 99}{100 \times 100} = \frac{9999}{10000}$

$$i_{1H} = 1 - i_{13}^{H} = 1 - \frac{9999}{10000} = \frac{1}{10000}$$

所以　　　　　　　　$i_{H1} = \frac{1}{i_{1H}} = 10000$

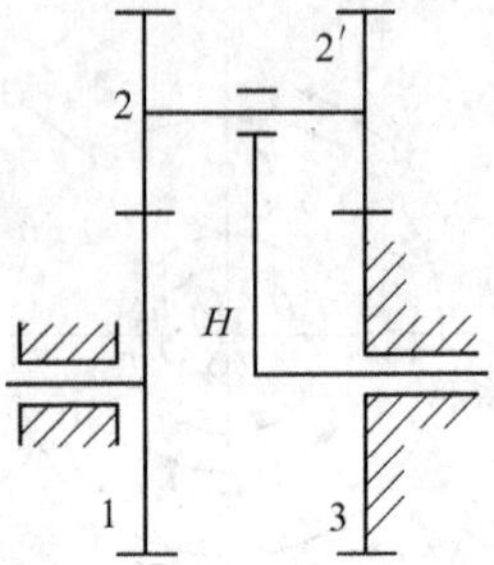

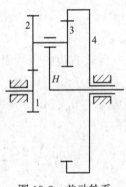

图 10-7　行星轮系

以上结果说明，当行星架 H 转 10000 转时，齿轮 1 才转 1 转，其转向与行星架的转向相同。由此可见只通过两对齿轮传动组成的行星轮系就可以获得极大的传动比。这种行星轮系可在仪表中用来测量高速转动或作为精密的微调机构。

若将例 10-3 中的 z_3 由 99 改为 100，则

$$i_{H1} = \frac{n_H}{n_1} = -100$$

z_2 由 101 改为 100，则

$$i_{H1} = \frac{n_H}{n_1} = 100$$

由此可见，同一种结构的行星轮系，有时某一齿轮的齿数略有变化，往往会使其传动比发生巨大变化，同时从动轮的转向也会改变。

【例 10-4】　一差动轮系如图 10-8 所示，已知 $z_1 = 15$，$z_2 = 25$，$z_3 = 20$，$z_4 = 60$，$n_1 = 180 \text{r/min}$，$n_4 = 60 \text{r/min}$，且两太阳轮 1、4 转向相反，试求行星架转速 n_H 及行星轮转速 n_3。

解：（1）求行星架转速 n_H。

根据式（10-4）有

$$i_{14}^{H} = \frac{n_1 - n_H}{n_4 - n_H} = (-1)^1 \frac{z_2 z_4}{z_1 z_3}$$

代入已知量

$$\frac{180 - n_H}{(-60) - n_H} = -\frac{25 \times 60}{15 \times 20}$$

图 10-8　差动轮系

求得　$n_H = -20 \text{r/min}$

n_H 为负说明行星架转向与齿轮 1 转向相反。

（2）求行星轮转速 n_3。

$$i_{12}^{H} = \frac{n_1 - n_H}{n_2 - n_H} = -\frac{z_2}{z_1}$$

由图可知 $n_2 = n_3$ 代入已知量，有

$$\frac{180 - (-20)}{n_2 - (-20)} = -\frac{25}{15}$$

$$n_2 = -140 \text{r/min}$$

由图可知 $n_2 = n_3$，因此 $n_3 = n_2 = -140\text{r/min}$。

10.3.2　混合轮系传动比的计算

计算混合轮系的传动比时，不能将整个轮系单纯地按求定轴轮系或行星轮系传动比的方法来计算，而应遵循以下的步骤：

（1）将其中的定轴轮系和行星轮系区分开。

（2）分别列出各个基本轮系的传动比计算方程式。

（3）找出基本轮系中各联系构件之间的关系。

（4）根据基本轮系中各联系构件之间的关系，将各方程式联立求解出所需要的传动比。

分析混合轮系的关键是正确划分出其中的行星轮系。方法是先找出轴线不固定的行星轮和行星架，然后找出与行星轮啮合的太阳轮，这组行星轮、太阳轮和行星架就构成一个单一的行星轮系。找出所有的行星轮系后，剩下的就是定轴轮系。

【例 10-5】　如图 10-9 所示电动卷扬机减速器中，齿轮 1 为主动轮，动力由卷筒 H 输出。各轮齿数为 $z_1 = 24$，$z_2 = 33$，$z_{2'} = 21$，$z_3 = 78$，$z_{3'} = 18$，$z_4 = 30$，$z_5 = 78$。求 i_{1H}

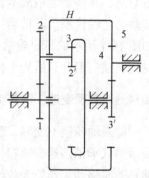

图 10-9　电动转扬机减速器

解：（1）分解轮系。

在该轮系中，双联齿轮 2-2′ 的几何轴线是绕着齿轮 1 和 3 的轴线转动的，所以是行星轮；支持它运动的构件（卷筒 H）就是系杆；和行星轮相啮合且绕固定轴线转动的齿轮 1 和 3 是两个中心轮。这两个中心轮都能转动，所以齿轮 1、2-2′、3 和系杆 H 组成一个 2K-H 型双排内外啮合的差动轮系。剩下的齿轮 3′、4、5 是一个定轴轮系。二者合在一起便构成一个混合轮系。

（2）分析混合轮系的内部联系。

定轴轮系中内齿轮 5 与差动轮系中系杆 H 是同一构件，因而 $n_5 = n_H$；定轴轮系中齿轮 3′ 与差动轮系中心轮 3 是同一构件，因而 $n'_3 = n_3$。

（3）求传动比。

对定轴轮系，齿轮 4 是惰轮，根据式（10-1）得到：

$$i_{3'5} = \frac{n_{3'}}{n_5} = -\frac{z_5}{z_{3'}} = -\frac{78}{18} = -\frac{13}{3} \tag{a}$$

对差动轮系的转化机构，根据式（10-4）得到：

$$i_{13}^H = i_{13}^5 = \frac{n_1 - n_H}{n_3 - n_H} = -\frac{z_2 z_3}{z_1 z_{2'}} = -\frac{33 \times 78}{24 \times 21} = -\frac{143}{28} \tag{b}$$

由式（a）得：

$$n_{3'} = n_3 = -\frac{13}{3} n_5 = -\frac{13}{3} n_H$$

代入式（b）得：

$$\frac{n_1 - n_H}{-\dfrac{13}{3} n_H - n_H} = -\frac{143}{28}$$

求得 $i_{1H} = 28.24$。

10.4　轮系的应用

10.4.1　实现较远距离的传动

当需要在距离较远的两轴之间传递运动时，可采用多个齿轮组成的定轴轮系来代替一对齿轮的传动，这样可以减小齿轮尺寸，既节省空间，又节约了材料，还能方便齿轮的制造和安装。

10.4.2　获得大的传动比

在齿轮传动中，通常一对齿轮的传动比不宜大于 8。否则会造成大齿轮尺寸过大而多占空间，并增加制造成本；小齿轮尺寸过小而寿命低。要获得较大的传动比，可采用多级传动的定轴轮系。若传动比太大，也会使定轴轮系趋于复杂，这时可采用行星轮系传动。如图 10-7 所示的行星轮系，传动比可达 10000，但它效率低，且当齿轮 1 为主动件时，会发生自锁，因此只适用于传递运动。

10.4.3　实现变速、换向传动

输入轴转速不变时，利用轮系可使输出轴获得多种工作转速，并可换向。如图 10-10 所示为汽车用四速变速箱，轴 I 为输入轴，轴 III 为输出轴。齿轮 4，6 为双联齿轮，可沿轴 III 轴向移动，与轮 3 或轮 5 啮合，还可通过离合器，将轴 I 与轴 III 接通或脱开，使轴 III 获得三个不同的转速。另外，移动双联齿轮，使轮 6 与轮 8 啮合，这样就多了一对外啮合齿轮传动，所以可使轴 III 得到转向相反的第四个转速，实现变速和换向。

10.4.4　实现分路传动

利用轮系可以将输入的一种转速同时分配到几个不同的输出轴上，从而实现分路传动。

如图 10-11 所示为滚齿机上滚刀与齿轮毛坯之间作展成运动的传动简图。滚齿加工要求滚刀 7 的转速与蜗轮 6 的转速必须满足以下传动比关系，即

$$i_{76} = \frac{n_7}{n_6} = \frac{z_6}{z_7}$$

主动轴 I 通过锥齿轮 1 经齿轮 2 将运动传递给滚刀 7；同时主动轴又通过直齿轮 1′经齿轮 3-3′、4、5-5′传至蜗轮 6，带动被加工的齿轮毛坯转动，以满足滚刀与齿轮毛坯的传动比要求。

10.4.5　实现运动的合成和分解

如图 10-12 所示的锥齿轮差动轮系中，太阳轮 1、3 都可以转动，且有 $z_1 = z_3$。因该差动轮系有两个自由度，需要两个原动件输出才能确定，所以可以利用差动轮系将两个输入运动合成为一个输出运动。

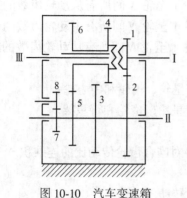

图 10-10　汽车变速箱

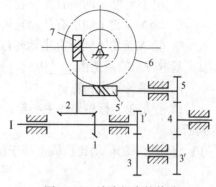

图 10-11　滚齿机齿轮传动

利用差动轮系也能实现运动的分解。如图 10-13 所示的汽车后桥差速器，在汽车转弯时它可以将传动轴的运动以不同的速度分别传递给左右两个车轮，以维持车轮与地面间的纯滚动。

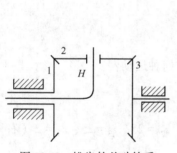

图 10-12　锥齿轮差动轮系

1，3—太阳轮；2—行星轮

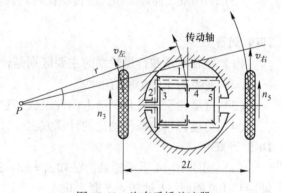

图 10-13　汽车后桥差速器

1，4—行星轮；2，3，5—太阳轮

习　　题

10-1 填空

（1）在复合轮系传动比计算中，应正确区分各个轮系，其关键在于＿＿＿＿＿＿＿。

（2）行星轮系是指＿＿＿＿＿＿＿＿＿＿＿＿＿＿＿＿＿＿＿＿＿＿＿＿＿。

（3）定轴轮系是指＿＿＿＿＿＿＿＿＿＿＿＿＿＿＿＿＿＿＿＿＿＿＿＿＿。

（4）在轮系的传动中，有一种不影响传动比大小，只起改变转向作用的齿轮，我们把它称为＿＿＿＿＿＿。

（5）在行星轮系传动比计算中，运用相对运动的原理，将行星轮系转化成假想的定轴轮系方法称为＿＿＿＿＿＿＿＿＿＿。

10-2 选择

（1）在定轴轮系中，设轮 1 为起始主动轮，轮 N 为最末从动轮，则定轴轮系始末两轮传动比数值计算的一般公式是 $i_{1n} =$ ＿＿＿＿。

A. 轮 1 至轮 N 间所有从动轮齿数的乘积/轮 1 至轮 N 间所有主动轮齿数的乘积；

B. 轮 1 至轮 N 间所有主动轮齿数的乘积／轮 1 至轮 N 间所有从动轮齿数的乘积；

C. 轮 N 至轮 1 间所有从动轮齿数的乘积／轮 1 至轮 N 间所有主动轮齿数的乘积；

D. 轮 N 至轮 1 间所有主动轮齿数的乘积／轮 1 至轮 N 间所有从动轮齿数的乘积。

（2）基本行星轮系是由＿＿＿构成。

A. 行星轮和中心轮；　　　　　　　　B. 行星轮、惰轮和中心轮；

C. 行星轮、行星架和中心轮；　　　　D. 行星轮、惰轮和行星架。

10-3 判断

（1）定轴轮系的传动比数值上等于组成该轮系各对啮合齿轮传动比的连乘积。

（　　）

（2）在行星轮系中，可以有两个以上的中心轮能转动。　　　　　　　（　　）

（3）在轮系中，惰轮既能改变传动比大小，也能改变转动方向。　　　（　　）

（4）在周转轮系中，行星架与中心轮的几何轴线必须重合，否则便不能转动。

（　　）

（5）当两轴之间需要很大的传动比时，只能通过利用多级齿轮组成的定轴轮系来实现。

（　　）

10-4 简答

（1）定轴轮系和行星轮系的主要区别是什么？

（2）轮系的主要功用有哪些？

（3）行星轮系由哪几个基本构件组成？它们各作何种运动？

（4）简述行星轮系传动比的计算方法。

10-5 计算

（1）如图 10-14 所示轮系，已知 $z_1 = 18$、$z_2 = 20$、$z_{2'} = 25$、$z_3 = 25$、$z_{3'} = 2$（右），当 a 轴旋转 100 圈时，b 轴转 4.5 圈，求 $z_4 = ?$

（2）如图 10-15 所示的轮系中，各齿轮均为标准齿轮，且其模数均相等，若已知各齿轮的齿数分别为：$z_1 = 20$、$z_2 = 48$、$z_{2'} = 20$。试求齿数 z_3 及传动比 i_{1H}。

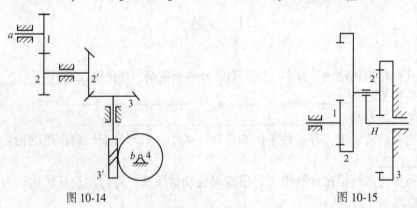

图 10-14　　　　　　　　　　　　　图 10-15

（3）在图 10-16 所示轮系中，根据齿轮 1 的转动方向，在图上标出蜗轮 4 的转动方向。

（4）在图 10-17 所示轮系中，所有齿轮均为标准齿轮，又知齿数 $z_1 = 60$，$z_4 = 136$。试问：1）$z_2 = ?$　2）该轮系属于何种轮系？

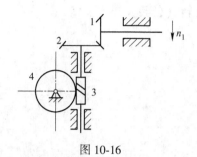

图 10-16

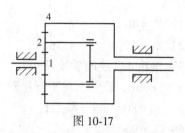

图 10-17

（5）如图 10-18 所示，已知 $z_1 = 15$，$z_2 = 25$，$z_3 = 20$，$z_4 = 60$。$n_1 = 180\text{r/min}$（顺时针）$n_4 = 60\text{r/min}$（顺时针）试求 H 的转速。

（6）如图 10-19 所示轮系，已知：$z_1 = 40$，$z_2 = 20$，$z_3 = 80$，$z_4 = z_5 = 30$，$z_6 = 90$。求 $i_{16} = ?$

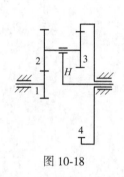

图 10-18

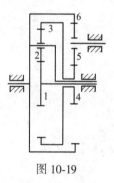

图 10-19

习 题 答 案

10-1 填空

（1）正确划分出其中的行星轮系。

（2）当轮系在运动时，至少有一个齿轮的轴线相对于机架的位置是变化的，这样的轮系就称为行星轮系。

（3）当轮系运转时，若其中各齿轮的轴线保持固定，则称为定轴轮系。

（4）惰轮。

（5）反转法，也称转化机构法。

10-2 选择

（1）A；（2）C。

10-3 判断

（1）√；（2）×；（3）×；（4）√；（5）×。

10-4 简答

（1）答：定轴轮系和行星轮系的主要区别在于系杆是否转动。若系杆转动，则存在行星轮，构成行星轮系；若系杆不能转动，就没有行星轮，只能构成定轴轮系。

（2）答：1）实现较远距离的传动；2）获得大的传动比；3）实现变速、换向传动；4）实现分路传动；5）实现运动的合成和分解。

（3）答：行星轮系由行星轮、太阳轮和系杆组成。太阳轮和系杆可作定轴转动，行星轮既绕自身轴线旋转（自转），又绕太阳轮轴线旋转（公转）。

10-5 计算

（1）$Z_4 = 40$。

（2）$Z_3 = 48$，$i_{1H} = -4.76$。

（3）蜗轮4作逆时钟旋转。

（4）$z_2 = 38$，该轮系属于行星轮系。

（5）$n_H = 80\text{r/min}$（顺时针）。

（6）$i_{16} = 9$。

11 轴 的 设 计

传动件必需支撑起来才能进行工作，用来支撑传动件的零件称为轴。轴的结构和尺寸是由被支撑的零件和支撑它的轴承的结构和尺寸决定的，是重要的非标准零件。

11.1 概 述

11.1.1 轴的功用

轴的功用主要是支撑回转零件（如齿轮、带轮等），并能传递运动和转矩。轴是组成机器的重要零件之一，轴的工作情况好坏直接影响到整台机器的性能和质量。

11.1.2 轴的分类

11.1.2.1 根据承载性质分类

根据承载性质不同，轴可分为心轴（见图11-1），传动轴（见图11-2）和转轴（见图11-3）。

A 心轴

只承受弯矩而不承受转矩的轴称为心轴。心轴按其是否转动又分为转动心轴和固定心轴。

（1）转动心轴。工作时轴随转动件一起转动，轴上承受的弯曲应力是按对称循环的规律变化的，如图11-1（a）所示的铁路机车的轮轴。

（2）固定心轴。工作时轴不转动，轴上承受的弯曲应力是不变的，为静应力状态，如图11-1（b）所示的自行车前轮轴。

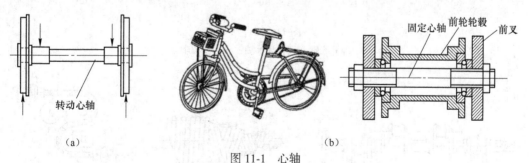

（a） （b）

图 11-1 心轴

(a) 铁路机车的轮轴；(b) 自行车的前轮轴

B 传动轴

只承受转矩不承受弯矩或承受很小弯矩的轴称为传动轴，如图11-2所示的汽车变速器至后桥传递转矩的轴。

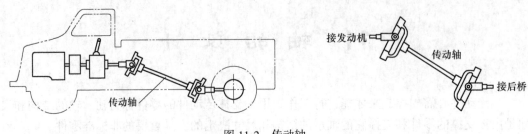

图 11-2　传动轴

C　转轴

既承受弯矩又承受转矩的轴称为转轴，如图 11-3 所示的齿轮减速器中的轴。转轴是机器中最常见的轴，通常简称为轴。

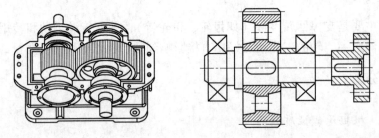

图 11-3　转轴

11.1.2.2　根据轴线的形状分类

根据轴线的形状不同，轴又可分为直轴（图 11-4）、曲轴（图 11-5）和挠性轴（图 11-6）。

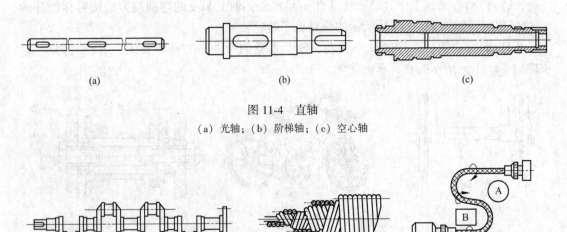

(a)　　　　　　　　　　　　　(b)　　　　　　　　　　　　(c)

图 11-4　直轴

(a) 光轴；(b) 阶梯轴；(c) 空心轴

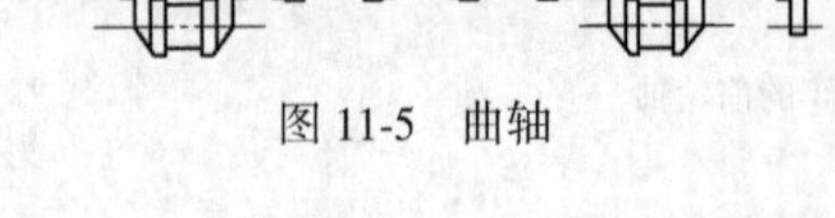

图 11-5　曲轴　　　　　　　　　图 11-6　挠性轴

A　直轴

轴线为直线的轴称为直轴，直轴按其外形不同又可分为光轴 [见图 11-4 (a)] 和阶梯轴［见图 11-4（b）］。

（1）光轴。各轴段直径相同的直轴称为光轴，如图 11-4（a）所示。光轴形状简单、加工容易、应力集中源少，主要用作传动轴。

（2）阶梯轴。各轴段截面的直径不同的直轴称为阶梯轴，如图 11-4（b）所示。这种设计使各轴段的强度相近，而且便于轴上零件的装拆和固定，因此阶梯轴在机器中的应用最为广泛。

直轴一般都制成实心轴，但为了减轻重量或为了满足有些机器结构上的需要，也可以采用空心轴［见图 11-4（c）］。

B 曲轴

轴线为曲线的轴称为曲轴，如图 11-5 所示。常用于往复式机器（如曲柄、压力内燃机等）和行星轮系中。

C 挠性轴

轴线可按使用要求变化的轴，如图 11-6 所示，挠性轴可将转矩和旋转运动绕过障碍A、B 传到所需位置，常用于建筑机械中的捣振器、汽车中的转速表等。

11.1.3 设计轴时要解决的主要问题

轴的设计一般要解决两方面的问题：

（1）具有足够的承载能力。轴应具有足够的强度和刚度，以保证轴能正常地工作。

（2）具有合理的结构形状。轴的结构使轴上的零件能可靠地固定和便于装拆，同时要求轴的加工方便和成本低廉。

11.2 轴的材料及选择

轴的材料是决定轴的承载能力的重要因素。选择轴的材料应考虑工作条件对它提出的强度、刚度、耐磨性、耐腐蚀性方面的要求，同时还应考虑制造的工艺性及经济性。

轴的材料主要采用碳素钢和合金钢。

（1）碳素钢比合金钢价格便宜，对应力集中的敏感性低，中碳优质钢经过热处理后，能获得良好的综合力学性能，故应用广泛。常用的碳素钢有 35 号、40 号、45 号等，其中 45 号钢最为常用。为保证其力学性能，应进行调质或正火处理。受载较小或不重要的轴，也可采用 Q235、Q275 等碳素结构钢制造。

（2）合金钢比碳素钢具有更高的力学性能和热处理性能，但对应力集中的敏感性强，价格较贵，因此多用于高速、重载及要求耐磨、耐高温或低温等特殊条件的场合。由于在常温下合金钢与碳素钢的弹性模量相差很小，因此，用合金钢代替碳素钢并不能明显提高轴的刚度。

轴的毛坯一般采用热轧圆钢或锻件。对于形状复杂的轴（如曲轴、凸轮轴等）也可采用铸钢或球墨铸铁，后者具有吸振性好，对应力集中敏感性低、价廉等优点。

轴的常用材料及其主要机械性能查阅表 11-1。

表 11-1　轴的常用材料及其主要机械性能

材料牌号	热处理方法	毛坯直径/mm	硬度(HBS)	抗拉强度 σ_b/MPa	屈服点 σ_s/MPa	许用弯曲应力/MPa			备 注
				不小于		$[\sigma_{+1}]_b$	$[\sigma_0]_b$	$[\sigma_{-1}]_b$	
Q235-A	热轧或锻后空冷	≤100 >100~250		400~420 375~390	225 215	125	70	40	用于不重要的轴
35	正火	≤100	149~187	520	270	170	75	45	用于一般轴
45	正火	≤100	170~217	600	300	200	95	55	应用最为广泛
	调质	≤200	217~255	650	360	215	108	60	
40Cr	调质	≤100 >100~300	241~286	750 700	550 500	245	120	70	用于载荷较大,但冲击不太大的重要轴
35SiMn 42SiMn	调质 调质	≤100	229~286	800	520	270	130	75	用于中、小型轴,可代替40Cr
40MnB	调质	≤200	241~286	750	500	245	120	70	用于小型轴,可代替40Cr

11.3　轴的结构设计

11.3.1　轴的组成

如图 11-7 所示为一圆柱齿轮减速器的低速轴,是一个典型的阶梯形转轴。轴主要由轴颈、轴头和轴身 3 部分组成。

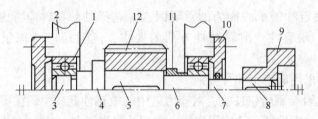

图 11-7　轴的组成

1—滚动轴承;2—箱体;3—轴端(端轴颈);4—轴环;5,8—轴头;6—中轴颈;
7—轴身;9—联轴器;10—轴承盖;11—套筒;12—齿轮

(1)轴颈。轴上与轴承配合的部分称为轴颈。根据轴颈所在的位置又可分为端轴颈(位于轴的两端,只承受弯矩)和中轴颈(位于轴的中间,同时承受弯矩和转矩)。

(2)轴头。安装轮毂的部分称为轴头。

(3)轴身。连接轴颈和轴头的部分称为轴身。

轴颈和轴头的直径应取标准值,它们的直径大小由与之相配合部件的内孔决定。轴上的螺纹、花键部分必须符合相应的标准。

11.3.2 轴上零件的定位与固定

11.3.2.1 轴上零件的轴向定位和固定

零件轴向定位的方式常取决于轴向力的大小。常用的轴向定位和固定方式及其特点和应用见表11-2。

表 11-2 轴上零件的轴向固定方式

轴向固定方式	结构图形	特点及应用
轴肩与轴环		结构简单可靠。常用于各种零件的轴向定位,能承受较大的轴向力。经常与套筒、圆螺母、挡圈等组合使用
套筒		结构简单、灵活,可减少轴的阶梯数并避免因螺纹(用圆螺母时)而削弱轴的强度。一般用于轴上零件间距离较短的场合
圆螺母与止动垫圈		常用于零件与轴承之间距离较大,轴上允许车制螺纹的场合
双圆螺母		可以承受较大的轴向力,螺纹对轴的强度削弱较大,应力集中严重
弹性挡圈	轴用弹性挡圈	承受轴向力小或不承受轴向力的场合,常用作滚动轴承的轴向固定
轴端挡圈		用于轴端零件要求固定的场合
紧定螺钉		承受轴向力或不承受轴向力的场合

11.3.2.2 轴上零件的周向定位与固定

周向定位与固定的目的是为了限制轴上零件相对于轴转动和保证同心度，以更好地传递运动和转矩，避免轴上零件与轴发生相对转动。常用的轴上零件的周向定位与固定方法有销、键、花键、过盈配合和紧定螺钉连接等，见表 11-3。

表 11-3　轴上零件的周向固定方式

周向固定方式	结构图形	特点及应用
键	平键　　　　半圆键	平键对中性好，可用于较高精度、高转速及受冲击交变载荷作用的场合。 半圆键装配方便，特别适合锥形轴端的连接。但对轴的削弱较大，只适于轻载
花键		承载能力强，定心精度高，导向性好。但制造成本较高
紧定螺钉		只能承受较小的周向力，结构简单，可兼做轴向固定。在有冲击和振动的场合，应有防松措施
圆锥销		用于受力不大的场合，可做安全销使用
过盈配合		对中性好，承载能力高，适用于不常拆卸的部位。可与平键联合使用，能承受较大的交变载荷。

11.3.3　轴的结构工艺性

轴和轴上零件的结构、工艺以及轴上零件的安装布置等对轴的强度有很大的影响，应考虑以下几个方面。

11.3.3.1　尽量制成阶梯轴

对于只受转矩的传动轴，为了使各轴段剖面上的切应力大小相等，常制成光轴或接近光轴的形状；对于受交变弯曲载荷的轴，考虑到中间处应力大且便于零件的装拆，一般制成中间大，两头小的阶梯轴，如图 11-8 所示。所有键槽应沿轴的同一母线布置，以方便加工，降低加工成本。

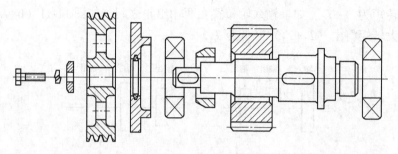

图 11-8 轴的结构特点

11.3.3.2 减少应力集中，提高轴的疲劳强度

在直径突变处应平缓过渡（采用圆弧或倒角），制成的圆角半径尽可能取得大些；还可采用减载槽、中间环或凹切圆角等结构来减少应力集中，如图 11-9 所示。

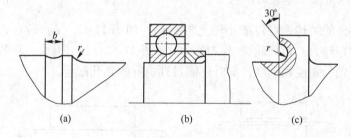

图 11-9 减少应力集中措施
（a）减载槽；（b）中间环；（c）凹切圆角

11.3.3.3 考虑加工、安装工艺设计轴的结构

当某一轴段需车制螺纹或磨削加工时，应留有退刀槽［见图 11-10（a）］或砂轮越程槽［见图 11-10（b）］；为了磨削轴的外圆，在轴的端部应制有定位中心孔［见图 11-10（c）］；对于过盈连接，其轴头要制成引导装配的锥度［见图 11-10（d）］，图中 $c \geqslant 0.01d+2\text{mm}$。

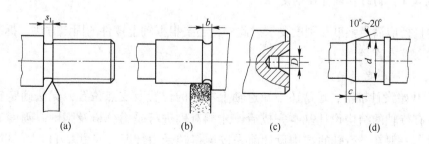

图 11-10 轴的结构工艺性

11.3.3.4　合理布置轴上零件

改变轴上零件的布置，有时可使轴上的载荷减小。如图 11-11（a）所示的轴，轴上作用的最大转矩为 T_1+T_2，如果输入轮布置在两输出轮之间，如图 11-11（b）所示，则轴上所受的最大转矩将由（T_1+T_2）降低至 T_1。

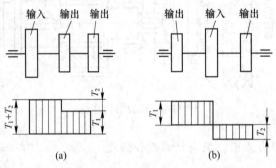

图 11-11　轴上零件的合理布置

11.3.3.5　改进轴上零件的结构

改进轴上零件的结构也可以减小轴上的载荷。如图 11-12（a）所示，卷筒的轮毂很长，轴的弯曲力矩较大，如把轮毂分成两段，如图 11-12（b）所示，则就减少了轴的弯矩，从而提高了轴的强度和刚度，同时还能得到更好的轴孔配合。

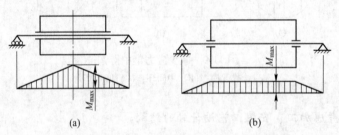

图 11-12　卷筒的轮毂结构

11.3.4　轴的各段直径和长度确定

11.3.4.1　轴的各段直径确定

轴的直径应满足强度和刚度要求。此外，还要根据轴上零件的固定方法，拆装顺序等定出各轴段基本直径。

A　轴的最小直径确定

（1）开始设计轴时，通常还不知道轴上零件的位置及支点位置，无法确定轴的受力情况，只有待轴的结构设计基本完成后，才能对轴进行受力分析及强度、刚度等校核计算。因此，一般在进行轴的结构设计前先按纯扭转受力情况［见式（11-2）］对轴的最小直径进行估算，估算出来的直径圆整成标准直径作为轴的最小直径。

（2）如轴上有一个键槽，为了弥补轴的强度降低，则应将算得的最小直径增大 3%～5%；如有两个键槽可增大 7%～10%。

（3）如该处装有联轴器等标准件，还需符合联轴器或其他标准件的标准孔径。

B　其余各轴段直径的确定

如图 11-13 所示，轴的其余各段直径可由最小直径依次加上轴肩高得到。因此只需确定各轴肩的高度，就可确定各轴段直径。

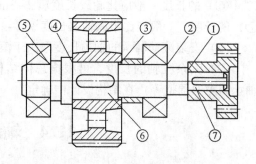

图 11-13　轴的各段直径及长度

轴肩按其用途不同又可分为非定位轴肩与定位轴肩等，具体见表 11-4。

表 11-4　轴肩的分类及高度确定

名称	分　类		图　例	轴肩高 h 的确定
轴肩	非定位轴肩		图 11-13②③	$h = 1\sim 2\,mm$（视情况可适当调整）
	定位轴肩	定位标准件	图 11-13①⑤	查找有关机械手册或 $h = (0.07\sim 0.1)d$　mm
		定位非标准件	图 11-13④	$h = R(C) + (0.5\sim 2)\,mm$ 或 $h = (0.07\sim 0.1)d$　mm

注：1. 表中 d 为配合处轴径；

2. 表中 R、C 为零件孔端圆角半径或倒角，见图 11-14、表 11-5。

为了使轴上零件的端面能与轴肩紧贴，如图 11-14 所示，轴肩的圆角半径 r 必须小于零件孔端的圆角半径 R 或倒角 C。而轴肩或轴环的高度 h 必须大于 R 或 C，一般取 $h = R(C) + (0.5\sim 2)\,mm$，轴环宽度 $b = 1.4h$。

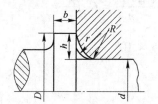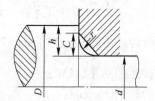

图 11-14　轴肩圆角与相配零件的倒角

零件孔端圆角半径 R 和倒角 C 的数值，见表 11-5。

表 11-5　零件孔端圆角半径 R 和倒角 C

轴径 d	>10～18	>18～30	>30～50	>50～80	>80～100
r（轴）	0.8	1.0	1.6	2.0	2.5
R 或 C（孔）	1.6	2.0	3.0	4.0	5.0

11.3.4.2　轴的各段长度确定

轴的各段长度主要是根据轴上零件的轴向尺寸及轴系结构的总体布置来确定，设计时应满足的要求是：

（1）为保证传动件能得到可靠的轴向固定，轴与传动件轮毂相配合的部分（见图 11-

13 中⑥）的长度一般应比轮毂长度短 2～3mm；轴与联轴器相配合的部分（见图 11-13 中⑦）的长度，一般应比半联轴器长度短 5～10mm。

（2）安装滚动轴承的轴颈长度取决于滚动轴承的宽度。

（3）其余段轴的长度，可根据总体结构的要求（如零件间的相对位置、拆装要求、轴承间隙的调整等）在结构设计中确定。

11.4　轴的强度计算

强度计算是设计轴的重要内容之一，其目的在于根据轴的受载情况及相应的强度条件来确定轴的直径，或对轴的强度进行校核。

常用的轴的强度计算方法有 3 种：（1）按扭转强度计算；（2）按弯扭合成强度计算；（3）安全系数校核计算。本章重点介绍前两种强度计算方法。

11.4.1　按扭转强度计算

对于传动轴，因只受转矩，可只按转矩计算轴的直径；对于转轴，先用此法估算轴的最小直径，然后进行轴的结构设计，并用弯扭合成强度校核。

实心圆轴扭转的强度条件为

$$\tau = \frac{T}{W_T} = \frac{T}{0.2d^3} \leqslant [\tau] \tag{11-1}$$

由上式可写出轴的直径设计计算公式

$$d \geqslant \sqrt[3]{\frac{T}{0.2[\tau]}} = \sqrt[3]{\frac{9.55 \times 10^6 P}{0.2[\tau]n}} = C\sqrt[3]{\frac{P}{n}} \tag{11-2}$$

式中　T——轴所传递的转矩，$N \cdot mm$，$T = 9.55 \times 10^6 \dfrac{P}{n}$；

　　　　P——轴传递的功率，kW；

　　　　n——轴的转速，r/min；

　　　　W_T——轴的抗扭截面系数，mm^3，$W_T = 0.2d^3$；

　　τ，$[\tau]$——轴的切应力、许用切应力，MPa；

　　　　d——轴的最小估算直径，mm；

　　　　C——由轴的材料和受载情况所决定的系数，其值见表 11-6。

表 11-6　常用材料的 $[\tau]$ 和 C 值

轴的材料	Q235-A, 20	35	45	40Cr, 35SiMn
$[\tau]$/MPa	12～20	20～30	30～40	40～52
C	135～160	118～135	107～118	98～107

11.4.2　按弯扭合成强度计算

按弯扭合成强度计算轴径的一般步骤如下：

（1）将外载荷分解到水平面和垂直面内。求水平面支撑反力 F_H 和垂直面支撑反

力 F_V。

（2）分别作水平面弯矩（M_H）图和垂直面弯矩（M_V）图。

（3）计算出合成弯矩 $M = \sqrt{M_H^2 + M_V^2}$，绘制合成弯矩图。

（4）作转矩（T）图。

（5）按第三强度理论条件建立轴的弯扭合成强度条件。

$$当量弯矩：M_e = \sqrt{M^2 + (\alpha T)^2}$$

式中 α 为考虑弯曲应力与扭转应力循环特性的不同而引入的修正系数。通常弯曲应力为对称循环变化的应力，而扭转切应力随工作情况的变化而变化。

对于不变的转矩，取 $\alpha = \dfrac{[\sigma_{-1}]_b}{[\sigma_{+1}]_b} \approx 0.3$

对于脉动循环转矩，取 $\alpha = \dfrac{[\sigma_{-1}]_b}{[\sigma_0]_b} \approx 0.6$

对于对称循环转矩，取 $\alpha = \dfrac{[\sigma_{-1}]_b}{[\sigma_{-1}]_b} \approx 1$

$[\sigma_{+1}]_b$、$[\sigma_0]_b$、$[\sigma_{-1}]_b$ 分别为材料在静应力、脉动循环应力及对称循环应力下的许用弯曲应力，其值见表 11-1。

（6）校核或设计轴的直径。

轴计算截面上的强度校核公式为

$$\sigma_e = \frac{M_e}{W} = \frac{\sqrt{M^2 + (\alpha T)^2}}{W} \leqslant [\sigma] \tag{11-3}$$

式中　σ_e——轴的计算截面上的当量应力，MPa；

　　　M_e——轴的计算截面上的当量弯矩，N·mm；

　　　M——轴的计算截面上的合成弯矩；

　　　T——轴传递的转矩，N·mm；

　　　W——轴的危险截面的抗弯截面系数，mm^3。

对于实心圆轴，$W = \dfrac{\pi}{32}d^3 \approx 0.1d^3$，其计算截面上的强度校核公式简化为

$$\sigma_e = \frac{M_e}{W} = \frac{10\sqrt{M^2 + (\alpha T)^2}}{d^3} \leqslant [\sigma] \tag{11-4}$$

轴计算截面直径设计公式为

$$d \geqslant \sqrt[3]{\frac{10\sqrt{M^2 + (\alpha T)^2}}{[\sigma]}} \tag{11-5}$$

按弯扭合成强度计算，由于考虑了支撑的特点、轴的跨距、轴上的载荷分布及应力性质等因素，与轴的实际情况较为接近，与按扭转强度计算相比更为精确、可靠。此法可用于一般用途的轴进行设计计算或强度校核。对重要的轴和重载轴，还需进行强度的精确计算（如安全系数校核计算），可查找有关机械手册，本书不再详述。

11.5　轴的刚度计算

轴受载荷的作用后会发生弯曲、扭转变形，如变形过大会影响轴上零件的正常工作，例如装有齿轮的轴，如果变形过大会使啮合状态恶化。因此，对于有刚度要求的轴必须要进行轴的刚度校核计算。轴的刚度有弯曲刚度和扭转刚度两种，下面分别讨论这两种刚度的计算方法。

11.5.1　轴的弯曲刚度校核计算

弯曲刚度可用在一定载荷作用下的挠度 y 和偏转角 θ 来度量。可用材料力学中计算梁弯曲变形的公式计算。计算时，当轴上有几个载荷同时作用时，可用叠加法求出轴的挠度和偏转角。如果载荷不是平面力系，则需预先分解为两互相垂直的坐标平面力系，分别求出各平面的变形分量，然后再进行几何叠加。

计算得出的变形量应满足下式，才算弯曲刚度校核合格：

$$y \leqslant [y] \tag{11-6}$$
$$\theta \leqslant [\theta] \tag{11-7}$$

式中　$[y]$，$[\theta]$ —— 许用挠度（mm）和许用偏转角（rad），其值列于表 11-7 中。

表 11-7　轴的许用变形量

变形种类		应用场合	许用值	变形种类		应用场合	许用值
弯曲变形	许用挠度 $[y]$	一般用途的转轴	$(0.0003\sim0.0005)l$	弯曲变形	许用偏转角 $[\theta]$/rad	滑动轴承	0.001
		刚度要求较高的轴	$\leqslant 0.0002l$			深沟球轴承	0.005
		安装齿轮的轴	$(0.01\sim0.03)m_n$			调心球轴承	0.05
		安装蜗轮的轴	$(0.02\sim0.05)m$			圆柱滚子轴承	0.0025
		感应电机轴	$\leqslant 0.01\Delta$			圆锥滚子轴承	0.0016
		l——支撑间跨距； m_n——齿轮法向模数； m——蜗轮端面模数； Δ——电机定子与转子间的间隙				安装齿轮处轴的截面	0.001
				扭转变形	许用扭转角 $[\varphi]$	一般传动	$0.5°\sim1°$/m
						较精密的传动	$0.25°\sim0.5°$/m
						重要传动	$0.25°$/m

11.5.2　轴的扭转刚度校核计算

扭转刚度可用其扭转角 φ 来度量。轴受转矩作用时，对于钢制实心阶梯轴，其扭转角 φ 的计算公式为

$$\varphi = \frac{584}{G} \sum_{i=1}^{n} \frac{T_i l_i}{d_i^4} \tag{11-8}$$

式中　T_i ——轴第 i 段所传递的转矩，N·mm；

　　　l_i ——阶梯轴第 i 段的长度，mm；

　　　d_i ——阶梯轴第 i 段的直径，mm；

　　　G ——材料的剪切弹性模量，MPa，对于钢 $G = 8.1 \times 10^4$ MPa。

计算得出的变形量应满足下式，才算扭转刚度校核合格

$$\varphi \leqslant [\varphi] \tag{11-9}$$

式中　　$[\varphi]$——轴每米长的许用扭转角。一般传动的 $[\varphi]$ 值见表11-7。

经验证明，在一般情况下，轴的刚度是足够的，因此，通常不必进行刚度计算，如需进行刚度计算时也一般只进行弯曲刚度计算。

11.6　轴的设计方法及设计步骤

通常，对于一般轴的设计方法有两种：类比法和设计计算法。

11.6.1　类比法

类比法是根据轴的工作条件，选择与其相似的轴进行类比及结构设计，画出轴的零件图。用类比法设计轴一般不进行强度校核计算。由于完全依靠现有资料及设计者的经验进行轴的设计，其结果比较可靠、稳妥，同时又可加快设计进程。因此，类比法较为常用，但这种方法也会带来一定的盲目性。

11.6.2　设计计算法

为了防止疲劳断裂，对一般的轴必须进行强度计算，其设计计算的一般步骤为：

（1）根据轴的工作条件选择材料，确定许用应力。

（2）按扭转强度估算出轴的最小直径。

（3）设计轴的结构，绘制出轴的结构草图。具体内容包括以下几点：

1）作出装配简图，拟定轴上零件的装配方案；

2）根据工作要求确定轴上零件的位置和固定方式；

3）确定各轴段的直径；

4）确定各轴段的长度；

5）根据有关设计手册确定轴的结构细节，如圆角、倒角、退刀槽等的尺寸。

（4）按弯扭合成强度计算的方法进行轴的强度校核。一般在轴上选取2~3个危险截面进行强度校核。若危险截面强度不够或强度裕度不大，则必须重新修改轴的结构。

（5）修改轴的结构后再进行校核计算。这样反复交替地进行校核和修改，直至设计出较为合理的轴的结构。

（6）绘制轴的零件图。

最后指出几点：一般情况下在现场不进行轴的设计计算，而仅作轴的结构设计；只作强度计算，而不进行刚度计算；如需进行刚度计算时，也只作弯曲刚度计算；按弯扭合成强度计算的方法作为轴的强度校核计算，而不用安全系数强度校核。

【例11-1】　设计如图11-15所示的斜齿圆柱齿轮减速器的输出轴（Ⅱ轴）。由绪论可知，其传递的功率 $P = 9.13\text{kW}$，转速 $n_{\text{Ⅱ}} = 100\text{r/min}$，传递的转矩为 $T_{\text{Ⅱ}} = 870.7\text{N·m}$，由第8章齿轮设计例题可知：从动齿轮的分度圆直径 $d_2 = 232\text{mm}$，齿轮轮毂宽度为80mm，工作时双向运转。

分析：根据题意，此轴是在一般工作条件下工作。设计步骤应为先按扭转强度初步估

出轴端直径 d_{min}，再用类比法确定轴的结构，然后按弯扭合成作强度校核，如校核不合格或强度裕度太大。则必须重新修改轴的结构，即修改、计算交错反复进行，才能设计出较为完善的轴。

解：（1）选择轴的材料，确定许用应力。

由已知条件可知此减速器传递的功率属中小功率，对材料无特殊要求，故选用 45 号钢并经调质处理。由表 11-1 查得强度极限 $[\sigma] = [\sigma_{-1}]_b =$ 60MPa。

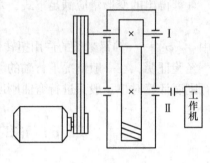

图 11-15　单级齿轮减速器

（2）按扭转强度估算最小直径。

根据表 11-6 得 $C = 107 \sim 118$；又由式（11-2）得

$$d \geq C\sqrt[3]{\frac{P}{n}} = (107 \sim 118)\sqrt[3]{\frac{9.13}{100}} = 48.3 \sim 53.3 \text{mm}$$

考虑到轴的最小直径处要安装联轴器，会有键槽存在，故需将直径加大 3% ~ 5%，取为 49.7 ~ 56mm。由设计手册查联轴器的标准孔径，取 $d_1 = 50$mm。

（3）设计轴的结构并绘制结构草图。

1）作出装配简图，拟定轴上零件的装配方案。

作图时必须以轴承（包括轴承组合）为中心，并考虑到传动件的安装与固定。图 11-16 为减速器的装配简图，图中给出了减速器主要零件的相互位置关系。轴设计时，即可按此确定轴上主要零件的安装位置，并由经验值确定重要安装尺寸。为了保证齿轮有足够的活动空间或防止齿轮变形，齿轮端面与箱体内壁应留有距离 a，a 一般取 10 ~ 15mm（对重载轴可适当加大）；为了防止热油溅入滚动轴承，滚动轴承端面与箱体内壁间应留有距离 s，分为两种情况：对于油润滑的轴承，s 一般取 3 ~ 5mm，对于脂润滑轴承，s 一般取 5 ~ 10mm；为了保证联轴器顺利装拆与运动，联轴器与轴承端盖间应留有距离 l，l 一般取 10 ~ 30mm。

2）确定轴上零件的位置和固定方式。

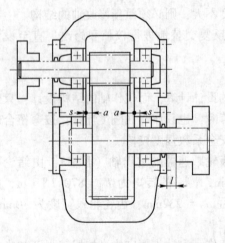

图 11-16　单级圆柱齿轮减速器设计简图

根据图 11-16 中输出轴在减速器中的安装及使用情况，可设计出轴的结构，如图 11-17 所示。齿轮从轴的右端装入，齿轮的左端用轴肩（或轴环）定位，右端用套筒固定，这样齿轮在轴上的轴向位置被完全确定。齿轮的周向固定采用平键连接，同时为了保证齿轮与轴有良好的对中性，故采用 H_7/r_6 的配合。由于轴承对称安装于齿轮的两侧，则其左轴承用轴肩固定，右轴承由套筒右端面来定位，轴承的周向固定采用过盈配合。轴承的外圈位置由轴承盖顶住，这样轴组件的轴向位置即可完全固定。

3）确定各轴段直径。

如图 11-17 及图 11-18 所示，该轴可分为 6 段来确定尺寸。

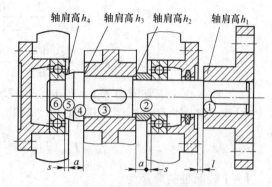

图 11-17　轴的结构设计

轴段①：为轴的最小直径，由第一步已知，$d_1 = 50$mm；

轴段②：$d_2 = d_1 + 2h_1$，h_1 为定位轴肩，且定位的为标准件（联轴器），由表 11-4 可知，$h_1 = (0.07 \sim 0.1)d_1 = (0.07 \sim 0.1) \times 50 = (3.5 \sim 5.0)$mm，取 $h_1 = 5$mm，故 $d_2 = d_1 + 2h_1 = 60$mm。正好符合轴承标准内径系列，取 6212 型滚动轴承。

轴段③：$d_3 = d_2 + 2h_2$，h_2 为非定位轴肩，由表 11-4 可知，取 2mm 即可，但考虑到加工，取 $h_2 = 2.5$mm。则 $d_3 = d_2 + 2h_2 = 65$mm

轴段④：$d_4 = d_3 + 2h_3$，h_3 为定位轴肩，且定位的为非标准件（齿轮），由表 11-4 可知，$h_3 = R(C) + (0.5 \sim 2)$mm，由表 11-5 可查得 $R(C) = 4$mm，取 $h_3 = 5$mm，则 $d_4 = d_3 + 2h_3 = 75$mm；

轴段⑤：考虑到轴承的定位（轴承内圈的定位轴肩高度不应超过内圈高度的 2/3），轴段应⑤设计成圆锥轴，定位轴承内圈处直径 d_5 的确定，可查机械手册中 6212 型滚动轴承的安装高度，得 $h_4 = 4.5$mm，故 $d_5 = d_6 + 2h_4 = 69$mm。

轴段⑥：因与轴段②装有同样的轴承，故 $d_6 = d_2 = 60$mm。

4）确定各轴段的长度。

轴段①：$L_1 = $ 半联轴器的长度 $- (5 \sim 10)$mm，查机械手册取弹性套柱销联轴器 LT9，得半联轴器的长度为 80mm；故取 $L_1 = 70$mm。

轴段②：$L_2 = a + s + B$（轴承宽度）+ 轴承盖宽度 $+ l + (2 \sim 3)$mm，取 $a = 15$mm，$s = 5$mm，轴承宽度 B 查机械手册查得：$B = 22$mm，轴承盖宽度应根据箱体等结构尺寸确定，现在无法确定，初定为 20mm，取 $l = 15$，最后确定 $L_2 = 80$mm。

轴段③：$L_3 = $ 齿轮轮毂宽度 $- (2 \sim 3)$mm $= 77$mm。

轴段④：$L_4 = 1.4h_3 = 1.4 \times 5 = 7$mm。

轴段⑤：$L_5 = a + s - L_4 = 15 + 5 - 7 = 13$mm。

轴段⑥：$L_6 = B = 22$mm。

在轴段①、③上分别加工出键槽，使两键槽处于轴的同一圆柱母线上，键槽的长度比相应的轮毂宽度小 5~10mm，键槽的宽度按轴段直径查手册得到。

5）选定轴的结构细节，如圆角、倒角、退刀槽等的尺寸。

按设计结果画出轴的结构草图，如图 11-18（a）所示。

（4）按弯扭合成强度校核轴径。

1）画出轴的受力图 [图 11-18（b）]。

2）计算齿轮所受的力。

由第 8 章齿轮设计实例可知：$\alpha_n = 20°$，$\beta = 12°$，代入式（8-27）得

$$
\begin{cases}
\text{圆周力 } F_{t2} = \dfrac{2T_2}{d_2} = \dfrac{2 \times 870700}{232} = 7506\text{N} \\[3mm]
\text{径向力 } F_{r2} = \dfrac{F_{t2}\tan\alpha_n}{\cos\beta} = \dfrac{7506 \times \tan20°}{\cos12°} = 2793\text{N} \\[3mm]
\text{轴向力 } F_{a2} = F_{t2}\tan\beta = 7506 \times \tan12° = 1595\text{N}
\end{cases}
$$

3）作水平面内的弯矩图〔图 11-18（c）〕。支点反力为

$$
F_{HA} = F_{HB} = \frac{F_{t2}}{2} = \frac{7506}{2}\text{N} = 3753\text{N}
$$

Ⅰ-Ⅰ截面处的弯矩为：

$$
M_{H\,I} = F_{HA} \times \frac{l}{2} = 3753 \times \frac{142}{2}\text{N} \cdot \text{mm} = 266463\text{N} \cdot \text{mm}
$$

Ⅱ-Ⅱ截面处的弯矩为：

$$
M_{H\,II} = F_{HB} \times 34 = 3753 \times 34\text{N} \cdot \text{mm} = 127602\text{N} \cdot \text{mm}
$$

4）作垂直面内的弯矩图〔图 11-18（d）〕，支点反力为：

$$
F_{VA} = \frac{F_{r2}}{2} - \frac{F_{a2} \cdot d_2}{2l} = \left(\frac{2793}{2} - \frac{1595 \times 232}{2 \times 142} \right)\text{N} = 93.5\text{N}
$$

$$
F_{VB} = F_{r2} - F_{VA} = [2793 - 93.5]\text{N} = 2699.5\text{N}
$$

Ⅰ-Ⅰ截面左侧的弯矩为：

$$
M_{V\,I左} = F_{VA} \cdot \frac{l}{2} = 93.5 \times \frac{142}{2}\text{N} \cdot \text{mm} = 6638.5\text{N} \cdot \text{mm}
$$

Ⅰ-Ⅰ截面右侧的弯矩为：

$$
M_{V\,I右} = F_{VB} \cdot \frac{l}{2} = 2699.5 \times \frac{142}{2}\text{N} \cdot \text{mm} = 191665\text{N} \cdot \text{mm}
$$

Ⅱ-Ⅱ截面处的弯矩为：

$$
M_{V\,II} = F_{VB} \cdot 34 = 2699.5 \times 34\text{N} \cdot \text{mm} = 91783\text{N} \cdot \text{mm}
$$

5）作合成弯矩图〔图 11-18（e）〕

$$
M = \sqrt{M_V^2 + M_H^2}
$$

Ⅰ-Ⅰ截面：

$$
M_{I左} = \sqrt{M_{V\,I左}^2 + M_{H\,I}^2} = \sqrt{(6638.5)^2 + (266463)^2}\,\text{N} \cdot \text{mm} = 266546\text{N} \cdot \text{mm}
$$

$$
M_{I右} = \sqrt{M_{V\,I右}^2 + M_{H\,I}^2} = \sqrt{(191665)^2 + (266463)^2}\,\text{N} \cdot \text{mm} = 328235\text{N} \cdot \text{mm}
$$

Ⅱ-Ⅱ截面：

$$
M_{II} = \sqrt{M_{V\,II}^2 + M_{H\,II}^2} = \sqrt{(91783)^2 + (127602)^2}\,\text{N} \cdot \text{mm} = 157183\text{N} \cdot \text{mm}
$$

6）作转矩图〔图 11-18（f）〕

$$
T = 9.55 \times 10^6 \frac{P}{n} = 9.55 \times 10^6 \times \frac{9.13}{100}\text{N} \cdot \text{mm} = 871915\text{N} \cdot \text{mm}
$$

7）求当量弯矩〔图 11-18（g）〕

因减速器双向运转，故可认为转矩为对称循环变化，修正系数 α 为 1。

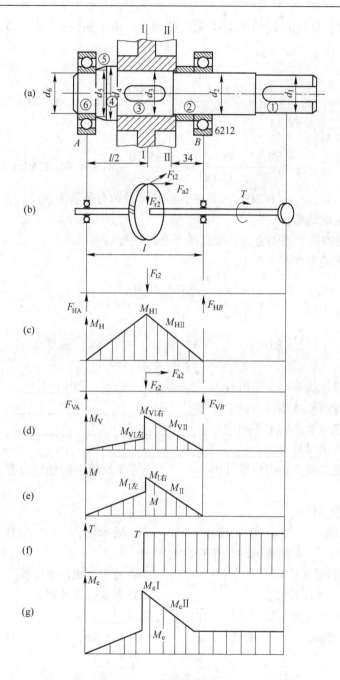

图 11-18　轴的强度校核

Ⅰ-Ⅰ截面：

$$M_{\mathrm{e\,I}} = \sqrt{M^2_{\mathrm{I}\,\text{右}} + (\alpha T)^2} = \sqrt{328235^2 + (1 \times 871915)^2}\ \text{N} \cdot \text{mm} = 931651\text{N} \cdot \text{mm}$$

Ⅱ-Ⅱ截面：

$$M_{\mathrm{e\,II}} = \sqrt{M^2_{\mathrm{II}} + (\alpha T)^2} = \sqrt{157183^2 + (1 \times 871915)^2}\ \text{N} \cdot \text{mm} = 885970\text{N} \cdot \text{mm}$$

8）确定危险截面及校核强度

由图 11-18（g）可以看出，截面Ⅰ-Ⅰ、Ⅱ-Ⅱ所受转矩相同，但弯矩 $M_{\mathrm{e\,I}} > M_{\mathrm{e\,II}}$，

且轴上还有键槽，故截面 I - I 可能为危险截面。但由于轴径 $d_3 > d_2$，故也应对截面 II - II 进行校核。

I - I 截面：

$$\sigma_{eI} = \frac{M_{eI}}{W} = \frac{931651}{0.1 d_3^3} = \frac{931651}{0.1 \times 65^3} \text{MPa} = 33.9 \text{MPa}$$

II - II 截面：

$$\sigma_{eII} = \frac{M_{eII}}{W} = \frac{885970}{0.1 d_2^3} = \frac{885970}{0.1 \times 60^3} \text{MPa} = 41.02 \text{MPa}$$

满足 $\sigma_e \leqslant [\sigma_{-1}]_b = 60 \text{MPa}$ 的条件，故设计的轴有足够的强度，并有一定的裕度。

（5）修改轴的结构。

因所设计轴的强度裕度合适，故此轴不必再进行结构修改。

（6）绘制轴的零件图（略）。

习　题

11-1 术语解释

（1）轴；　　　（2）轴颈；　　　（3）轴头；　　　（4）轴身。

11-2 填空

（1）按承载性质不同，轴可分为_____、_____和_____。

（2）按轴线的形状不同，轴可分为_____、_____和_____。

（3）设计轴要解决的主要问题是：_____、_____。

（4）轴的常用材料有_____、_____。

（5）轴上需磨削的轴段应设计出_____，需车制螺纹的轴段应有_____。

11-3 选择

（1）轴一般设计成____。

　　A. 光轴；　　　　B. 曲轴；　　　　C. 阶梯轴；　　　　D. 挠性轴。

（2）一般用____来估算轴的最小直径。

　　A. 扭转强度计算；　　　　　　　　B. 弯扭合成强度计算；

　　C. 挤压强度计算；　　　　　　　　D. 剪切强度计算。

（3）用来安装轮毂的轴段长度应比轮毂宽度短____。

　　A. 1~2mm；　　　B. 2~3mm；　　　C. 3~5mm；　　　D. 5~10mm。

11-4 判断

（1）当轴上有多处键槽时，应使各键槽位于轴的同一母线上。　　　　　　（　　）

（2）用扭转强度估算出轴的最小直径后，如轴上有一个键槽还需扩大 7%~10% 。

　　　　　　　　　　　　　　　　　　　　　　　　　　　　　　　　　（　　）

（3）由于阶梯轴各轴段剖面是变化的，在各轴段过渡处必然存在应力集中。

　　　　　　　　　　　　　　　　　　　　　　　　　　　　　　　　　（　　）

11-5 简答

（1）轴的结构设计应从哪几个方面考虑？

（2）制造轴的常用材料有几种？若轴的刚度不够，是否可以采用高强度合金钢来提高轴的刚度？为什么？

（3）轴上零件的轴向和周向固定各有哪些方法？各用于什么场合？

（4）一般情况下，轴的设计的步骤是什么？

11-6 计算

（1）已知一传动轴传递的功率为 $P = 37kW$，转速 $n = 900r/min$，如果轴上的扭转切应力不许超过 $[\tau] = 40MPa$，试求该轴的直径。

（2）已知一传动轴直径 $d = 32mm$，转速 $n = 1725r/min$，如果轴上的扭转切应力不许超过 $[\tau] = 50MPa$，问该轴能传递多少功率？

（3）设计一级直齿轮减速器的输出轴。已知传动功率为 $P = 2.7kW$，转速为 $n = 100r/min$，大齿轮分度圆直径 $d_2 = 300mm$，齿轮宽度为 $B_2 = 85mm$，载荷平稳。

11-7 改错

试指出图 11-19 中轴的结构设计不正确之处，并加以改正。

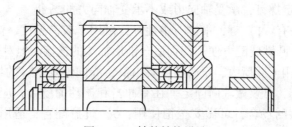

图 11-19　轴的结构设计

习 题 答 案

11-1 术语解释

（1）轴：用来支承传动件并传递运动和动力的零件称为轴。

（2）轴颈：轴上与轴承配合的部分称为轴颈。

（3）轴头：安装轮毂的部分称为轴头。

（4）轴身：连接轴颈和轴头的部分称为轴身。

11-2 填空

（1）心轴；传动轴；转轴。

（2）光轴；曲轴；挠性轴。

（3）具有足够的承载能力；具有合理的结构形状。

（4）碳素钢；合金钢。

（5）砂轮越程槽；退刀槽。

11-3 选择

（1）C；（2）A；（3）B。

11-4 判断

（1）×；（2）×；（3）√。

11-5 简答

（1）答：1）尽量制成阶梯轴；2）减少应力集中，提高轴的疲劳强度；3）考虑加工、安装工艺设计轴的结构；4）合理布置轴上零件；5）改进轴上零件结构。

（2）答：轴的材料主要采用碳素钢和合金钢。碳素钢比合金钢价格便宜，对应力集中的敏感性低，中碳优质钢经过热处理后，能获得良好的综合力学性能，故应用广泛。常用的碳素钢有 35 号、40 号、45 号等，其中 45 号钢最为常用。合金钢比碳素钢具有更高的力学性能和热处理性能，但对应力集中的敏感性强，价格较贵，因此多用于高速、重载及要求耐磨、耐高温或低温等特殊条件的场合。

一般不用合金钢代替碳素钢，因为在常温下合金钢与碳素钢的弹性模量相差很小，所以，用合金钢代替碳素钢并不能明显提高轴的刚度。

（3）答：轴向固定的方法有：1）轴肩与轴环，常用于各种零件的轴向定位，能承受较大的轴向力；2）套筒，用于轴上零件间距离较短的场合；3）圆螺母与止动垫圈，常用于零件与轴承之间距离较大，轴上允许车制螺纹的场合；4）双圆螺母，可以承受较大的轴向力，螺纹对轴的强度削弱较大，应力集中严重；5）弹性挡圈，用于承受轴向力小或不承受轴向力的场合，常用作滚动轴承的轴向固定；6）轴端挡圈，用于轴端零件要求固定的场合；7）紧定螺钉，承受轴向力或不承受轴向力的场合。

周向固定的方法有：1）键，平键对中性好，可用于较高精度、高转速及受冲击交变载荷作用的场合，半圆键装配方便，特别适合锥形轴端的连接。但对轴的削弱较大，只适于轻载；2）花键，用于载荷大、定心精度要求高、导向性要求好的场合；3）紧定螺钉，用于载荷较小的场合，可兼做轴向固定。在有冲击和振动的场合，应有防松措施；4）圆锥销，用于受力不大的场合，可做安全销使用；5）过盈配合，适用于不常拆卸的部位。可与平键联合使用，能承受较大的交变载荷。

（4）答：其设计计算的一般步骤为：

1）根据轴的工作条件选择材料，确定许用应力。

2）按扭转强度估算出轴的最小直径。

3）设计轴的结构，绘制出轴的结构草图。具体内容包括以下几点：

①作出装配简图，拟定轴上零件的装配方案；

②据工作要求确定轴上零件的位置和固定方式；

③确定各轴段的直径；

④确定各轴段的长度；

⑤根据有关设计手册确定轴的结构细节，如圆角、倒角、退刀槽等的尺寸。

4）按弯扭合成强度计算的方法进行轴的强度校核。一般在轴上选取 2~3 个危险截面进行强度校核。若危险截面强度不够或强度裕度不大，则必须重新修改轴的结构。

5）修改轴的结构后再进行校核计算。这样反复交替地进行校核和修改，直至设计出较为合理的轴的结构。

6）绘制轴的零件图。

11-6　计算

（1）解：由式 11-2 估算最小直径：

$$d \geqslant \sqrt[3]{\frac{9.55 \times 10^6 P}{0.2[\tau]n}} = \sqrt[3]{\frac{9.55 \times 10^6 \times 37}{0.2 \times 40 \times 900}} \approx 36.6\text{mm}$$

考虑到轴的最小直径处要安装联轴器，会有键槽存在，故需将直径加大 3%~5%，取为 37.7 ~ 38.44mm。由设计手册查联轴器的标准孔径，取 $d_1 = 38$mm。

（2）解：由式（11-2）可推出：

$$P \leqslant \frac{0.2\,[\tau]\,nd^3}{9.55 \times 10^6} = \frac{0.2 \times 50 \times 1725 \times 32^3}{9.55 \times 10^6} \approx 59.2\text{MPa}$$

该轴能传递 59.2MPa 的功率。

（3）设计过程略（详见例 11-1）

11-7　改错

改正如图 11-20 所示。

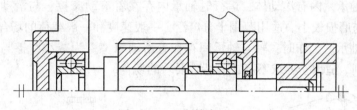

图 11-20　习题答案 11-7

12 轴 承

轴承的功用是支撑轴与轴上零件。按轴与轴承间的摩擦形式，轴承可分为滚动轴承［如图 12-1（a）所示］和滑动轴承［如图 12-1（b）所示］两大类。

（1）滚动轴承。内有滚动体，运行时轴承内存在着滚动摩擦，与滑动摩擦相比，滚动摩擦的摩擦与磨损较小。适用范围十分广泛，一般速度和一般载荷的场合都可采用。

（2）滑动轴承。工作时，轴与轴承间存在着滑动摩擦。为减小摩擦与磨损，在轴承内常加有润滑剂。适用于要求不高或有特殊要求的场合。

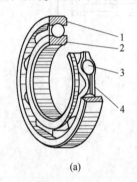 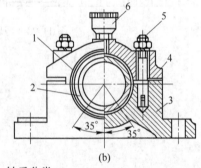

图 12-1　轴承分类

1—外圈；2—内圈；3—滚动体；4—保持架　　　　1—上轴瓦；2—下轴瓦；3，4—轴承座；
5—双头螺柱；6—油杯

12.1　滚动轴承的结构、类型及特点

12.1.1　滚动轴承的基本结构

滚动轴承的基本结构如图 12-2 所示，它是由外圈 1、内圈 2、滚动体 3 和保持架 4 等部分组成。内圈装在轴颈上，外圈装在机座或零件的轴承孔内。多数情况下，外圈不转动，内圈与轴一起转动。当内外圈之间相对旋转时，滚动体沿着滚道滚动，保持架使滚动体均匀分布在滚道上，并减少滚动体之间的碰撞和磨损。

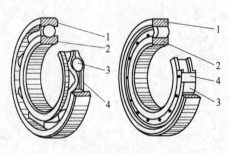

图 12-2　滚动轴承的基本结构
1—外圈；2—内圈；3—滚动体；4—保持架

滚动轴承的内外圈和滚动体应具有较高的硬度和接触疲劳强度、良好的耐磨性和冲击韧性。一般用特殊轴承钢制造，常用材料有 GCr15、GCr15SiMn、GCr6、GCr9 等，经热处理后可达 60~65HRC。滚动轴承工作表面必须经磨削抛光，以提高其接触疲劳强度。

保持架多用低碳钢板通过冲压成型方法制造，也可采用有色金属或塑料等材料。

为适应某些特殊要求，有些滚动轴承还要附加其他特殊元件或采用特殊结构，如轴承无内圈或外圈、带有防尘密封结构或在外圈上加止动环等。

12.1.2 滚动轴承的分类

（1）按轴承所能承受载荷的方向或公称接触角的不同，可分为向心轴承和推力轴承，各类轴承的公称接触是见表 12-1。

表 12-1　各类轴承的公称接触角

轴承种类	向心轴承		推力轴承	
	径向接触	角接触	角接触	轴向接触
公称接触角 α	$\alpha = 0°$	$0° < \alpha \leqslant 45°$	$45° < \alpha \leqslant 90°$	$\alpha = 90°$
图例 （以球轴承为例）				

表中的 α 为滚动体与套圈接触处的公法线与轴承径向平面（垂直于轴承轴心线的平面）之间的夹角，称为公称接触角。

向心轴承又可分为径向接触轴承和角接触轴承。径向接触轴承的公称接触角 $\alpha = 0°$，主要承受径向载荷，有些可承受较小的轴向载荷；角接触轴承公称接触角 α 的范围为 0°～45°，能同时承受径向载荷和轴向载荷。

推力轴承又可分为角接触轴承和轴向接触轴承。角接触轴承 α 的范围为 45°～90°，主要承受轴向载荷，也可承受较小的径向载荷；轴向接触轴承的 $\alpha = 90°$，只能承受轴向载荷。

（2）按滚动体的种类可分为球轴承和滚子轴承。常见的滚动体形状如图 12-3 所示。球轴承的滚动体为球，球与滚道表面的接触为点接触；滚子轴承的滚动体为滚子，滚子与滚道表面的接触为线接触，按滚子的形状又可分为圆柱滚子轴承、滚针轴承、圆锥滚子轴承和调心滚子轴承。

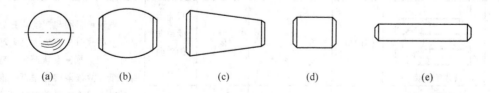

图 12-3　常用滚动体
（a）球；（b）球面滚子；（c）圆锥滚子；（d）圆柱滚子；（e）滚针

在外廓尺寸相同的条件下，滚子轴承比球轴承的承载能力和耐冲击能力都好，但球轴承摩擦小、高速性能好。

　　（3）按工作时能否调心可分为调心轴承和非调心轴承。调心轴承允许的偏位角大。

　　（4）按安装轴承时其内、外圈可否分别安装，分为可分离轴承和不可分离轴承。

　　（5）按公差等级可分为 0、6、5、4、2 级滚动轴承，其中 2 级精度最高，0 级为普通级。

　　（6）按运动方式可分为回转运动轴承和直线运动轴承。

12.1.3　滚动轴承的基本类型及特点

　　滚动轴承类型很多，各类轴承的结构形式也不同，分别适用于各种载荷、转速及特殊的工作要求。常用的几种基本类型滚动轴承的性能、代号及特性见表 12-2。

　　滚动轴承具有摩擦力小、启动灵敏、效率高、旋转精度高、润滑简便和装拆方便等优点，广泛用于各种机器和机构中。

　　滚动轴承为标准零部件，由轴承厂批量生产，设计者可以根据需要直接选用。

表 12-2　常用滚动轴承的类型、代号及特性简表

类型代号	简图及轴承名称	结构代号	基本额定动载荷比[1]	极限转速比[2]	轴向承载能力	性能及应用
0	双列角接触球轴承		1.6~2.1	中	较大	能同时受径向和双向轴向载荷。相当于成对安装、背靠背的角接触球轴承（接触角为 30°）
1	调心球轴承	10000	0.6~0.9	中	少量	主要承受径向载荷，不宜承受纯轴向载荷。外圈滚道表面是以轴承中点为中心的球面，具有自动调心性能，内、外圈轴线允许偏斜量≤2°～3°。适用于多支点轴
2	调心滚子轴承	20000	1.8~4	低	少量	主要特点与调心球轴承相近，但具有较大的径向承载能力，内圈对外圈轴线允许偏斜量≤1.5°～2.5°
5 (8)	推力球轴承	51000	1	低	只能承受单向的轴向载荷	一般轴承套圈与滚动体是分离的。高速时离心力大，钢球与保持架磨损，发热严重，寿命降低，故极限转速很低。推力球轴承只能承受单向轴向载荷，双向推力球轴承能承受双向轴向载荷。适用于轴向载荷较大、轴承转速较低的场合
	双向推力球轴承	52000	1	低	能承受双向的轴向载荷	

类型 代号	简图及轴承名称	结构 代号	基本额定动 载荷比[1]	极限转 速比[2]	轴向承 载能力	性能及应用
6 (0)	深沟球轴承	60000	1	高	少量	主要承受径向载荷，也可同时承受小的轴向载荷。工作中允许内、外圈轴线偏斜量≤8′~16′。大量生产，价格最低。应用广泛，特别适用于高速场合
7 (0)	角接触球轴承	70000C ($\alpha=15°$)	1.0~1.4	高	一般	可以同时承受径向载荷及轴向载荷，也可单独承受轴向载荷。承受轴向载荷的能力由接触角 α 决定。接触角大的，轴向承载的能力也大。一般成对使用。适用于高速且运转精度要求较高的场合工作
		70000AC ($\alpha=25°$)	1.0~1.3		较大	
		70000B ($\alpha=40°$)	1.0~1.2		更大	
8 (9)	推力圆柱滚子轴承	80000	1.7~1.9	低	承受单向轴向载荷	能承受较大单向轴向载荷，轴向刚度高。极限转速低，不允许轴与外圈轴线有倾斜
N	圆柱滚子轴承 (外圈无挡边)	N0000	1.5~3	高	无	外圈（或内圈）可以分离，故不能承受轴向载荷，滚子由内圈（或外圈）的挡边轴向定位，工作时允许内、外圈有少量的轴向错动。有较大的径向承载能力，但内、外圈轴线的允许偏斜量很小（2′~4′）。适用于径向载荷较大，轴对中性好的场合
	圆柱滚子轴承 (内圈无挡边)	NU0000				
	圆柱滚子轴承 (内圈有单挡边)	NJ0000			少量	

类型代号	简图及轴承名称	结构代号	基本额定动载荷比[1]	极限转速比[2]	轴向承载能力	性能及应用
NA (4)	滚针轴承	NA0000	—	低	无	这类轴承一般不带保持架，摩擦系数大，不能承受轴向载荷。有较大的径向承载能力。适用于径向载荷大，径向尺寸受限制的场合

注：(1) 基本额定动载荷比：同尺寸系列各类轴承的基本额定动载荷与深沟球轴承的基本额定动载荷之比；

　　　　(2) 极限转速比：同尺寸系列各类轴承的极限转速与深沟球轴承极限转速之比（脂润滑，0 级精度），比值大于 90%～100% 为高，比值等于 60%～90% 为中，比值小于 60% 为低；

　　　　(3) ( ) 内为旧标准。

12.2　滚动轴承的代号

　　滚动轴承代号是表示其结构、尺寸、公差等级和技术性能等特征的产品符号，由字母和数字组成。GB/T 272—93 规定了滚动轴承的代号。轴承代号由基本代号、前置代号和后置代号所组成，其表达格式为：

前置代号	基本代号	后置代号

　　例：3D33220 J

　　　　前置代号为 3D、基本代号为 33220、后置代号为 J

12.2.1　基本代号

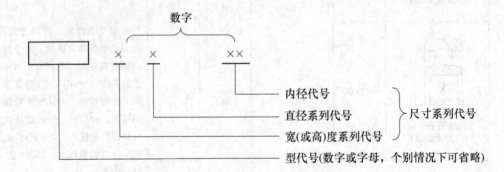

12.2.1.1　类型代号

轴承类型代号用数字或大写拉丁字母表示，如表 12-2 所列。

12.2.1.2　直径、宽度系列代号

（1）直径系列。即结构相同、内径相同的轴承在外径和宽度方面的变化系列。用基本代号右起第三位数字表示，如表 12-3 所示。

表 12-3 轴承直径系列代号和宽度系列代号表示法

直径系列代号	向心轴承							推力轴承			
	宽度系列代号							高度系列代号			
	窄 0	正常 1	宽 2	特宽 3	特宽 4	特宽 5	特宽 6	特低 7	低 9	正常 1	正常 2
超特轻 7	—	17	—	37	—	—	—	—	—	—	—
超轻 8	08	18	28	38	48	58	68	—	—	—	—
超轻 9	09	19	29	39	49	59	69	—	—	—	—
特轻 0	00	10	20	30	40	50	60	70	90	10	—
特轻 1	01	11	21	31	41	51	61	71	91	11	—
轻 2	02	12	22	32	42	52	62	72	92	12	22
中 3	03	13	23	33	—	—	63	73	93	13	23
重 4	04	—	24	—	—	—	—	74	94	14	24

（2）宽度系列。即结构、内径和直径系列都相同的轴承，在宽（或高）度方面的变化系列用基本代号右起第四位数字表示。当宽度系列为 0 系列（窄系列）时，或宽度系列为 1 系列（正常系列）时，在代号中可不标出，但对于调心滚子轴承（2类）、圆锥滚子轴承（3类）和推力球轴承（5类），宽度系列代号 0 或 1 应标出。图 12-4 表示滚动轴承尺寸系列直径、宽度或高度代号示意图。

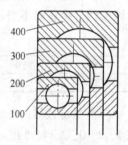

图 12-4 轴承直径系列

12.2.1.3 内径代号

基本代号中最后两位数字为内径代号，表示轴承的内径，见表 12-4。

表 12-4 轴承内径代号

轴承公称内径/mm		内 径 代 号	示 例
0.6~10（非整数）		直接用公称内径毫米数表示，在其与尺寸系列代号之间用"/"分开	深沟球轴承 618/2.5 $d = 2.5mm$
1~9（整数）		直接用公称内径毫米数表示，对深沟球轴承及角接触球轴承 7、8、9 直径系列，内径与尺寸系列代号之间用"/"分开	深沟球轴承 62 5 或 618/5 $d = 5mm$
10~17	10	00	深沟球轴承 62 00 $d = 10mm$
	12	01	
	15	02	
	17	03	
20~480（22，28，32 除外）		用公称内径除以 5 的商数表示，商数为一位数时，需在商数左边加"0"，如 08	调心滚子轴承 232 08 $d = 40mm$
大于和等于 500 以及 22，28，32		直接用公称内径毫米数表示，但在其与尺寸系列代号之间用"/"分开	调心滚子轴承 230/500 $d = 500mm$ 深沟球轴承 62/22 $d = 22mm$

例：调心滚子轴承 23224　2——类型代号　32——尺寸系列代号　24——内径代号　$d = 120mm$

12.2.2 前置代号

轴承的前置代号表示成套轴承的分部件，以字母表示，如 L 表示可分离轴承的可分离内圈或外套；K 表示滚子轴承的滚子和保持架组件；R 表示不可分离轴承的套圈等。具体可查阅轴承手册和有关标准。一般轴承无需说明时，无前置代号。

12.2.3 后置代号

后置代号是用数字和字母表示轴承的结构、公差及材料的特殊要求等。后置代号内容较多，以下仅介绍几种最常用的后置代号。

（1）内部结构代号。表示同一类型轴承不同的内部结构，如 C、AC 和 B 分别代表公称接触角为 15°、25°和 40°的角接触球轴承；E 代表为增大承载能力而进行结构改进的加强型轴承；D 为剖分式轴承。

（2）公差等级代号。按精度依次由低级到高级共分为 6 个级别（表 12-5）。0 级为普通级，代号中省略不表示。

表 12-5 公差等级代号

代号	/P0	/P6	/P6×	/P5	/P4	/P2
公差等级	0 级	6 级	6×级	5 级	4 级	2 级

（3）游隙代号。有/C1、/C2、—、/C3、/C4、/C5 等 6 个代号，分别符合标准规定的游隙 1、2、0、3、4、5 组（游隙量自小而大），0 组不注。例如 6210、6210/C4。公差等级代号和游隙代号同时表示时可以简化，如 6210/P63 表示轴承公差等级 P6 级、径向游隙 3 组。

（4）配置代号。成对安装的轴承有 3 种配置形式，如图 12-5 所示，分别用 3 种代号表示：/DB—背靠背安装；/DF—面对面安装；/DT—串联安装。代号示例如 32208/DF、7210 C/DT。

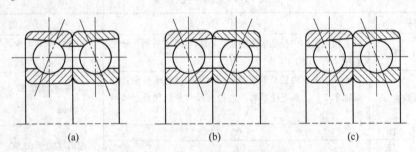

图 12-5 成对安装的轴承配置形式
(a) 背靠背（/DB）；(b) 面对面（/DF）；(c) 串联（/DT）

后置代号置于基本代号的右边，并与基本代号空半个汉字距，代号中有"—"、"/"符号的可紧接在基本代号之后。

12.2.4 滚动轴承代号示例

6208

6 ——深沟球轴承；

2 ——尺寸系列 02：宽度系列 0（省略），直径系列 2；

08 ——轴承内径 d = 8×5 = 40mm；

公差等级为普通级 0（省略）。

7210AC

7 ——角接触球轴承；

2 ——尺寸系列 02：宽度系列 0（省略），直径系列 2；

10 ——轴承内径 d = 10×5 = 50mm；

AC ——公称接触角 α = 25°；

公差等级为普通级 0（省略）。

71908/P5

7 ——角接触球轴承；

19 ——尺寸系列，宽度系列 1，直径系列 9；

08 ——轴承内径 d = 8×5 = 40mm；

P5 ——公差等级为 5 级。

12.3　滚动轴承的选择

选择轴承的类型，应考虑轴承的工作条件、各类轴承的特点、价格等因素。轴承类型选择的方案不是唯一的，可以有多种选择方案，选择时，应首先提出多种可行方案，进行深入分析比较后，再决定选用一种较优的轴承类型。通常，选择滚动轴承时应考虑的问题主要有：

12.3.1　载荷情况

轴承所承受载荷的大小、方向和性质，是选择轴承类型的主要依据。转速较高、载荷较小、要求旋转精度高时宜选用球轴承；转速较低、载荷较大或有冲击载荷时则选用滚子轴承。

根据载荷的方向选择轴承类型时，对于纯径向载荷，可选用深沟球轴承（60000 型）、圆柱滚子轴承（N0000 型）或滚针轴承（NA000 型）；轴承承受纯轴向载荷时，一般选用推力轴承（50000 型或 80000 型），对于同时承受径向和轴向载荷的轴承，以径向载荷为主而轴向载荷较小的情况，可选深沟球轴承（60000 类）或小接触角（α=15°）的角接触球轴承（70000 类）；径向和轴向载荷都较大时，宜选大接触角（α=25°或者 α=40°）的角接触球轴承（70000AC、70000B 类），或圆锥滚子轴承（30000 类）；以轴向载荷为主，径向载荷较小时，可选用深沟球轴承和推力轴承组合结构，分别承担径向载荷和轴向载荷。

12.3.2　轴承的转速

轴承转速的高低对轴承类型的选择影响不大，极限转速主要是受工作时温升的限制。球轴承与滚子轴承相比，具有较高的极限转速，故在高速、轻载或旋转精度要求较高时宜选用点接触球轴承；速度较低，载荷较大或有冲击载荷时宜选用线接触的滚子轴承。推力轴承的极限转速很低，工作转速较高而轴向载荷较小时，可用角接触球轴承代替推力轴承承受轴向载荷。

12.3.3　轴承的调心性能

当轴的中心线与轴承座中心线不重合而有角度误差时，或因轴受力弯曲或倾斜时，会造成轴承的内、外圈轴线发生偏斜。这时，应采用有一定调心性能的调心球轴承或调心滚子轴承。对于支点跨距大、轴的弯曲变形大或多支点轴，也可考虑选用调心轴承。圆柱滚子轴承、滚针轴承以及圆锥滚子轴承对角度偏差敏感，宜用于轴承与座孔能保证同心、轴的刚度较高的地方。值得注意的是，各类轴承内圈轴线相对外圈轴线的倾斜角度是有限制的，超过限制角度，会使轴承寿命降低。

12.3.4　轴承的安装和拆卸

当轴承座没有剖分面而必须沿轴向安装和拆卸轴承部件时，应优先选用内、外圈可分离的轴承（如圆柱滚子轴承、滚针轴承、圆锥滚子轴承等）。当轴承在长轴上安装时，为了便于装拆，可以选用其内圈孔为 1：12 的圆锥孔的轴承。

12.3.5　经济性要求

一般深沟球轴承价格最低，滚子轴承比球轴承价格高。轴承精度愈高，则价格愈高。选择轴承时，必须详细了解各类轴承的价格，在满足使用要求的前提下，尽可能地降低成本。

12.4　滚动轴承的失效形式及计算准则

12.4.1　失效形式

滚动轴承常见的失效形式有：

12.4.1.1　疲劳点蚀

滚动轴承工作时，在安装、润滑、维护良好的情况下，绝大多数轴承由于滚动体沿着套圈滚动，在相互接触的物体表层内产生变化的接触应力，经过一定次数循环后，此应力就导致表层下不深处形成的微观裂缝。微观裂缝被渗入其中的润滑油挤裂而引起点蚀。疲劳点蚀是滚动轴承的主要失效形式。疲劳点蚀的发展会使轴承运转时产生噪声和振动，从而导致轴承实效。

12.4.1.2　塑性变形

在过大的静载荷和冲击载荷作用下，滚动体或套圈滚道上出现不均匀的塑性变形凹坑。这种情况多发生在转速极低或摆动的轴承。这时，轴承的摩擦力矩、振动、噪声将增加，运转精度也会降低。

12.4.1.3 磨损

滚动轴承在密封不可靠以及多尘的运转条件下工作时，易发生磨粒磨损。通常在滚动体与套圈之间，特别是滚动体与保持架之间有滑动摩擦，如果润滑不好，发热严重时，可能使滚动体回火，甚至产生胶合磨损。转速越高、磨损越严重。

此外，还存在装配不当时轴承卡死、胀破内圈、挤碎内外圈和保持架等失效形式，这些失效形式虽然存在，但是可以避免的。

12.4.2 滚动轴承的计算准则

当选择滚动轴承类型后就要确定其轴承尺寸，为此需要针对轴承的主要失效形式进行计算。其计算准则为：

（1）对于一般转速的轴承（$10\text{r/min} < n < n_{\text{lim}}$），如果轴承的制造、保管、安装、使用等条件均良好，轴承的主要失效形式为疲劳点蚀，因此应以疲劳强度计算为依据进行轴承的寿命计算。

（2）对于高速轴承，除疲劳点蚀外其各元件的接触表面的过热也是重要的失效形式，因此除需要进行寿命计算外，还应校验其极限转速 n_{lim}。

（3）对于低速轴承（$n < 1\text{r/min}$），可近似认为轴承各元件是在静应力作用下工作的，其失效形式为塑性变形，应进行以不发生塑性变形为准则的静强度计算。

12.5 滚动轴承的寿命计算

由前面分析可知，对于一般转速的轴承的主要失效形式为疲劳点蚀，因此要保证轴承的正常使用应以疲劳强度计算为依据进行轴承的寿命计算。

12.5.1 滚动轴承的基本额定寿命和基本额定动载荷

12.5.1.1 轴承寿命

轴承寿命是指单个轴承的一个滚动体或内、外圈滚道上出现疲劳点蚀前，一个套圈相对于另一套圈所转过的转数或在一定转速下工作的小时数。同样的一批轴承在相同工作条件（结构、尺寸、材料、热处理以及加工等完全相同）下运转，各轴承的实际寿命大不相同，最高的和最低的可能相差数十倍。实际选择轴承时只能用基本额定寿命作为选择轴承的标准。

12.5.1.2 轴承的基本额定寿命 L_{10}

轴承的基本额定寿命 L_{10} 是指一批相同的轴承在相同条件下运转，其中 10% 的轴承发生点蚀破坏，而 90% 的轴承不发生疲劳点蚀前能够达到或超过的总转数（10^6r 为单位）或在一定转速下工作的小时数。

12.5.1.3　基本额定动载荷 C

基本额定动载荷 C 是指当轴承的基本额定寿命 L_{10} 为 10^6 转时，轴承所能承受的载荷值。基本额定动载荷，对向心轴承，指的是纯径向载荷，用 C_r 表示；对推力轴承，指的是纯轴向载荷，用 C_a 表示；对角接触球轴承或圆锥滚子轴承，指的是使套圈间只产生纯径向位移的载荷的径向分量。不同型号的轴承有不同的基本额定动载荷值，基本额定动载荷大，轴承抗疲劳的承载能力相应较强。

12.5.2　滚动轴承的寿命计算公式

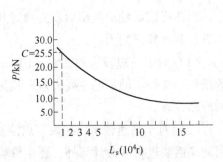

轴承的寿命随载荷增大而降低，载荷与寿命的关系曲线如图 12-6 所示，此曲线用公式表示为

$$L_{10} = \left(\frac{C}{P}\right)^{\varepsilon} \qquad (12-1)$$

式中　P——当量动载荷；

　　　ε——寿命指数，球轴承 $\varepsilon = 3$，滚子轴承 $\varepsilon = 10/3$。

图 12-6　轴承的载荷-寿命曲线

上式中 L_{10} 是以 10^6 转为单位的，实际计算中常以小时作为寿命单位。若取轴承的工作转速为 n（r/min），则上式可改写成以小时数为单位的寿命计算式为

$$L_{10h} = \frac{10^6}{60n}\left(\frac{C}{P}\right)^{\varepsilon} \qquad (12-2)$$

式中　L_{10h}——工作小时数，h；

　　　n——轴承转速，r/min。

滚动轴承标准中规定，轴承的工作温度在 $100℃$ 下得出 $L_{10h} = 1 \times 10^6$ r（基本额定寿命）时轴承能承受的载荷值，称为基本动载荷（C）。如果温度高于 $100℃$，使轴承材料的硬度下降，C 值就会下降，所以要引入一个温度系数 f_T 对 C 值进行修正。得出寿命计算公式：

$$L_{10h} = \frac{10^6}{60n}\left(\frac{f_T C}{P}\right)^{\varepsilon} \geqslant [L_h] \qquad (12-3)$$

式中　f_T——温度系数，可查表 12-6；

　　　$[L_h]$——轴承的预期寿命，h，可根据机器的具体要求或参考表 12-7 所列数值确定。

表 12-6　温度系数 f_T

轴承工作温度/℃	100	125	150	175	200	225	250	300
f_T	1	0.95	0.90	0.85	0.80	0.75	0.70	0.60

表 12-7　轴承预期寿命 $[L_h]$ 的参考值

机　器　种　类	预期寿命/h
不经常使用的仪器及设备	500
航空发动机	500～2000

机 器 种 类		预期寿命/h
间断使用的机器	中断使用不致引起严重后果的手动机械、农业机械等	4000~8000
	中断使用会引起严重后果的机械设备，如升降机、输送机、吊车等。	8000~12000
每天工作 8h 的机器	利用率不高的齿轮传动、电机等	12000~20000
	利用率较高的通风设备、机床等	20000~30000
每天工作 24h 的机器	一般可靠性的空气压缩机、电机、水泵等	50000 ~ 60000
	高可靠性的电站设备、给排水装置等	>100000

将寿命计算公式（12-3）变形可得轴承选用公式：

$$C = \frac{P}{f_T}\left(\frac{60n[L_h]}{10^6}\right)^{1/\varepsilon} \tag{12-4}$$

根据计算所得 C 值查手册，使得 $C < C_r$（或 $C < C_a$），就可选出所需的轴承型号。

12.5.3 滚动轴承的当量动载荷计算

滚动轴承的基本额定动载荷是在一定的运转条件下确定的，对于向心轴承，是指内圈旋转、外圈静止时的纯径向载荷，对于推力轴承，是指中心轴向载荷。如果作用在轴承上的实际载荷是径向载荷与轴向载荷联合作用，则与上述规定的条件不同。为在相同条件下比较，需将实际载荷转换成一个与上述条件相同的假想载荷，在这个假想载荷作用下，轴承的寿命和实际载荷下的寿命相同，称该假想载荷为当量动载荷，用 P 表示。

在不变的径向和轴向载荷作用下，当量动载荷的计算公式是：

$$P = XF_r + YF_a \tag{12-5}$$

实际工作情况，许多轴承还会受冲击力、不平衡力、轴挠曲或轴承座变形产生的附加力等影响、为了计及这些影响，还需引入载荷系数 f_P（表 12-9）对其进行修正，修正后的当量动载荷的计算公式如下：

$$P = f_P(XF_r + YF_a) \tag{12-6}$$

式中　F_r，F_a——轴承实际载荷的径向分量和轴向分量，N；

　　　　X，Y——径向动载荷系数和轴向动载荷系数，见表 12-8。

　　　　f_P——载荷系数，查表 12-9

表 12-8　轴承的径向动载荷系数 X 和轴向动载荷系数 Y

轴承类型		F_a/C_{0r}	e	单列轴承				双列轴承（或成对安装单列轴承）			
				$F_a/F_r \leq e$		$F_a/F_r > e$		$F_a/F_r \leq e$		$F_a/F_r > e$	
名称	类型代号			X	Y	X	Y	X	Y	X	Y
调心球轴承	1	—	$1.5\cot\alpha$①	—	—	—	—	1	$0.42\cot\alpha$①	0.65	$0.65\cot\alpha$①
调心滚子轴承	2	—	$1.5\cot\alpha$①	1	0	0.4	$0.4\cot\alpha$①	1	$0.45\cot\alpha$①	0.67	$0.67\cot\alpha$①
圆锥滚子轴承	3	—	$1.5\cot\alpha$①					1	$0.45\cot\alpha$①	0.67	$0.67\cot\alpha$①

续表 12-8

轴承类型		F_a/C_{0r}	e	单列轴承				双列轴承（或成对安装单列轴承）			
				$F_a/F_r \leqslant e$		$F_a/F_r > e$		$F_a/F_r \leqslant e$		$F_a/F_r > e$	
名称	类型代号			X	Y	X	Y	X	Y	X	Y
深沟球轴承	6	0.014	0.19				2.30				2.3
		0.028	0.22				1.99				1.99
		0.056	0.26				1.71				1.71
		0.084	0.28				1.55				1.55
		0.11	0.30	1	0	0.56	1.45	1	0	0.56	1.45
		0.17	0.34				1.31				1.31
		0.28	0.38				1.15				1.15
		0.42	0.42				1.04				1.04
		0.56	0.44				1.00				1.00
角接触球轴承	7 $\alpha = 15°$	0.015	0.38				1.47		1.65		2.39
		0.029	0.40				1.40		1.57		2.28
		0.058	0.43				1.30		1.46		2.11
		0.087	0.46				1.23		1.38		2.00
		0.12	0.47	1	0	0.44	1.19	1	1.34	0.72	1.93
		0.17	0.50				1.12		1.26		1.82
		0.29	0.55				1.02		1.14		1.66
		0.44	0.56				1.00		1.12		1.63
		0.58	0.56				1.00		1.12		1.63
	$\alpha = 25°$	—	0.68	1	0	0.41	0.87	1	0.92	0.67	1.41

注：1. C_{0r} 为轴承的径向基本额定静载荷，详值应查轴承手册；

2. ①中 α 的具体数值按不同不型号轴承由产品目录或有关手册查出；

3. e 为判别轴向载荷 F_a 对当量动载荷 P 影响程度的参数。

表 12-9　载荷系数 f_P

载荷性质	举　例	f_P
无冲击或轻微冲击	电机、汽轮机、通风机、水泵	1.0~1.2
中等冲击	机床、车辆、内燃机、冶金机械、起重机械、减速器	1.2~1.8
强大冲击	轧钢机、破碎机、钻探机、剪床	1.8~3.0

对于向心轴承，只承受径向载荷时

$$P = f_P \cdot F_r \tag{12-7}$$

对于推力轴承，只承受轴向载荷时

$$P = f_P \cdot F_a \tag{12-8}$$

对于向心轴承，承受复合载荷时

$$\left. \begin{aligned} &当 F_a/F_r \leqslant e 时 \quad P = f_P \cdot F_r \\ &当 F_a/F_r > e 时 \quad P = f_P(XF_r + YF_a) \end{aligned} \right\} \tag{12-9}$$

e 值称为轴向载荷影响系数，是判别轴向载荷 F_a 对当量载荷 P 影响程度的参数，可查表 12-8。

【例12-1】   一水泵选用深沟球轴承，已知轴的直径 $d = 35\text{mm}$，转速 $n = 2900\text{r/min}$，轴承所受径向载荷 $F_r = 2300\text{N}$，轴向载荷 $F_a = 540\text{N}$，工作温度正常，要求轴承预期寿命 $[L_h] = 5000\text{h}$，试选择轴承型号。

解：（1）求当量动载荷 P。

由式（12-6）得 $P = f_P(XF_r + YF_a)$

查表12-9得 $f_P = 1.1$，式中径向载荷系数 X 和轴向载荷系数 Y 要根据 F_a/C_{0r} 值查取。C_{0r} 是轴承的径向额定静载荷，未选轴承型号前暂不知道，故用试算法计算。根据表12-8，暂取 $F_a/C_{0r} = 0.028$，则 $e = 0.22$。由 $F_a/F_r = 540/2300 = 0.235 > e$，查表12-8得 $X = 0.56$，$Y = 1.99$，则

$$P = 1.1 \times (0.56 \times 2300 + 1.99 \times 540)\text{N} = 2600\text{N}$$

（2）计算所需的径向额定动载荷值。

由式（12-4）可得

$$C = \frac{P}{f_T}\left(\frac{60n[L_h]}{10^6}\right)^{1/\varepsilon} = \frac{2600}{1} \times \left(\frac{60 \times 2900}{10^6} \times 5000\right)^{1/3}\text{N} = 24820\text{N}$$

（3）选择轴承型号。

查有关轴承的手册，根据 $d = 35\text{mm}$，选得 6307 轴承，其 $C_r = 33200\text{N} > 24820\text{N}$，$C_{0r} = 19200\text{N}$。6307 轴承的 $F_a/C_{0r} = 540/19200 = 0.0281$，与初步假定值（0.028）相近，所以，选用深沟球轴承 6307 合适。

【例12-2】   如图12-7所示为本课程案例减速器的从动轴 Ⅱ，试完成 Ⅱ 轴中轴承 A 和 B 型号的选取。由第11章中例11-1可知，齿轮所受的圆周力 $F_{t2} = 7506\text{N}$，径向力 $F_{r2} = 2793\text{N}$，轴向力 $F_{a2} = 1595\text{N}$，选用深沟球轴承。已知轴承处轴的直径 $d = 60\text{mm}$，转速 $n = 100\text{r/min}$，工作温度正常，减速器使用年限为10a，单班制工作，轻微冲击。

解：（1）求轴承所受轴向力 F_a 和径向力 F_r。

由力学知识可知，轴承 A 和 B 所受的轴向力一致，且为齿轮轴向力的一半，即

$$F_{aA} = F_{aB} = \frac{F_{a2}}{2} = \frac{1595}{2} = 798\text{N}$$

轴承 A、B 所受径向力不一致，由图12-7及例11-1可知，轴承 A 和 B 所受径向力 F_r 分别为

$$F_{rA} = \sqrt{F_{HA}^2 + F_{VA}^2} = \sqrt{3753^2 + 93.5^2} = 3754\text{N}$$

$$F_{rB} = \sqrt{F_{HB}^2 + F_{VB}^2} = \sqrt{3753^2 + 2699.5^2} = 4623\text{N}$$

由上述分析可知，轴承 B 所承受的载荷大于轴承 A，现以轴承 B 为例说明轴承的选取。轴承 B 所受轴向力和径向力分别为：$F_a = 798\text{N}$，$F_r = 4623\text{N}$。

（2）求当量动载荷 P。

由式（12-6）得 $P = f_P(XF_r + YF_a)$

查表12-9得 $f_P = 1.5$，式中径向载荷系数 X 和轴向载荷系数 Y 要根据 F_a/C_{0r} 值查取。C_{0r} 是轴承的径向额定静载荷，未选轴承型号前暂不知道，故用试算法计算。根据表12-8，暂取 $F_a/C_{0r} = 0.028$，则 $e = 0.22$。由 $F_a/F_r = 798/4681 = 0.17 < e$，查表12-8得 $X = 1$，$Y = 0$，则

$$P = 1.5 \times (1 \times 4623 + 0 \times 798)\mathrm{N} = 6934.5\mathrm{N}$$

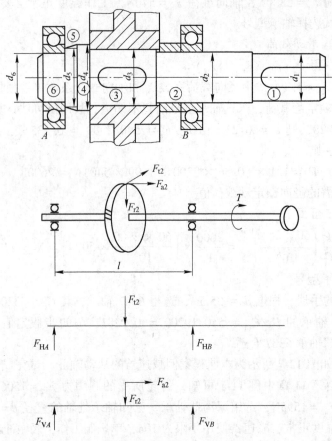

图 12-7　滚动轴承的选取

（3）计算所需的径向额定动载荷值。

轴承预期寿命：$[L_\mathrm{h}] = 8 \times 365 \times 10 = 29200\mathrm{h}$

由表 12-6 查得 $f_\mathrm{T} = 1$

由式（12-4）可得

$$C = \frac{P}{f_\mathrm{T}} \left(\frac{60n[L_\mathrm{h}]}{10^6} \right)^{1/\varepsilon} = \frac{6934.5}{1} \times \left(\frac{60 \times 100}{10^6} \times 29200 \right)^{1/3} \mathrm{N} = 38803\mathrm{N}$$

（4）选择轴承型号。

查有关轴承的手册，根据 $d = 60\mathrm{mm}$，选得 6212 轴承，其 $C_\mathrm{r} = 47800\mathrm{N} > 38803\mathrm{N}$，$C_{0\mathrm{r}} = 32800\mathrm{N}$。6212 轴承的 $F_\mathrm{a}/C_{0\mathrm{r}} = 798/32800 = 0.024$，与初步假定值（0.028）相近，所以，选用深沟球轴承 6212 合适。

12.5.4　角接触球轴承和圆锥滚子轴承轴向载荷 F_a 的计算

12.5.4.1　内部轴向力（派生轴向力）F_s

角接触轴承受径向载荷 F_R 作用时，由于接触角 α 的存在，承载区内每个滚动体的反力都是沿滚动体与套圈接触点的法线方向传递的，如图 12-8 所示。设第 i 个滚动体的反力为 F_i，将其分解为径向分力 F_{ri} 和轴向分力 F_{si}，各受载滚动体的轴向分力之和，用 F_s 表示。由于 F_s 是因轴承的内部结构特点伴随径向载荷产生的轴向力，故称其为轴承的内部轴向力。

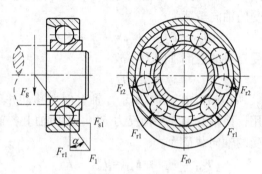

图 12-8　角接触球轴承的内部轴向力

F_s 的大小按表 12-10 的公式计算。

表 12-10　向心角接触轴承内部轴向力 F_s

轴承类型	向心角接触轴承			圆锥滚子轴承
	70000C 型（$\alpha=15°$）	70000AC 型（$\alpha=25°$）	70000B 型（$\alpha=40°$）	
F_s	$\approx 0.4F_r$	$0.68F_r$	$1.14F_r$	$F_r/2Y$ （Y 是 $F_a/F_r>e$ 时的轴向系数）

12.5.4.2　轴向载荷 F_a 的计算

按式（12-6）计算轴承的当量动载荷 P 时，其中轴承所受的径向载荷 F_R，就是根据轴上零件的外载荷，按力平衡条件求得的轴的总径向支反力；而其中轴承所受的轴向载荷 F_a 的计算，对于角接触球轴承和圆锥滚子轴承，必须计入内部轴向力 F_s。

如图 12-9 所示，向心角接触轴承一般有两种安装方法，即正装［如图 12-9（a）所示］和反装［如图 12-9（b）所示］，安装方式不同，内部轴向力方向也不同，故轴承轴向载荷 F_a 的计算也不同，现以正装方式说明向心角接触轴承轴向载荷 F_a 的计算。

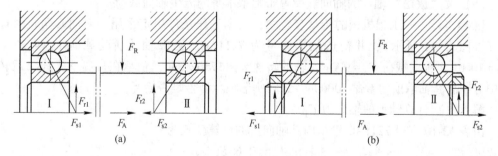

图 12-9　向心角接触轴承的安装

（a）正装（面对面）；（b）反装（背靠背）

图 12-9（a）中，F_R 和 F_A 分别为作用在轴上的径向载荷和轴向外载荷，两轴承所受

的径向载荷分别为 F_{r1} 和 F_{r2}，相应产生的内部轴向力分别为 F_{s1} 和 F_{s2}。两轴承的轴向载荷 F_{a1}、F_{a2} 可按下列两种情况分析：

（1）若 $F_{s1}+F_A>F_{s2}$，如图 12-10（a）所示，轴有向右移动并压紧轴承 Ⅱ 的趋势，此时由于右端盖的止动作用，使轴受到一平衡反力 F'_{s2}，因而轴上各轴向力处于平衡状态。

故压紧端轴承 Ⅱ 所受的轴向载荷为

$$F_{a2}=F_{s2}+F'_{s2}=F_{s1}+F_A \tag{12-10}$$

而放松端轴承 Ⅰ 只受自身的内部轴向力，故

$$F_{a1}=F_{s1} \tag{12-11}$$

（2）若 $F_{s1}+F_A<F_{s2}$，如图 12-10（b）所示，轴有向左移动并压紧轴承 Ⅰ 的趋势，此时由于左端盖的止动作用，使轴受到一平衡反力 F'_{s1}，因而轴上各轴向力处于平衡状态。

故压紧端轴承 Ⅰ 所受的轴向载荷为

$$F_{a1}=F_{s1}+F'_{s1}=F_{s2}-F_A \tag{12-12}$$

而放松端轴承 Ⅱ 只受自身的内部轴向力，故

$$F_{a2}=F_{s2} \tag{12-13}$$

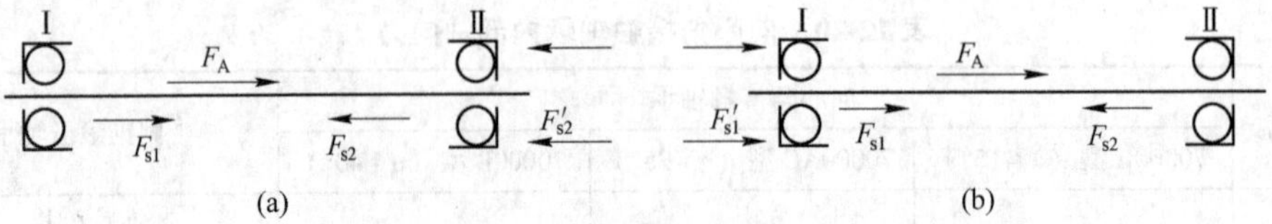

图 12-10　向心角接触轴承的轴向力
（a）$F_{s1}+F_A>F_{s2}$；（b）$F_{s1}+F_A<F_{s2}$

综上可知，计算角接触球轴承和圆锥滚子轴承所受轴向力的方法可归结为：

（1）根据轴承的安装方式及轴承类型，确定轴承派生轴向力 F_{s1}、F_{s2} 方向、大小；

（2）确定轴上的轴向外载荷 F_A 的方向、大小（即所有外部轴向载荷的代数和）；

（3）判明轴上全部轴向载荷（包括外载荷和轴承的派生轴向载荷）的合力指向；根据轴承的安装形式，找出被"压紧"的轴承及被"放松"的轴承；

（4）被"压紧"轴承的轴向载荷，等于除本身派生轴向载荷以外的其他所有轴向载荷的代数和（即另一个轴承的派生轴向载荷与外载荷 F_A 的代数和）；

（5）被"放松"轴承的轴向载荷等于轴承本身的派生轴向载荷。

【例 12-3】　一工程机械的传动装置中，根据工作条件决定采用一对向心角接触球轴承（如图 12-11 所示），并初选轴承型号为 7211AC。已知轴承所受载荷 $F_{r1}=3300\text{N}$，$F_{r2}=1000\text{N}$，轴向载荷 $F_A=900\text{N}$，轴的转速 $n=1750\text{r/min}$，轴承在常温下工作，运转中受中等冲击，轴承预期寿命 10000h。试问所选轴承型号是否恰当。

解：（1）计算轴承的轴向力 F_{a1}、F_{a2}。

由表 12-10 查得 7211AC 轴承内部轴向力的计算公式为

$$F_s=0.68F_r$$

则　　　　$F_{s1}=0.68F_{r1}=0.68\times3300\text{N}=2244\text{N}$（方向如图 12-11 所示）

　　　　　$F_{s2}=0.68F_{r2}=0.68\times1000\text{N}=680\text{N}$（方向如图 12-11 所示）

因为　　　　　　　　$F_{s2}+F_A=(680+900)\text{N}=1580\text{N}<F_{s1}$

所以轴承 2 为压紧端，故有

$$F_{a1} = F_{s1} = 2244 \text{ N}$$

$$F_{a2} = F_{s1} - F_A = (2244 - 900) \text{ N} = 1344\text{N}$$

（2）计算轴承的当量载荷 P_1、P_2。

由表 12-8 查得 7211AC 轴承的 e = 0.68，而

$$F_{a1}/F_{r1} = 2244/3300 = 0.68 = e$$

$$F_{a2}/F_{r2} = 1344/1000 = 1.344 > e$$

查表 12-8 可得 $X_1 = 1$，$Y_1 = 0$；$X_2 = 0.41$，$Y_2 = 0.87$。根据表 12-9 取 $f_P = 1.4$，则轴承的当量动载荷为

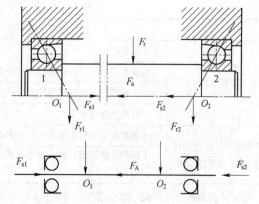

图 12-11　向心角接触轴承轴向力计算

$$P_1 = f_P(X_1 F_{r1} + Y_1 F_{a1}) = 1.4 \times (1 \times 3300 + 0 \times 2244) \text{ N} = 4620\text{N}$$

$$P_2 = f_P(X_2 F_{r2} + Y_2 F_{a2}) = 1.4 \times (0.41 \times 1000 + 0.87 \times 1344) \text{ N} = 2211\text{N}$$

（3）计算轴承轴寿命。

因两个轴承的型号相同，所以其中当量动载荷大的轴承寿命短。因 $P_1 > P_2$，所以只需计算轴承 1 的寿命。

查手册得 7211AC 轴承的 $C_r = 50500\text{N}$。取 $\varepsilon = 3$，$f_T = 1$，则由式（12-3）得

$$L_{10h} = \frac{10^6}{60n} \left(\frac{f_T C}{P} \right)^\varepsilon = \frac{10^6}{60 \times 1750} \times \left(\frac{1 \times 50500}{4620} \right)^3 \text{ h} = 12437\text{h} > [L_h] = 10000\text{h}$$

轴承寿命大于轴承的预期寿命，所以所选轴承型号合适。

12.6　滚动轴承的静载荷计算

12.6.1　静强度校核

对于在工作载荷下基本不旋转或缓慢旋转或缓慢摆动的轴承，其失效形式不是疲劳点蚀，而是因滚动接触面上的接触应力过大而产生的过大的塑性变形。

按静强度选择轴承时，应满足下列条件：

$$C_0 > S_0 P_0 \tag{12-14}$$

式中，C_0 为基本额定静载荷，滚动轴承受载后，使受载最大的滚动体与滚道接触中心处的接触应力达到一定值时的载荷称为基本额定静载荷。对于调心球轴承为 4600MPa，其他球轴承为 4200MPa，滚子轴承为 4000MPa。对于径向接触和轴向接触轴承，C_0 分别是径向载荷和中心轴向载荷，对于向心角接触轴承，C_0 是载荷的径向分量。实践表明，在上述接触应力下产生的塑件变形量通常不影响轴承的正常工作。常用轴承的基本额定静载荷 C_0 值可由设计手册查取。

S_0 为轴承静强度安全系数，其值见表 12-11。

表 12-11　轴承静强度安全系数 S_0

使用要求或载荷性质		S_0
旋转轴承	正常使用	0.8~1.2
	对旋转精度和运转平稳性要求较低、没有冲击和振动	0.5~0.8
	对旋转精度和运转平稳性要求较高	1.5~2.5
	承受较大振动和冲击	1.2~2.5
静止轴承（静止、缓慢摆动、极低速旋转）	不需要经常旋转的轴承、一般载荷	0.5
	不需经常旋转的轴承、有冲击载荷或载荷分布不均（例如水坝闸门 $S_0 \geqslant 1$，吊桥 $S_0 \geqslant 1.5$）	1~1.5

注：1. 推力调心滚子轴承无论旋转与否均取 $S_0 \geqslant 2$。对旋转轴承，滚子轴承比球轴承的 S_0 值取得高，一般均不小于 1。

2. 与轴承配合部分的座体刚度较低时应取较高的安全系数，反之取较低的值。

P_0 为当量静载荷，当轴承同时承受径向载荷和轴向载荷时，应将实际载荷转化成假想的当量静载荷，在该载荷作用下，滚动体与滚道上的接触应力与实际载荷作用相同。

当量静载荷 P_0 与实际载荷的关系是：

$$P_0 = X_0 F_a + Y_0 F_r \tag{12-15}$$

式中　X_0——径向静载荷系数；

　　　Y_0——轴向静载荷系数，见表 12-12。

表 12-12　径向和轴向静载荷系数 X_0、Y_0 值

轴承类型		单　列		双　列	
		X_0	Y_0	X_0	Y_0
深沟球轴承		0.6	0.5	0.6	0.5
角接触球轴承	$\alpha = 15°$	0.5	0.46	1	0.92
	$\alpha = 20°$		0.42		0.84
	$\alpha = 25°$		0.38		0.76
	$\alpha = 30°$		0.33		0.66
	$\alpha = 35°$		0.29		0.58
	$\alpha = 40°$		0.26		0.52
	$\alpha = 45°$		0.22		0.44
调心球轴承	$\alpha \neq 15°$	0.5	$0.22\cot\alpha$	1	$0.44\cot\alpha$
调心滚子轴承	$\alpha \neq 0°$	0.5	$0.22\cot\alpha$	1	$0.44\cot\alpha$
圆锥滚子轴承		0.5	$0.22\cot\alpha$	1	$0.44\cot\alpha$

12.6.2　极限转速校核

极限转速是滚动轴承的最高转速。滚动轴承转速过高，会使摩擦表面间产生很高的温度，影响润滑剂的性能，破坏油膜，从而导致轴承元件产生胶合失效。因此，对于高速滚动轴承，除应满足疲劳寿命约束外，还应满足转速的约束，其约束条件为：

$$n_{\max} \leqslant n_{\lim} \qquad (12\text{-}16)$$

式中　$n_{\max}$——滚动轴承的最大工作转速；

　　　　$n_{\lim}$——滚动轴承的极限转速。

有关设计手册及轴承样本中都给出了各种型号轴承在脂润滑和油润滑条件下的极限转速值。这些数值适用于 $P \leqslant 0.1C$（C 为基本额定动载荷）、润滑与冷却条件正常、向心轴承只受径向载荷或推力轴承只受轴向载荷的 0 级精度的轴承。

当轴承在重负荷（$P > 0.1C$）下工作时，接触应力将增大；向心轴承受轴向力作用时，将使受载滚动体增加，增大接触表面间的摩擦，使润滑态恶化。这时，要用载荷因数 f_1 和载荷分布因数 f_2 对手册中的极限转速值进行修正。这样，滚动轴承极限转速的约束条件为

$$n_{\max} \leqslant f_1 f_2 n_{\lim} \qquad (12\text{-}17)$$

式中，f_1、f_2 的值可从图 12-12 中查得。

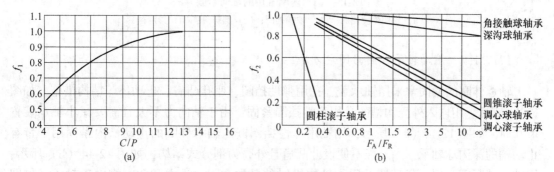

图 12-12　载荷系数和载荷分配系数

（a）载荷因数 f_1；（b）载荷分布因数 f_2

12.7　滚动轴承的组合设计

为了保证滚动轴承的正常工作，除正确选择轴承的类型和型号外，还应合理地进行轴承部件的组合设计。轴承部件的组合设计，主要解决支撑结构形式选择，轴承固定，调整、配合、预紧、润滑和密封等问题。

12.7.1　滚动轴承的固定

轴承固定指轴承外圈与座体孔之间的连接，轴承的锁紧指内圈与轴之间的连接。

12.7.1.1　滚动轴承内圈的固定方法

轴承内圈的紧固应根据轴向力的大小选用轴用弹性挡圈、轴端挡圈、圆螺母等，如图 12-13 所示。弹性挡圈定位如图 12-13（a）所示，适用于轴上零件受轴向力较小转速不高的情况。轴端挡圈如图 12-13（b）所示，常与轴肩或圆锥面联合使用，可用于高转速下轴向力大的场合。圆螺母如图 12-13（c）所示，常用在轴上多个需要固定的零件的间距较大时，这种固定方法承载能力较大，固定可靠，但由于对轴的强度削弱较大，所以在载

荷较大的轴段上不宜使用，常用于轴端零件的轴向固定。

图 12-13（d）为紧定衬套与圆螺母结构，用于光轴上轴向力和转速都不大的调心轴承。当轴系采用图 12-15 所示的两端固定支承型式时，轴承内圈不需采取上述的紧固措施。

内圈的另一端常以轴肩或套筒作为定位面，为保证可靠定位，轴肩圆角半径应该小于轴承的圆角半径。为了便于拆卸，轴肩的高度应低于轴承内圈厚度的 2/3。

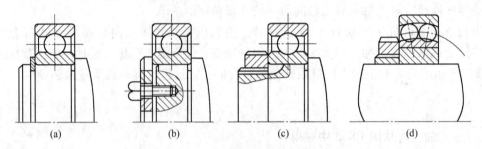

图 12-13　轴承内圈常用的轴向紧固方法
（a）轴用弹性挡圈；（b）轴端挡圈；（c）圆螺母；（d）紧定衬套

12.7.1.2　滚动轴承外圈的固定方法

轴承外圈的紧固常采用轴承盖、孔用弹性挡圈、座孔凸肩、止动环等结构措施，如图 12-14 所示。用嵌入外壳沟槽的孔用弹性挡圈紧固，用于轴向力不大且需要减小轴承装置尺寸时，如图 12-14（a）所示；用轴用弹性挡圈嵌入轴承外圈的止动槽内紧固用于带有止动槽的深沟球轴承，当外壳不便设计凸肩且外壳为剖分式结构，如图 12-14（b）所示；用轴承盖紧固，用于高转速及很大轴向力时的各类向心、推力和向心推力球轴承，如图 12-14（c）所示。

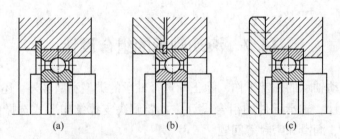

图 12-14　轴承外圈常用的轴向紧固方法
（a）孔用弹性挡圈与凸肩；（b）止动环；（c）轴承盖

12.7.2　支撑结构形式及其选择

机器中轴系位置是靠轴承来定位的，其结构既要防止轴系沿轴向窜动，又要保证滚动体不致因轴受热膨胀而被卡死，故允许支撑有一定的轴向游隙、轴承的支撑结构形式很多，最基本的结构形式有以下 3 种。

12.7.2.1　两端固定

如图 12-15 所示，轴系中的每个轴承分别承受轴系一个方向的轴向力，限制轴系的一个方向的移动，两个支点的轴承合起来就能承受双向的轴向力，从而限制了轴系沿轴向的双向移动，这种固定方式称为两端单向固定。它适用于工作温度变化不大的短轴（跨距 $L \leqslant 350mm$），为允许轴工作时有少量热膨胀，轴承安装时应留有 0.25~0.4mm 的轴向间隙，结构图上不必画出间隙，间隙量常用垫片或调整螺钉调节。轴向力较大时，则可选用一对角接触球轴承或一对圆锥滚子轴承。

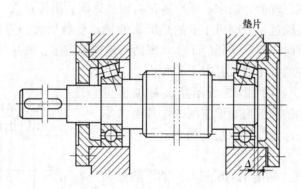

图 12-15　两端固定的深沟球轴承轴系

（图 12-15 中上半为圆锥滚子轴承，下半为角接触球轴承）

12.7.2.2　一端固定、一端游动

如图 12-16 所示，当轴的支点跨距较大（跨距 $L>350mm$）或工作温度较高时，因这时轴的热伸长量较大，采用上一种支承预留间隙的方式已不能满足要求。右端轴承的内、外圈两侧均固定，使轴双向轴向定位，而左端可采用深沟球轴承作游动端，为防止轴承从轴上脱落，轴承内圈两侧应固定，而其外圈两侧均不固定，且与机座孔之间是间隙配

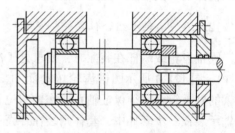

图 12-16　一端固定、一端游动式支撑

合。左端也可采用外圈无挡边圆柱滚子轴承为游动端，这时的内、外圈的固定方式如图 12-16 所示。

12.7.2.3　两端游动

如图 12-17 所示，其左、右两端都采用圆柱滚子轴承，轴承的内、外圈都要求固定，以保证在轴承外圈的内表面与滚动体之间能够产生左右轴向游动。此种支撑方式一般只用在人字齿轮传动这种特定的情况下，而且另一个轴必须采用两端固定结构。该结构可避免人字齿轮传动中，由加工误差导致干涉甚至卡死现象。

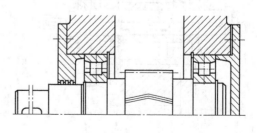

图 12-17　两端游动式支撑

12.7.3　滚动轴承组合的调整

12.7.3.1　轴承游隙的调整

为保证轴承正常运转，通常在轴承内部留有适当的轴向和径向游隙。游隙的大小对轴承的回转精度、受载、寿命、效率、噪声等都有很大影响。游隙过大，则轴承的旋转精度降低，噪声增大；游隙过小，则由于轴的热膨胀使轴承受载加大，寿命缩短，效率降低。因此，轴承组合装配时应根据实际的工作状况适当地调整游隙，并从结构上保证能方便地进行调整。调整游隙的常用方法有以下 3 种：

（1）垫片调整。如图 12-15 所示角接触轴承组合，通过增加或减少轴承盖与轴承座间的垫片组的厚度来调整游隙。图中深沟球轴承组合的热补偿间隙 C 也是靠垫片调整。

（2）圆螺母调整。如图 12-16 所示，轴承游隙靠圆螺母调整。但操作不太方便，且螺纹会削弱轴的强度。

（3）螺钉调整。如图 12-18 所示，用螺钉 1 和碟形零件 3 调整轴承游隙，螺母 2 起锁紧作用。这种方法调整方便，但不能承受大的轴向力。

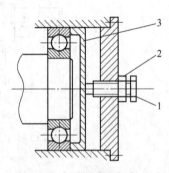

图 12-18　螺钉调整
1—螺钉；2—螺母；3—碟形零件

12.7.3.2　轴承组合位置的调整

圆锥齿轮或蜗杆在装配时，要求处于准确的轴向工作位置，才能保证正确啮合。如图 12-19、图 12-20 所示圆锥齿轮传动简图，装配时要求两个齿轮的节锥顶点重合。因此，两轴的轴承组合必须保证轴系能作轴向位置的调整，为了便于调整，可将确定其轴向位置的轴承装在一个套杯中，套杯则装在外壳中，通过增减套杯端面与外壳之间的垫片厚度调整传动零件的轴向位置。垫片 1 用来调整锥齿轮轴的轴向位置，垫片 2 用来调整轴承间隙。

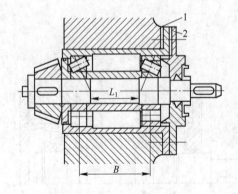

图 12-19　小锥齿轮轴支撑结构之一
1，2—垫片

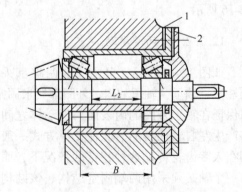

图 12-20　小锥齿轮轴支撑结构之二
1，2—垫片

12.8 滚动轴承的装拆

由于滚动轴承的配合通常较紧，为便于装配，防止损坏轴承，应采取合理的装配方法。轴承安装有热套法和冷压法。所谓热套法就是将轴承放入油池中，加热至 80~100℃，然后套装在轴上。冷压法如图 12-21 所示，需有专用压套，用压力机压入。

拆卸轴承时，可采用专用工具。如图 12-22 所示为常见的拆卸滚动轴承的情况。为便于拆卸，轴承的定位轴肩高度应低于轴承内圈高度，否则，难以放置拆卸工具的钩头，轴肩定位尺寸见机械手册中轴承的 d_a；加力于外圈以拆卸轴承时，机座孔的结构也应留出拆卸高度，其定位尺寸查有关手册。

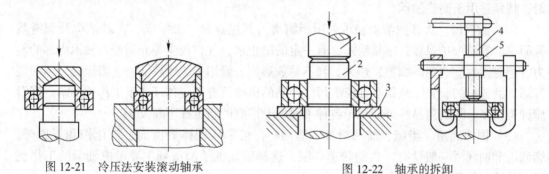

图 12-21　冷压法安装滚动轴承　　　　图 12-22　轴承的拆卸

1—压头；2—轴；3—对开垫板；4—螺栓；5—螺母

12.9 滚动轴承的润滑与密封

根据滚动轴承的实际工作条件选择合适的润滑方式并设计可靠的密封结构，是保证滚动轴承正常工作的重要条件，对滚动轴承的使用有着重要的影响。

12.9.1 滚动轴承的润滑

12.9.1.1 润滑方式的选择

滚动轴承的润滑方式可根据其速度因素 dn 值，由表 12-13 选取。

表 12-13 不同润滑方式下滚动轴承允许的 dn 值 （mm·r/min）

轴承类型	脂润滑	油润滑			
		油浴润滑	滴油润滑	油气润滑	喷射润滑
深沟球轴承	$3×10^5$	$5×10^5$	$6×10^5$	$10×10^5$	$25×10^5$
角接触球轴承			$5×10^5$	$9×10^5$	
圆柱滚子轴承		$4×10^5$	$4×10^5$	$10×10^5$	$20×10^5$
圆锥滚子轴承	$2.5×10^5$	$3.5×10^5$	$3.5×10^5$	$4.5×10^5$	—
推力球轴承	$0.7×10^5$	$1×10^5$	$2×10^5$	—	—

通常，当轴承的 $dn < 2 \times 10^5 \sim 3 \times 10^5 \, \mathrm{mm \cdot r/min}$ 时，可采用脂润滑或黏度较高的油润滑。

12.9.1.2　润滑剂的选择

（1）油润滑。采用油润滑对轴承具有清洗作用，摩擦阻力较小，散热效果好，但需要密封装置和供油设备。一般高温、高速条件下工作的轴承选用油润滑，润滑油主要是矿物油，也有植物油和合成润滑油。油润滑有多种方式，适用不同的工作条件。例如，油浴润滑多用于中、低速轴承，滴油润滑多用于转速较高的小型轴承；循环油润滑散热效果好，适用于速度较高的轴承；喷射润滑是用油泵将高压油经喷嘴射到轴承中，用于高速情况；油气润滑是利用一定压力的空气配合微量油泵将极少的润滑油吹送到轴承中进行润滑，特别适用于高速轴承。

（2）脂润滑。大多数滚动轴承采用脂润滑。其优点是：轴承座、密封结构及润滑装置简单，容易维护保养，不易泄漏，有一定的防止水、气、灰尘等介质侵入轴承内部的能力。但黏度大、高速时摩擦发热大，且不易散热，一般用于速度较低、连续运转、不便经常添加润滑剂的装置，或担心油流失污染产品的机械及有害气体环绕下工作的轴承，润滑脂种类很多。除通用品种外，用于各种工况的专用润滑脂也在不断发展。

（3）固体润滑。当脂、油润滑都不适用时，可采用固体润滑剂二硫化铂和石墨等。脂润滑和油润滑一般没有严格的转速界限，选择滚动轴承润滑剂主要考虑轴承的工作温度、转速和载荷条件等多种因素。

12.9.2　滚动轴承的密封

滚动轴承密封的目的是防止灰尘、水分和其他杂物侵入轴承，并可阻止润滑剂的流失。密封按照其原理不同可分为接触式密封和非接触式密封两大类。非接触式密封类密封是利用间隙进行密封，转动件与固定件不接触，不受速度的限制。接触式密封，密封件与轴接触，因而二者间有摩擦和磨损，轴转速较高时不宜采用。

12.9.2.1　非接触式密封

（1）间隙式。如图 12-23（a）所示，在轴与端盖间设置很小的轴向间隙（0.1～0.3mm）而获得密封。间隙越小，密封效果越好。若同时在端盖上制出几个环形槽如图 12-23（b）所示，并填充润滑脂，则可提高密封效果。这种密封结构适用于干燥清洁环境、脂润滑轴承。

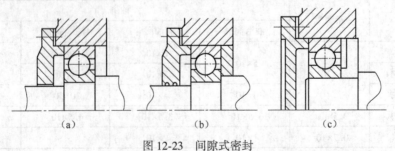

（a）　　　　　　　　　（b）　　　　　　　　　（c）

图 12-23　间隙式密封

图 12-23（c）为利用挡油环和轴承座之间的间隙实现密封的装置。工作时挡油环随轴一起转动，利用离心力甩去油和杂物。挡油环应凸出轴承座端面 $\Delta = 1 \sim 2mm$。该结构常用于机箱内的密封，如齿轮减速器内齿轮用润滑油，而轴承用脂润滑的场合。

（2）迷宫式。利用端盖和轴套间形成的曲折间隙获得密封。有径向迷宫式［图 12-24（a）］和轴向迷宫式［图 12-24（b）］两种。径向间隙取 0.1~0.2mm，轴向间隙取 1.5~2mm。应在间隙中填充润滑脂以提高密封效果。这种结构密封可靠，适用于比较脏的环境。

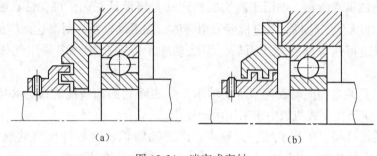

（a）　　　　　　　　　　　　（b）

图 12-24　迷宫式密封

12.9.2.2　接触式密封

（1）毡圈式密封。将矩形截面的毡圈安装在端盖的梯形槽内，利用轴与毡圈的接触压力形成密封。这种密封的压力不能调整。适用于轴的圆周速度 $v \leqslant 5m/s$ 的脂润滑轴承。

（2）皮碗式密封。密封皮碗用耐油橡胶制成，用弹簧圈紧箍在轴上，以保持一定的压力。图 12-25（a）和图 12-25（b）是两种不同的安装方式，前者皮碗唇口面向轴承，防止油的泄漏效果好；后者唇口背向轴承，防尘效果好。若同时用两个皮碗反向安装，则可达到双重效果。该密封结构可用于轴的圆周速度 $v \leqslant 7m/s$、脂润滑或油润滑的轴承。

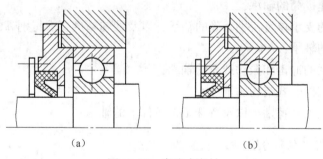

（a）　　　　　　　　　　　　（b）

图 12-25　皮碗式密封

当密封要求较高时，可将上述各种密封装置组合使用，如毡圈密封与间隙密封组合、毡圈密封与迷宫密封组合等。

12.10　滑动轴承概述

虽然滚动轴承具有一系列的优点，在一般机器中获得了广泛的应用，但在高速、重载、结构要求剖分等场合下，滑动轴承就显示出了它的优越性。本节主要介绍滑动轴承的类型、结构、润滑及轴承材料等。

12.10.1　滑动轴承的特点、应用及分类

12.10.1.1　滑动轴承的特点

（1）滑动轴承寿命长、适用于高速回转运动，当设计正确，可保证在液体摩擦条件下长期工作。如大型汽轮机、发电机多采用液体摩擦滑动轴承。对高速运转的轴，如高速内圆磨头，转速可达每分钟几十万转，用滚动轴承寿命过短，多采用气体润滑的滑动轴承。

（2）能承受冲击和振动载荷。滑动轴承工作表面间的油膜能起缓冲和吸振作用，如冲床、轧钢机械及往复式机械中多采用滑动轴承。

（3）运转精度高、工作平稳、无噪声。因滑动轴承所含零件比滚动轴承少，制造、安装可达到较高的精度，故运转精度、工作平稳性都优于滚动轴承。

（4）结构简单、装拆方便。滑动轴承常做成剖分式，这给拆装带来方便，如曲轴的轴承多采用剖分式滑动轴承。

（5）承载能力大，可用于重载场合。液体摩擦滑动轴承具有较高的承载能力，适宜做重载轴承。若采用滚动轴承需要专门设计制造，成本高。

（6）非液体摩擦滑动轴承，摩擦损失大；液体摩擦滑动轴承，摩擦损失与滚动轴承相差不多，但设计、制造、润滑及维护要求高。

12.10.1.2　滑动轴承的应用

滑动轴承主要应用于以下几种情况：
（1）工作转速极高的轴承；
（2）要求轴的支承位置特别精确的轴承，以及回转精度要求特别高的轴承；
（3）特重型的轴承；
（4）承受巨大的冲击和振动载荷的轴承；
（5）必须采用剖分式结构的轴承；
（6）要求径向尺寸特别小以及特殊工作条件下的轴承。

12.10.1.3　滑动轴承分类

（1）根据所承受载荷的方向，滑动轴承可分为径向滑动轴承（承受径向载荷）、推力滑动轴承（承受轴向载荷）两大类。

（2）根据轴组件及轴承装拆的需要，滑动轴承可分为整体式、剖分式和调心式 3 类。

（3）根据轴颈和轴瓦间的摩擦状态，滑动轴承可分为液体滑动轴承和非液体滑动轴承两类。

（4）根据工作时相对运动表面间油膜形成原理的不同，液体摩擦滑动轴承又分为液体动压润滑轴承和液体静压润滑轴承，简称为动压轴承和静压轴承。

12.10.2 滑动轴承的结构

12.10.2.1 径向滑动轴承

A 整体式向心滑动轴承

图 12-26（a）是一种常见的整体式向心滑动轴承。最常用的轴承座的材料为铸铁。轴承座用螺栓与机座连接，顶部设有装油杯的螺纹孔。在轴承孔内压入用减摩材料制成的轴套，轴套上开有油孔，并在内表面上开设油沟，以输送润滑油。整体式轴承构造简单，常用于低速、载荷不大的间歇工作的机器上。但有下列缺点：

（1）当滑动表面磨损而间隙过大时，无法调整轴承间隙。

（2）轴颈只能从端部装入，对于粗重的轴或者具有中轴颈的轴安装不便。如果采用剖分式轴承，可以克服这两个缺点。

B 剖分式向心滑动轴承

图 12-26（b）是剖分式轴承，由轴承座、轴承盖、剖分轴瓦、轴承盖螺柱等组成。轴瓦是轴承直接和轴颈相接触的零件。为了节省贵重金属或其他需要，常在轴瓦内表面上贴附一层轴承衬。不重要的轴承也可以不装轴瓦。在轴瓦内壁不负担载荷的表面上开设油沟，润滑油通过油孔和油沟流进轴承间隙。剖分面最好与载荷方向近于垂直。多数轴承的剖分面是水平的，也有倾斜的。轴承盖和轴承座的剖分面常做成阶梯形，以便定位和防止工作时错动。

C 调心式向心滑动轴承

当轴的弯曲变形较大，或由于安装误差较大时，轴颈偏斜引起轴承两端边缘接触，载荷集中，加剧磨损和发热，降低轴承寿命。轴承宽度越大，这种情况越严重。所以轴承宽度 B 与轴颈直径 d 的比值（宽径比）不能太大，一般宽径比 $B/d = 0.5 \sim 1.5$。当 $B/d > 1.5$ 时，常采用调心式轴承（如图 12-26c 所示）。调心式轴承又称自位轴承，其特点是：轴瓦外表面做成球面形状，与轴承盖及轴承座的球形内表面相配合，轴瓦可以自动调心以适应轴颈的偏斜。

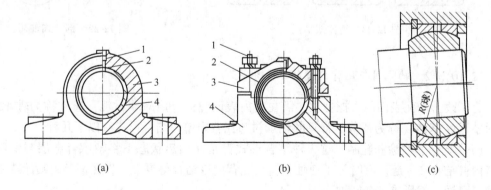

(a) (b) (c)

图 12-26 径向滑动轴承结构图

（a）：1—油杯螺纹孔；2—油孔；3—轴承座；4—轴套

（b）：1—双头螺柱；2—部分轴瓦；3—轴承盖；4—轴承座

12.10.2.2　推力滑动轴承

常见的推力轴承止推面的形状见图 12-27。实心端面推力轴颈由于跑合时中心与边缘的磨损不均匀，越接近边缘部分磨损越快，以致中心部分压强极高。空心轴颈和环状轴颈可以克服这一缺点。载荷很大时可以采用多环轴颈，它能承受双向的轴向载荷。

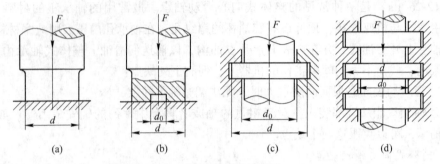

图 12-27　普通推力轴颈

（a）实心端面轴颈；（b）空心端面轴颈；（c）环状轴颈；（d）多环轴颈

12.10.3　轴瓦结构及轴承衬

12.10.3.1　轴瓦的结构

轴瓦是滑动轴承中直接与轴颈接触的零件，它与轴颈表面产生相对滑动。常用的轴瓦结构有整体式和剖分式两种：

（1）整体式轴瓦。整体式轴承采用整体式轴瓦，如图 12-28 所示。

（2）剖分式轴瓦。整体式轴承采用剖分式轴瓦，如图 12-29 所示。

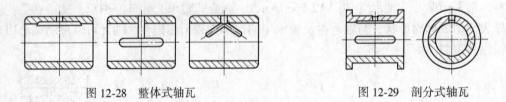

图 12-28　整体式轴瓦　　　　　　　　　图 12-29　剖分式轴瓦

12.10.3.2　轴承衬与瓦背内壁的结合形式

为了改善轴瓦表面的摩擦性质，需在其内表面浇铸一层减摩材料，通常称为轴承衬，这时轴瓦（基体）称为瓦背。常见的轴承衬与瓦背内壁的结合形式有以下几种：

（1）烧结、喷涂和轧制。这 3 种结合形式都是在加热状态下将轴承合金层与低碳钢瓦背内壁结合在一起。有时为了使轴承衬与瓦背内壁结合得更牢，先在钢壁上喷涂或镀上一薄层青铜，就形成三金属轴瓦。

（2）浇注。在瓦背内壁浇注轴承合金，则形成浇注式轴瓦，特别是对于较大尺寸和要求有较厚的轴承衬时多采用浇注式。为了使轴承衬与瓦背内壁结合牢固，可在轴瓦内壁制出沟槽，如图 12-30 所示。

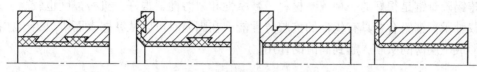

图 12-30　轴瓦与轴承衬结合形式

12.10.3.3　油孔、油沟和油室

油孔用来供应润滑油，油沟则用来输送和分布润滑油。轴向油沟也可以开在轴瓦剖分面上。油沟的形状和位置影响轴承中油膜压力分布情况。润滑油应该自油膜压力最小的地方输入轴承。油沟不应该开在油膜承载区内，否则会降低油膜的承载能力。轴向油沟应较轴承宽度稍短，以免油从油沟端部大量流失，一般为轴瓦长度的 80% 左右。常见的油沟结构如图 12-31 所示。

图 12-32 是油室的结构，它可使润滑油沿轴向均匀分布，并起着储油和稳定供油的作用。此结构用于往复转动的重载轴承，双向进油并有大的油室。

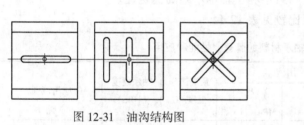

图 12-31　油沟结构图

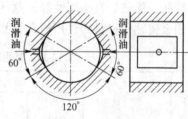

图 12-32　普通油室

12.10.4　滑动轴承的材料

滑动轴承材料分 3 大类：（1）金属材料——如轴承合金、青铜、铝基合金、锌基合金、减摩铸铁等；（2）多孔质金属材料（粉末冶金材料）；（3）非金属材料——如塑料、橡胶、硬木等。现简要分述如下：

12.10.4.1　轴承合金（又称白合金、巴氏合金）

锡（Sn）、铅（Pb）、锑（Sb）、铜（Cu）的合金统称为轴承合金。它以锡或铅作基体，悬浮锑锡（Sb-Sn）及铜锡（Cu-Sn）的硬晶粒。硬晶粒起耐磨作用，软基体则增加材料的塑性。硬晶粒受重载时可以嵌陷到软基里，使载荷由更大的面积承担。它的弹性模量和弹性极限都很低。在所有轴承材料中，轴承合金的嵌藏性和顺应性最好，很容易和轴颈磨合，它与轴颈的抗胶合能力也较好。轴承合金的机械强度较低，通常将它贴附在软钢、铸铁或青铜的轴瓦上使用。锡基合金的热膨胀性质比铅基合金好，所以前者更适合用于高速轴承，但价格高。

12.10.4.2　轴承青铜

青铜也是常用的轴承材料，其中铸锡锌铅青铜有很好的疲劳强度，广泛用于一般轴承。铸锡磷青铜是很好的一种减摩材料，减摩性和耐磨性都很好，机械强度也较高，适用于重载轴承。铜铅合金具有优良的抗胶合性能，在高温时可以从摩擦表面析出铅，在铜基体上形成一层薄的敷膜，起到润滑的作用。

12.10.4.3　多孔质金属材料

多孔质金属是一种粉末冶金材料，它具有多孔组织，采取措施使轴承所有细孔都充满润滑油的轴承称为含油轴承，因此它具有自润滑性能。常用的含油轴承材料有多孔铁（铁-石墨）与多孔青铜（青铜-石墨）两种。

12.10.4.4　轴承塑料

非金属轴承材料以塑料用得最多。塑料轴承有自润滑性能，也可用油或水润滑。其主要优点是：（1）摩擦系数较小；（2）有足够的抗压强度和疲劳强度，可承受冲击载荷；（3）耐磨性和跑合性好；（4）塑性好，可以嵌藏外来杂质，防止损伤轴颈。但它的导热性差（只有青铜的几百分之一），线膨胀系数大（约为金属的3~10倍），吸水或吸油后体积会膨胀，受载后有冷流性等，这些因素不利于轴承尺寸的稳定性。

常用金属轴承材料的许用值和性能比较见表12-14。

表 12-14　常用轴承材料的牌号、性能和应用

名　称	牌　号	最大许用值			最高工作温度/℃	轴颈硬度（HBS）	应用范围
		P/MPa	v/m·s⁻¹	P_v/MPa·m·s⁻¹			
锡锑轴承合金	ZSnSb11Cu-6	25	80	20	150	130~170	用于高速、重载下工作的重要轴承或轴承衬。变载荷下易于疲劳。价高
	ZSnSb8Cu-4	20	60	15			
铅锑轴承合金	ZChPbSb16-16-2	15	12	10	150	130~170	用于没有显著冲击的重载、中速的轴承，如车床、发电机的轴承
	ZChPbSb15-15-3	5	6	5			
锡青铜	ZCuSn10Pb1	15	10	15	280	300~400	用于中速、重载变载荷与中载的轴承
	ZCuSn5Pb5Zn5	5	3	10			
铅表铜	ZCuPb30	25	12	30	250~280	300	用于高速、重载轴承。能承受变载荷和冲击载荷
灰铸铁	HT150~HT250	2~4	0.5~1	1~4	150	200~230	用于不受冲击的低速轻载轴承

12.10.5　滑动轴承的润滑

滑动轴承的润滑主要是为了减少摩擦和磨损，同时还可以起到冷却、吸振、防尘和防锈等作用。

12.10.5.1 润滑剂的选用

（1）润滑油。润滑油内阻小，流动性好。当负荷大或有冲击或工作温度高，工作表面粗糙时，选用黏度大的润滑油；载荷小、轴颈速度高时选用黏度小的润滑油。滑动轴承常用的润滑油的牌号可参照表 12-15 选用。

表 12-15　滑动轴承润滑油选择

轴颈速度	轻载 $p<3$MPa	中载 $p=3\sim7.5$MPa	重载 $p>7.5\sim30$MPa
<0.1	L-AN100、150 全损耗系统用油；HG-11 饱和汽缸油；30 号 QB 汽油机油；L-CKC100 工业齿轮油	L-AN150 全损耗系统用油；40 号 QB 汽油机油；150 工业齿轮油	38 号、52 号过热汽缸油；460 工业齿轮油
0.1~0.3	30 号 QB 汽油机油；L-CKC68 工业齿轮油；L-AN68、100 全损耗系统用油	L-AN150 全损耗系统用油；11 号饱和汽缸油；40 号 QB 汽油机油；100、150 工业齿轮油	38 号过热汽缸油；220、320 工业齿轮油
0.3~2.5	L-AN100、150 全损耗系统用油；20 号 QB 汽油机油；L-TSA46 号汽轮机油	30 号 QB 汽油机油；60、100 工业齿轮油；11 号饱和汽缸油；L-AN68、100 全损耗系统用油；20 号 QB 汽油机油；68 号工业齿轮油	30 号 QB 汽油机油；40 号 QB 汽油机油；150 工业齿轮油；13 号压缩机油
2.5~5.0	L-AN32、46 全损耗系统用油；L-TSA46 号汽轮机油	L-AN68、100 全损耗系统用油	
5.0~9.0	L-AN32、46 全损耗系统用油；L-TSA32 号汽轮机油		
>9	L-AN7、10 全损耗系统用油		

（2）润滑脂。润滑脂的稠度大，承载能力强，不易流失，温度影响小，但摩擦损耗大，因此不适于高速。

润滑脂主要按轴承工作温度进行选择，同时考虑工作压强和轴颈速度。应用最广泛的是钙基脂。选择时，可参考表 12-16。

表 12-16　滑动轴承润滑脂的选用

压力 p/MPa	轴劲圆周速度 v/m·s^{-1}	最高工作温度/℃	选用的牌号
≤1.0	≤1	75	3 号钙基脂
1.0~6.5	0.5~5	55	2 号钙基脂
≥6.5	≤0.5	75	3 号钙基脂
≤6.5	0.5~5	120	2 号钠基脂
>6.5	≤0.5	110	1 号钙钠基脂
1.0~6.5	≤1	50~100	锂基脂
>6.5	0.5	60	2 号压延机脂

12.10.5.2　润滑装置

向轴承供给润滑油或润滑脂的方法很重要，尤其是油润滑，轴承的润滑状态与润滑油的供给方法有关。润滑脂是半固体状的油膏，供给方法与润滑油不同。

A　油润滑装置

润滑油供给可以是间歇的或连续的，连续供油比较可靠。间歇供油如图 12-33（a）、（b）所示，用油壶注油或提起针阀，通过油杯注油，只能达到间歇润滑的作用，图 12-33（c）为针阀式注油油杯，既可用于间歇供油又可用于连续供油。连续供油主要有下列几种方法：

（1）滴油润滑。图 12-33（c）为针阀式注油油杯。当手柄卧倒时，针阀受弹簧推压向下而堵住底部油孔。手柄旋转 90°变为直立状态时，针阀向上提，下端油孔敞开，润滑油流进轴承连续供油，调节油孔开口大小可以调节流量。

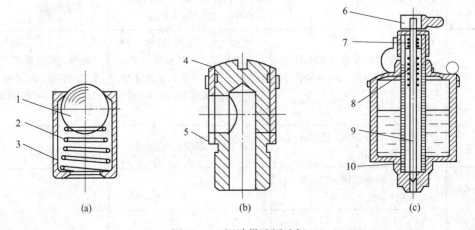

图 12-33　间歇供油用油杯

（a）压配式压注油杯；（b）旋套式注油油杯；（c）针阀式注油油杯

1—钢球；2，8—弹簧；3，4，10—杯体；5—旋套；6—手柄；7—调节螺母；9—针阀

（2）芯捻或线纱润滑。用毛线或棉线做成芯捻，如图 12-34（a）所示。或用线纱做成线团浸在油槽内，利用毛细管作用把油引到滑动表面上。这两种方法不易调节供油量。

（3）油环润滑。轴颈上套有油环，如图 12-34（b）所示，油环下垂浸到油池里，轴颈回转时把油带到轴颈上去。这种装置只能用于水平而连续运转的轴颈，供油量与轴的转速、油环的截面形状和尺寸、润滑油黏度等有关。适用的转速范围为 $60 \sim 100 \text{r/min} < n < 1500 \sim 2000 \text{r/min}$。速度过低，油环不能把油带起；速度过高，环上的油会被甩掉。

（4）飞溅润滑。以齿轮减速器为例，利用浸入油中的齿轮转动时，由润滑油飞溅成的油沫沿箱壁和油沟流入轴承。

（5）浸油润滑。部分轴承直接浸在油中以润滑轴承，如图 12-34（c）所示。

（6）压力循环润滑。压力循环润滑，如图 12-34（d）所示。可以供应充足的油量来润滑和冷却轴承。在重载、振动或交变载荷的工作条件下，能取得良好的润滑效果。

B　脂润滑装置

润滑脂只能间歇供应。润滑杯（图 12-35）是应用得最广的脂润滑装置。润滑脂储存

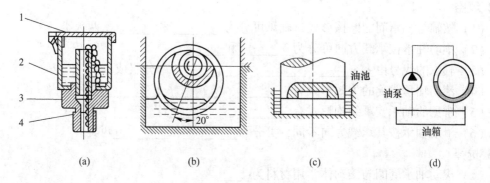

图 12-34　连续供油方法

（a）芯捻或线纱润滑；（b）油环润滑；（c）浸油润滑；（d）压力循环润滑

1—盖；2—杯体；3—接头；4—油芯

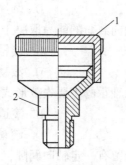

图 12-35　旋盖式油杯

1—杯盖；2—杯体

在杯体里，杯盖用螺纹与杯体连接，旋拧杯盖可将润滑脂压送到轴承孔内。也常见用黄油枪向轴承补充润滑脂。脂润滑也可以集中供应。

　　滑动轴承的润滑方式可根据系数 K 选定（见表 12-17）：

$$K = \sqrt{pv^3} \tag{12-18}$$

式中　p——轴颈上的平均压强，MPa，$p = F/(B \cdot d)$（F 为轴承所受载荷，N；d 为轴颈直径，mm；B 为轴承宽度，mm）；

　　　v——轴颈的圆周速度，m/s。

表 12-17　滑动轴承润滑方式的选择

K 值	≤1900	>1900~1600	>1600~30000	>30000
润滑方式	润滑脂润滑（可用油杯）	润滑油滴油润滑（可用针阀油杯等）	飞溅式润滑（水或循环油冷却）	循环压力润滑

习　题

12-1　术语解释

（1）基本额定动载荷；　　　（2）基本额定寿命；　　　（3）当量动载荷。

12-2 填空

（1）按轴与轴承间的摩擦形式，轴承可分为_____和_____两大类。

（2）滚动轴承按承载方向可分为_____和_____。

（3）轴承的代号由_____、_____及_____3部分组成。

（4）滚动轴承常见的失效形式有_____、_____及_____3种。

（5）常见的轴承支承结构形式有_____、_____及_____3种。

（6）滑动轴承按其承载方向不同，可分为_____和_____两类。

12-3 选择

（1）滚动轴承套圈与滚动体常用材料为____。

  A. 20Cr；   B. 40Cr；   C. GCr15；   D. 20CrMnTi。

（2）推力球轴承不适于高转速，这是因为高速时____，从而使轴承寿命严重下降。

  A. 冲击过大；   B. 滚动体离心力过大；

  C. 滚动阻力大；   D. 圆周线速度过大。

（3）角接触球轴承所能承受轴向载荷的能力取决于____。

  A. 轴承的宽度；   B. 接触角的大小；

  C. 轴承精度；   D. 滚动体的数目。

（4）中速旋转正常润滑的滚动轴承的主要失效形式是____。

  A. 滚动体碎裂；   B. 滚道压坏；

  C. 滚道磨损；   D. 滚动体与滚道产生疲劳点蚀。

（5）滚动轴承在安装过程中应留有一定轴向间隙，目的是为了____。

  A. 装配方便；   B. 拆卸方便；

  C. 散热；   D. 受热后轴可以自由伸长。

（6）设计滚动轴承组合时，对支撑轴距很长、温度变化很大的轴，考虑轴受热后有限的伸长量，应____。

  A. 将一支点上的轴承设计成可游动的；

  B. 采用内部间隙可调整的轴承（如圆锥滚子轴承，角接触球轴承）；

  C. 轴颈与轴承内圈采用很松的配合；

  D. 轴系采用两端单向固定的结构。

（7）滚动轴承与轴和外壳孔的配合为____。

  A. 内圈与轴为基孔制，外圈与孔为基轴制；

  B. 内圈与轴为基轴制，外圈与孔为基孔制；

  C. 都是基孔制；

  D. 都是基轴制。

（8）有一根只用来传递转矩的轴用三个支点支撑在水泥基础上，它的三个支点的轴承应选用____。

  A. 深沟球轴承；   B. 调心滚子轴承；

  C. 圆锥滚子轴承；   D. 圆柱滚子轴承。

12-4 判断题

（1）两端固定式轴向固定适用于工作温度不高的短轴。   （ ）

（2）一端固定、一端游动的轴向固定方式适用于工作温度高的长轴。　　　（　　）

（3）轴承预紧能增加支撑的刚度和提高旋转精度。　　　　　　　　　　　（　　）

（4）角接触轴承通常要成对使用。　　　　　　　　　　　　　　　　　　（　　）

（5）转速较低、载荷较大且有冲击时，应选用滚子轴承。　　　　　　　　（　　）

12-5　简答题

（1）滚动轴承的主要失效形式有哪些？其相应设计计算准则是什么？

（2）何谓滚动轴承基本额定动载荷？何谓当量动载荷？它们有何区别？当量动载荷超过基本额定动载荷时，该轴承是否可用？

（3）基本额定动载荷与基本额定静载荷本质上有何不同？

（4）滚动轴承的内、外圈的固定与锁紧方式有哪些？

（5）为什么角接触球轴承与圆锥滚子轴承往往成对使用且"面对面"或"背对背"配置？

12-6　计算

（1）一汽轮机选用深沟球轴承，已知轴的直径 $d = 35\text{mm}$，转速 $n = 2500\text{r/min}$，轴承所受径向载荷 $F_r = 2000\text{N}$，轴向载荷 $F_a = 500\text{N}$，工作温度正常，要求轴承预期寿命 $[L_h] = 5000\text{h}$，试选择轴承型号。

（2）斜齿轮安装在轴承之间的中部，转动方向如图 12-36 所示。采用一对 70000 型轴承。已知斜齿轮 $\beta = 15°$，分度圆直径 $d = 120\text{mm}$，轴传递的转矩 $T = 19 \times 10^4\text{N·mm}$，轴的转速 $n_1 = 1440\text{r/min}$，$f_p = 1.1$，若轴承的额定动载荷 $C = 28.8\text{kN}$，试计算轴承的寿命。

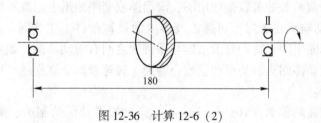

图 12-36　计算 12-6（2）

（3）已知 7208AC 轴承的转速 $n = 5000\text{r/min}$，当量动载荷 $P = 2394\text{N}$，载荷平稳，工作温度正常，径向基本额定动载荷 $C_r = 35200\text{N}$，预期寿命 $[L_h] = 8000\text{h}$，试校核该轴承的寿命。

习 题 答 案

12-1　术语解释

（1）基本额定动载荷：基本额定动载荷 C 是指当轴承的基本额定寿命 L_{10} 为 10^6 转时，轴承所能承受的载荷值。基本额定动载荷，对向心轴承，指的是纯径向载荷，用 C_r 表示；对推力轴承，指的是纯轴向载荷，用 C_a 表示；对角接触球轴承或圆锥滚子轴承，指的是使套圈间只产生纯径向位移的载荷的径向分量。

（2）基本额定寿命：轴承的基本额定寿命 L_{10} 是指一批相同的轴承在相同条件下运转，其中 10% 的轴承发生点蚀破坏，而 90% 的轴承不发生疲劳点蚀前能够达到或超过的总转数（10^6转为单位），或在一定转速下工作的小时数。

（3）当量动载荷：当实际载荷为一个径向载荷与轴向载荷联合作用时，需将它们转换成一个假想载荷，在这个假想载荷作用下，轴承的寿命和实际载荷下的寿命相同，称该假想载荷为当量动载荷。

12-2　填空

（1）滚动轴承；滑动轴承。

（2）向心轴承；推力轴承。

（3）基本代号；前置代号；后置代号。

（4）疲劳点蚀；塑性变形；磨损。

（5）两端固定；一端固定、一端游动；两端游动。

（6）径向滑动轴承；推力滑动轴承。

12-3　选择

（1）C；（2）B；（3）B；（4）D；（5）D；（6）A；

（7）A；（8）A。

12-4　判断题

（1）√；（2）√；（3）√；（4）√；（5）×。

12-5　简答题

（1）答：滚动轴承常见的失效形式有：1）疲劳点蚀，轴承由于滚动体沿着套圈滚动，在相互接触的物体表层内产生变化的接触应力，经过一定次数循环后，此应力就导致表层下不深处形成的微观裂缝。微观裂缝被渗入其中的润滑油挤裂而引起点蚀。2）塑性变形，在过大的静载荷和冲击载荷作用下，滚动体或套圈滚道上出现不均匀的塑性变形凹坑。3）磨损，滚动轴承在密封不可靠以及多尘的运转条件下工作时，易发生磨粒磨损。通常在滚动体与套圈之间，特别是滚动体与保持架之间有滑动摩擦，如果润滑不好，发热严重时，可能使滚动体回火，甚至产生胶合磨损。转速越高、磨损越严重。

其计算准则为：

①对于一般转速的轴承（$10\text{r/min} < n < n_{\lim}$），如果轴承的制造、保管、安装、使用等条件均良好，轴承的主要失效形式为疲劳点蚀，因此应以疲劳强度计算为依据进行轴承的寿命计算。

②对于高速轴承，除疲劳点蚀外其各元件的接触表的过热也是重要的失效形式，因此除需要进行寿命计算外，还应校验其极限转速 $n_{\lim}$。

③对于低速轴承（$n < 1\text{r/min}$），可近似认为轴承各元件是在静应力作用下工作的，其失效形式为塑性变形，应进行以不发生塑性变形为准则的静强度计算。

（2）答：基本额定动载荷 C 是指当轴承的基本额定寿命 L_{10} 为 10^6 转时，轴承所能承受的载荷值。当量动载荷是指当实际载荷为一个径向载荷与轴向载荷联合作用时，需将它们转换成一个假想载荷，在这个假想载荷作用下，轴承的寿命和实际载荷下的寿命相同。

基本额定动载荷是指轴承所能承受的实际载荷值，而当量动载荷是将实际轴向载荷和径向载荷转换成一个假想载荷。

当量动载荷超过基本额定动载荷时，该轴承不可用。

（3）答：基本额定动载荷是在某一段时间后轴承所能承受的载荷，它是以轴承整体为单位的。是指整个轴承的承载能力。而基本额定静载荷是指某一处滚动体与滚道接触中心处的接触应力，它是某一处所能承受的最大应力。

（4）答：轴承内圈的紧固应根据轴向力的大小选用轴用弹性挡圈、轴端挡圈、圆螺母等；轴承外圈的紧固常采用轴承盖、孔用弹性挡圈、座孔凸肩、止动环等结构措施。

（5）答：因为只有"面对面"或"背对背"安装时，两轴承产生的内部轴向力才会方向相反，这样可以起到相互抵消一部分的作用。

12-6 计算

（1）解：1）求当量动载荷 P。

由式（12-10）得 $P = f_P (XF_r + YF_a)$。

查表 12-9 得 $f_P = 1.1$，式中径向载荷系数 X 和轴向载荷系数 Y 要根据 F_a / C_{0r} 值查取。C_{0r} 是轴承的径向额定静载荷，未选轴承型号前暂不知道，故用试算法计算。根据表 12-8，暂取 $F_a / C_{0r} = 0.028$，则 $e = 0.22$。由 $F_a / F_r = 500 / 2000 = 0.25 > e$，查表 12-8 得 $X = 0.56$，$Y = 1.99$，则

$$P = 1.1 \times (0.56 \times 2000 + 1.99 \times 500) \text{N} = 2327 \text{N}$$

2）计算所需的径向额定动载荷值。

由式（12-8）可得

$$C = \frac{P}{f_T} \left(\frac{60n [L_h]}{10^6} \right)^{1/\varepsilon} = \frac{2600}{1} \times \left(\frac{60 \times 2500}{10^6} \times 5000 \right)^{1/3} \text{N} = 23622 \text{N}$$

3）选择轴承型号。

查有关轴承的手册，根据 $d = 35 \text{mm}$，选得 6307 轴承，其 $C_r = 33200 \text{N} > 23620 \text{N}$，$C_{0r} = 19200 \text{N}$。6307 轴承的 $F_a / C_{0r} = 500 / 19200 = 0.026$，与初步假定值（0.028）相近，所以，选用深沟球轴承 6307 合适。

（2）解：1）计算轴承的轴向力 F_{a1}、F_{a2}。

由图可知，$F_r = \dfrac{2T}{d} = \dfrac{2 \times 19 \times 10^4}{120} \text{N} = 3166 \text{N}$

因齿轮安装在轴承中间，故 $F_{r1} = F_{r2} = F_r / 2 = 1583$

由表 12-10 查得 7211AC 轴承内部轴向力的计算公式为

$$F_s = 0.4 F_r$$

则

$$F_{s1} = 0.4 F_{r1} = 0.4 \times 1583 \text{N} = 633 \text{N}$$

$$F_{s2} = 0.4 F_{r2} = 0.4 \times 1583 \text{N} = 633 \text{N}$$

$$F_{a1} = F_{s1} = 633 \text{N}$$

$$F_{a2} = F_{s2} = 633 \text{N}$$

因两轴承受力相同，故只需计算其中一个轴承的参数。现取轴承 1 为研究对象。

2）计算轴承的当量载荷 P_1。

由表 12-8 查得 7211AC 轴承的 $e = 0.46$，而

$$F_{a1} / F_{r1} = 633 / 1583 = 0.40 < e$$

查表 12-8 可得 $X_1 = 1$、$Y_1 = 0$，则轴承的当量动载荷为

$$P_1 = f_P (X_1 F_{r1} + Y_1 F_{a1}) = 1.1 \times (1 \times 1583 + 0 \times 633) \text{N} = 1741 \text{N}$$

3）计算轴承轴寿命

由题意得 70000 轴承的 $C_r = 28800\text{N}$。取 $\varepsilon = 3$，$f_T = 1$，则由式（12-7）得

$$L_{10h} = \frac{10^6}{60n}\left(\frac{f_T C}{P}\right)^{\varepsilon} = \frac{10^6}{60 \times 1440} \times \left(\frac{1 \times 28800}{1741}\right)^3 \text{h} = 52392\text{h}$$

（3）解：由题意得 7208AC 轴承的 $C_r = 35200\text{N}$。取 $\varepsilon = 3$，$f_T = 1$，则由式（12-7）得

$$L_{10h} = \frac{10^6}{60n}\left(\frac{f_T C}{P}\right)^{\varepsilon} = \frac{10^6}{60 \times 5000} \times \left(\frac{1 \times 35200}{2394}\right)^3 \text{h} = 10596\text{h} > [L_h] = 8000\text{h}$$

故轴承寿命足够。

13 机 械 连 接

机械连接又分为可拆连接和不可拆连接。允许多次装拆而无损其使用性能的连接称为可拆连接，如螺纹连接、键连接及销连接等。必须破坏或损伤连接中的某一部分才能拆开的连接称为不可拆连接，如焊接、铆接及黏接等。

13.1 螺 纹 连 接

螺纹连接结构简单、装拆方便、类型多样，是机械结构中应用最广泛的连接方式。如图 13-1 所示，认识常用螺纹连接零件，想想它们都有什么特点和用途。

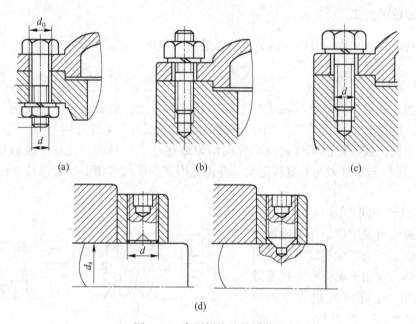

图 13-1 常用螺纹连接零件
（a）螺栓连接；（b）双头螺柱连接；（c）螺钉连接；（d）紧定螺钉连接

13.1.1 螺纹的形成

如图 13-2 所示，螺纹的形成原理如下：

（1）将底边 AB 长为 πd 的直角三角形 ABC 绕在直径为 d 的圆柱体上，则三角形的斜边 AC 在圆柱体上便形成一条螺旋线，底边 AB 与斜边 AC 的夹角 ψ 为螺旋线的升角。

（2）当取三角形、矩形或锯齿形等平面图形，使其保持与圆柱体轴线共面状态，并沿螺旋线运动时。则该平面图形的轮廓线在空间的轨迹便形成螺纹。

按螺纹的旋向可将螺纹分为左旋螺纹和右旋螺纹。一般常用的是右旋螺纹，左旋螺纹仅用于某些有特殊要求的场合，如汽车左车轮用的螺纹、煤气罐减压阀螺纹等。

　　螺纹的旋向可用右手判别：将右手掌打开，四指并拢，大拇指伸开，手心对着自己，四个手指的方向与螺纹中心线一致，如果螺纹环绕方向与大拇指指向一致，则该螺纹为右旋螺纹，反之则为左旋螺纹，如图13-3所示。

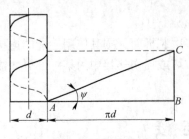

图13-2　螺纹的形成原理

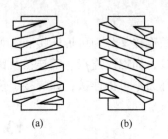

图13-3　螺纹的旋向

（a）右旋螺纹；（b）左旋螺纹

13.1.2　螺纹的加工

　　在工件上加工出内、外螺纹的方法，主要有切削加工和滚压加工两类。

13.1.2.1　螺纹切削

　　一般指用成形刀具或磨具在工件上加工螺纹的方法，主要有车削、铣削、攻丝、套丝、磨削、研磨和旋风切削等。车削、铣削和磨削螺纹时，工件每转一转，机床的传动链保证车刀、铣刀或砂轮沿工件轴向准确而均匀地移动一个导程。在攻丝或套丝时，刀具（丝锥或板牙）与工件做相对旋转运动，并由先形成的螺纹沟槽引导着刀具（或工件）做轴向移动。

　　（1）螺纹车削（图13-4）。在车床上车削螺纹可采用成形车刀或螺纹梳刀。用成型车刀车削螺纹，由于刀具结构简单，常用于单件和小批量螺纹工件的生产；用螺纹梳刀车削螺纹，生产效率高，但刀具结构复杂，适于中、大批量生产中车削细牙的短螺纹工件。普通车床车削梯形螺纹的

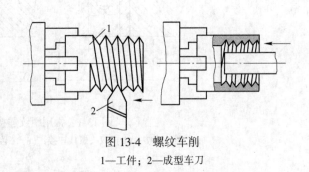

图13-4　螺纹车削

1—工件；2—成型车刀

螺距精度一般只能达到8～9级；在专门化的螺纹车床上加工螺纹，生产率或精度可显著提高。

　　（2）螺纹铣削（图13-5）。在螺纹铣床上用盘形铣刀或梳形铣刀可进行螺纹铣削。盘形铣刀主要用于铣削丝杆、蜗杆等工件上的梯形外螺纹。梳形铣刀用于铣削内、外普通螺纹和锥螺纹，这种方法适用于成批生产一般精度的螺纹工件或磨削前的粗加工。

　　（3）螺纹磨削（图13-6）。主要用于在螺纹磨床上加工淬硬工件的精密螺纹。按砂轮截面形状不同分单线砂轮和多线砂轮磨削两种。单线砂轮磨削能达到的螺距精度为5～6级，这种方法适于磨削精密丝杠、螺纹量规、蜗杆、小批量的螺纹工件和铲磨精密滚刀。

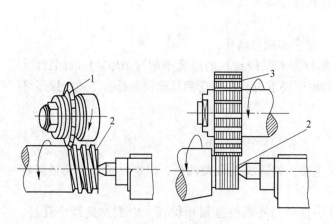
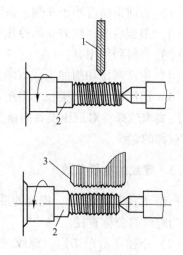

图 13-5　螺纹铣削
1—盘形铣刀；2—工件；3—梳形铣刀

图 13-6　螺纹磨削
1—单线砂轮；2—工件；3—多线砂轮

多线砂轮磨削又分纵磨法和切入磨法两种。纵磨法的砂轮宽度小于被磨螺纹长度，砂轮纵向移动一次或数次行程即可把螺纹磨到最后尺寸。切入磨法的砂轮宽度大于被磨螺纹长度，砂轮径向切入工件表面，工件约转 1.25 转就可磨好，生产率较高，但精度稍低，砂轮修整比较复杂。切入磨法适于铲磨批量较大的丝锥和磨削某些紧固用的螺纹。

（4）螺纹研磨。用铸铁等较软材料制成螺母型或螺杆型的螺纹研具，对工件上已加工的螺纹存在螺距误差的部位进行正反向旋转研磨，以提高螺距精度。淬硬的内螺纹通常也用研磨的方法消除变形，提高精度。

（5）攻丝和套丝。攻丝（图 13-7）是用一定的扭矩将丝锥旋入工件上预钻的底孔中加工出内螺纹。套丝（图 13-8）是用板牙在棒料（或管料）工件上切出外螺纹。攻丝或套丝的加工精度取决于丝锥或板牙的精度。加工内、外螺纹的方法虽然很多，但小直径的内螺纹只能依靠丝锥加工。攻丝和套丝可用手工操作，也可用车床、钻床、攻丝机和套丝机。

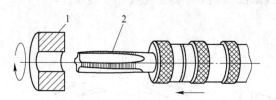
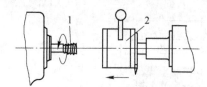

图 13-7　用丝锥攻丝
1—工件；2—丝锥

图 13-8　用板牙套丝
1—工件；2—板牙头

13.1.2.2　螺纹滚压

用成型滚压模具使工件产生塑性变形以获得螺纹的加工方法。螺纹滚压一般在滚丝机、搓丝机或在附装自动开合螺纹滚压头的自动车床上进行，适用于大批量生产标准紧固件和其他螺纹连接件的外螺纹。

螺纹滚压的优点是：

（1）表面粗糙度小于车削、铣削和磨削；

（2）滚压后的螺纹表面因冷作硬化而能提高强度和硬度；

（3）材料利用率高；

（4）生产率比切削加工成倍增长，易于实现自动化；

（5）滚压模具寿命很长。但滚压螺纹要求工件材料的硬度不超过 HRC40；对毛坯尺寸精度要求较高；对滚压模具的精度和硬度要求也高，制造模具比较困难；不适于滚压牙形不对称的螺纹。

13.1.3　螺纹的主要参数

（1）大径（d 或 D）。螺纹的最大直径。外螺纹是最大轴径，内螺纹是最大孔径。规定它为螺纹的公称直径。

（2）小径（d_1 或 D_1）。螺纹的最小直径。外螺纹是最小轴径，内螺纹是最小孔径。是螺纹强度计算的直径。

（3）中径（d_2 或 D_2）。在螺纹轴面内（过螺纹轴线的平面），螺纹牙的厚度和螺纹牙槽宽度相等处所对应的直径。是螺纹几何计算和受力计算的直径。

（4）螺距（P）。相邻两螺纹牙对应点之间的轴向距离。它表示了螺纹的疏密程度，螺距越小螺纹越密集。

（5）螺旋升角（ψ）。螺纹中径圆柱展开成平面后，螺旋线变成的矩形对角线与 πd_2 底边的夹角。它表示了螺纹的倾斜程度，螺纹升角越大，螺纹的倾斜程度越大，如图 13-9 所示。有：

$$\tan\psi = \frac{S}{\pi d_2} = \frac{nP}{\pi d_2} \tag{13-1}$$

（6）导程（S）。同一螺旋线相邻螺纹牙对应点之间的轴向距离。其中有 $S=nP$。在螺旋副中每转动一周，螺纹轴向移动位移大小为 S。

（7）线数（n）。螺旋线的根数，如图 13-10 所示。一般为便于制造 $n \leqslant 4$。单线螺纹的自锁性较好，多用于连接；双线螺纹、多线螺纹传动效率高，主要用于传动。

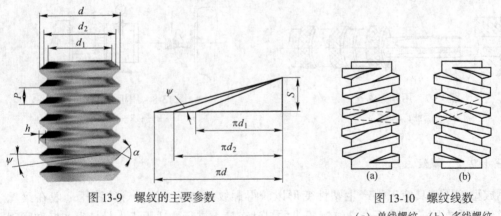

图 13-9　螺纹的主要参数　　　　　图 13-10　螺纹线数
（a）单线螺纹；（b）多线螺纹

（8）牙型角（α）。在螺纹轴面内螺纹牙型两侧边的夹角。一般牙型角越大，螺纹牙根的抗弯强度越高。

（9）牙侧角（β）。在螺纹轴面内螺纹牙型一侧边与垂直螺纹轴线平面的夹角。牙侧角越小，螺纹传动效率越高。

内、外螺纹能组成螺旋副必须是旋向相同、牙型一致、参数相等。

13.1.4　螺纹的牙型、特点及应用

观察图 13-11，认识螺纹的不同形式。根据螺纹牙形状分为普通螺纹（三角螺纹）、管螺纹、梯形螺纹、矩形螺纹和锯齿形螺纹等。其中普通螺纹、管螺纹主要用于连接，其他螺纹用于传动。

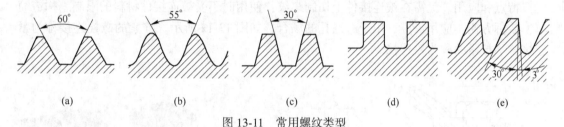

图 13-11　常用螺纹类型
（a）普通螺纹；（b）管螺纹；（c）梯形螺纹；（d）矩形螺纹；（e）锯齿形螺纹

（1）普通螺纹。普通螺纹的牙型为等边三角形，牙型角 $\alpha=60°$，牙侧角 $\beta=30°$。牙根强度高、自锁性好，工艺性能好，主要用于连接。同一公称直径按螺距大小分为粗牙螺纹和细牙螺纹。粗牙螺纹用于一般连接。细牙螺纹升角小、螺距小、螺纹深度浅、自锁性最好、螺杆强度较高。适用于受冲击、振动和变载荷的连接，细小零件、薄壁管件的连接和微调装置。但细牙螺纹耐磨性较差，牙根强度较低，易滑扣。

（2）管螺纹。管螺纹的牙型为等腰三角形，牙型角 $\alpha=55°$，牙侧角 $\beta=27.5°$。公称直径近似为管子孔径，以 in（英寸）为单位。由于牙顶呈圆弧状，内外螺纹旋合后相互挤压变形后无径向间隙，多用于有紧密性要求的管件连接，以保证配合紧密。适于压力不大的水、煤气、油等管路连接。锥管螺纹与管螺纹相似，但螺纹是绕制在 1∶16 的圆锥面上，紧密性更好。适用于水、气、润滑和电气以及高温、高压的管路连接。

（3）梯形螺纹。梯形螺纹牙型为等腰梯形，牙型角 $\alpha=30°$，牙侧角 $\beta=15°$。比三角形螺纹当量摩擦因数小，传动效率较高；比矩形螺纹牙根强度高，承载能力高，加工容易，对中性能好，可补偿磨损间隙，故综合传动性能好，常用于传动螺纹。

（4）矩形螺纹。矩形螺纹的牙型为正方形，牙厚是螺距的一半。牙型角 $\alpha=0°$，牙侧角 $\beta=0°$。矩形螺纹当量摩擦因数小，传动效率高，用于传动。但牙根强度较低、难于精确加工、磨损后间隙难以修复和补偿，对中精度低。

（5）锯齿形螺纹。锯齿形螺纹牙型为不等腰梯形，牙型角 $\alpha=33°$，工作面的牙侧角 $\beta=3°$，非工作面的牙侧角 $\beta'=30°$。综合了矩形螺纹传动效率高和梯形螺纹牙根强度高的特点，但只能用于单向受力的传动。

上述螺纹类型，除了矩形螺纹外，其余都已标准化。

13.1.5　螺纹连接的类型和应用

螺纹连接应用广泛，但不同的场合应用螺纹连接的类型也不同。

13.1.5.1　类型和用途

常用螺纹连接的类型主要有螺栓连接、双头螺柱连接、螺钉连接和紧定螺钉连接。

A　螺栓连接

螺栓连接是将螺栓穿过被连接件上的光孔并用螺母锁紧，根据受力情况可分为以下两种：

普通螺栓连接［图 13-12（a）］。制造和装拆方便，应用广泛。

铰制孔螺栓连接［图 13-12（b）］。螺栓受剪力，多用于板状件的连接，有时兼起定位作用。

特点和应用。无需在被连接件上切制螺纹，使用时不受被连接件材料的限制。构造简单，装拆方便，应用最广，用于有通孔的场合，如图 13-12 所示。拧紧的螺栓连接称为紧连接，不拧紧的称为松连接。

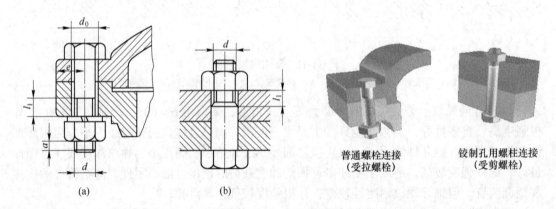

图 13-12　螺栓连接

（静载荷 $l_1 \geq$（0.3~0.5）d；变载荷 $l_1 \geq$（0.3~0.5）d；冲击或弯曲载荷 $l_1 \geq d$；

$e = d +$（3 ~ 6）mm，$d_0 \approx 1.1d$；$a =$（0.2 ~ 0.3）d；铰制孔用螺栓连接 $l_1 \approx d$）

B　双头螺柱连接

特点和应用：双头螺柱连接座端旋入并紧定在被连接件之一的螺纹孔中，用于被连接件之一较厚或受结构限制而不能用螺栓或希望连接结构较紧凑的场合。如图 13-13 所示。

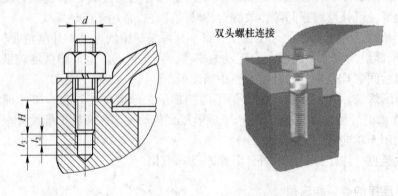

图 13-13　双头螺柱连接

（螺纹孔件为钢 $H \approx d$；铸铁 $H \approx$（1.25~1.5）d；铝合金 $H \approx$（1.5~2.5）d）

C 螺钉连接

特点和应用：螺钉连接不用螺母，而且有光整的外露表面，应用与双头螺柱连接相似，但不宜用于时常装拆的连接，以免损坏被连接件的螺纹孔。如图 13-14 所示。

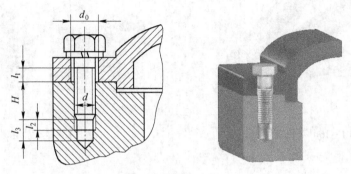

图 13-14 螺钉连接
(拧入深度同图 13-13)

D 紧定螺钉连接

特点和应用：旋入被连接件之一的螺纹孔中，其末端顶住另一被连接件的表面或顶入相应的坑中，以固定两个零件的相互位置，并可传递不大的力或转矩。如图 13-15 所示。

13.1.5.2 标准螺纹紧固件

螺纹紧固件的种类很多，大都已标准化，其规格、型号均已系列化，可直接到五金商店购买。

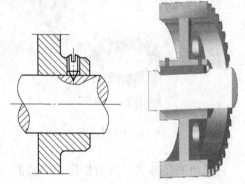

图 13-15 紧定螺钉连接

A 螺栓

螺栓的头部形状很多，最常用的有六角头和小六角头两种。

B 双头螺柱

双头螺柱，旋入被连接件螺纹孔的一端称为座端，另一端为螺母端，如图 13-16 所示。

C 螺钉、紧定螺钉

螺钉、紧定螺钉的头部有内六角头、十字槽头等多种形式，以适应不同的拧紧程度。紧定螺钉末端要顶住被连接件之一的表面或相应的凹坑，其末端具有平端、锥端、圆尖端等各种形状。如图 13-17 所示。

D 螺母

螺母的形状有六角形、圆形等。如图 13-18 所示。六角螺母有 3 种不同厚度，薄螺母用于尺寸受到限制的地方，厚螺母用于经常装拆易于磨损之处。圆螺母常用于轴上零件的轴向固定。

E 垫圈

垫圈的作用是增加被连接件的支撑面积，以减小接触处的压强（尤其当被连接件材料强度较差时），避免拧紧螺母时擦伤被连接件的表面。如图 13-19 所示。

图 13-16　双头螺柱

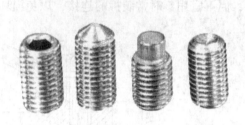

图 13-17　紧定螺钉

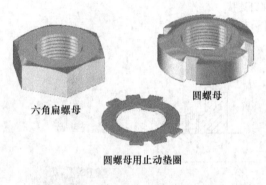

六角扁螺母

圆螺母

圆螺母用止动垫圈

图 13-18　螺母

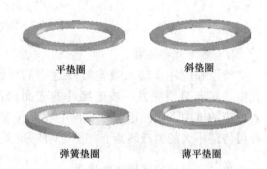

平垫圈　　　　　斜垫圈

弹簧垫圈　　　　薄平垫圈

图 13-19　垫圈

普通垫圈呈环状，有防松作用的垫圈为弹性垫圈。

普通螺纹紧固件，按制造精度分为粗制、精制两类。粗制的螺纹紧固件多用于建筑，精制的螺纹紧固件则多用于机械连接。

13.1.6　螺纹连接的预紧和防松

除个别情况外，螺纹连接在装配时都必须拧紧，这时螺纹连接受到预紧力的作用，对于重要的螺纹连接，应控制其预紧力，因为预紧力的大小对螺纹的可靠性、强度和密封性均有很大的影响。

13.1.6.1　螺纹连接的预紧

螺纹连接分为松连接和紧连接。松连接在装配时不拧紧，只有承受外载时才受到力的作用；紧连接在装配时需拧紧，即在承载时，已预先受预紧力 F_0。

预紧的目的是为了增强连接的刚性，增加紧密性和提高防松能力，对于受轴向拉力的螺栓连接，还可以提高螺栓的疲劳强度；对于受横向载荷的普通螺栓连接，有利于增大连接中接合面间的摩擦。

预紧力 F_0 用来预加轴向作用力（拉力）。预紧过紧，F_0 过大，螺杆静载荷增大，降低螺杆本身强度；预紧过松，预紧力 F_0 过小，工作不可靠。

A　确定拧紧力矩

拧紧螺母时，加在扳手上的力矩 T，用来克服螺纹牙间的阻力矩 T_1 和螺母支撑面上的摩擦阻力矩 T_2。如图 13-20 所示。

$$T = T_1 + T_2 \tag{13-2}$$

式中　T ——拧紧力矩，$T = F_n \cdot L$，F_n 为作用于手柄上的力，L 为力臂，如图 13-21 所示；

　　　T_1 —— 螺纹摩擦阻力矩；

　　　T_2 ——螺母端环形面与被连接件间的摩擦力矩。

带入相关数据，最后可得

$$T \approx 0.2 F_0 d \tag{13-3}$$

式中，d 是螺纹公称直径。当公称直径 d 和要求的预紧力 F_0 已知时，则可按上式确定扳手的拧紧力矩。由于直径过小的螺栓容易在拧紧时过载拉断，所以对于重要的连接，螺栓直径不宜小于 M10。

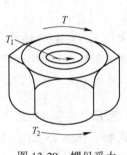

图 13-20　螺母受力

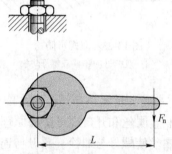

图 13-21　扳手拧紧

B　预紧力 F_0 的控制

预紧力 F_0 可以用力矩扳手进行控制。测力矩扳手可以测出预紧力矩，如图 13-22 (a) 所示；定力矩扳手能在达到固定的拧紧力矩 T 时自动打滑，如图 13-22 (b) 所示。

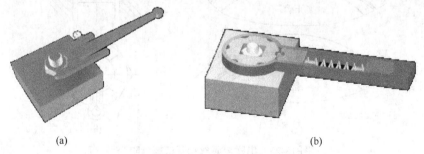

(a)　　　　　　　　　　　　　　(b)

图 13-22　力矩扳手
(a) 测力矩扳手；(b) 定力矩扳手

13.1.6.2　螺纹连接的防松

为了增强连接的可靠性、紧密性和坚固性，螺纹连接件在承受载荷之前需要拧紧，使其受到一定的预紧力作用。螺纹连接拧紧后，一般在静载荷和温度不变的情况下，不会自动松动，但在冲击、振动、变载或高温时，螺纹副间摩擦力可能会减小，从而导致螺纹连接松动，所以必须采取防松措施。

A 双螺母防松

双螺母防松原理如图 13-23 所示，两螺母对顶拧紧后，旋合螺纹间始终受到附加的压力和摩擦力的作用，从而防止松脱。

B 弹簧垫圈防松

弹簧垫圈防松原理如图 13-24 所示，拧紧螺母后，靠弹簧垫圈的弹力使旋合螺纹间保持一定的压紧力和摩擦力而防止松脱。另外，垫圈切口亦可阻止螺母松脱。

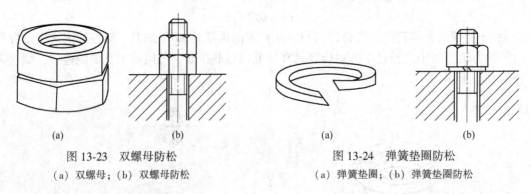

图 13-23 双螺母防松　　　　　　图 13-24 弹簧垫圈防松

（a）双螺母；（b）双螺母防松　　　（a）弹簧垫圈；（b）弹簧垫圈防松

C 串联金属丝和开口螺母防松

串联金属丝和开口螺母防松原理如图 13-25（a）、（b）所示。在图 13-25（a）中，用串联金属丝使螺母与螺栓、螺母与连接件互相锁牢而防止松脱。在图 13-25（b）中，拧紧槽形螺母后将开口销穿过螺栓尾部的小孔和螺母的槽，从而防止螺母松脱。

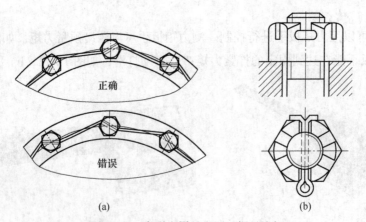

图 13-25 串联金属丝和开口螺母防松

（a）串联金属丝防松；（b）开口螺母防松

D 止动垫圈防松

止动垫圈防松的基本原理如图 13-26 所示。

E 焊接和冲点防松

焊接和冲点防松的原理如图 13-27 所示。

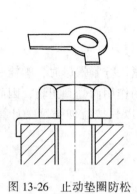

图 13-26　止动垫圈防松

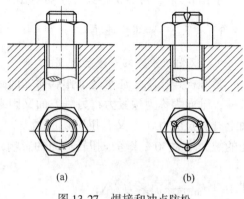

图 13-27　焊接和冲点防松
（a）焊接防松；（b）冲点防松

13.1.7　螺栓连接的强度计算

螺纹连接根据载荷性质不同，其失效形式也不同：受静载荷螺栓的失效多为螺纹部分的塑性变形或螺栓被拉断；受变载荷螺栓的失效多为螺栓的疲劳断裂；对于受横向载荷的铰制孔用螺栓连接，其失效形式主要为螺栓杆剪断，螺栓杆或被连接件孔接触表面挤压破坏；如果螺纹精度低或连接经常装拆，很可能发生滑扣现象。

螺栓与螺母的螺纹牙及其他各部分尺寸是根据等强度原则及使用经验规定的。采用标准件时，这些部分都不需要进行强度计算。所以，螺栓连接的计算主要是确定螺纹小径 d_1，然后按照标准选定螺纹公称直径（大径）d，以及螺母和垫圈等连接零件的尺寸。

确定螺栓直径时，需要先通过受力分析，找出螺栓组中受力最大的螺栓，然后按单个螺栓进行强度计算。

螺栓连接按螺栓在装配时是否预紧分为松螺栓连接和紧螺栓连接。

13.1.7.1　松螺栓连接

松螺栓连接在装配时不需要把螺母拧紧，在承受工作载荷前，除有关零件的自重（自重一般很小，强度计算时可略去）外，连接并不受力。螺栓只有在工作时才受到拉力的作用。如拉杆、起重机吊钩等的螺纹连接，如图 13-28 所示，这类螺栓工作时受轴向力 F 的作用。其强度条件为

$$\sigma = \frac{F}{A} = \frac{4F}{\pi d_1^2} \leqslant [\sigma] \qquad (13\text{-}4)$$

式中　　d_1——螺纹小径，mm；

　　　$[\sigma]$——松螺栓连接的许用应力，MPa。

设计公式为

$$d_1 \geqslant \sqrt{\frac{4F}{\pi[\sigma]}} \qquad (13\text{-}5)$$

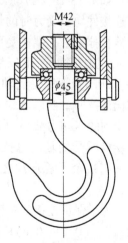

图 13-28　起重机吊钩

求出 d_1 后，再由机械设计手册查出螺栓的公称直径。

13.1.7.2　紧螺栓连接

A　仅受预紧力的紧螺栓连接

紧螺栓连接就是在承受工作载荷之前必须把螺母拧紧。拧紧螺母时，螺栓一方面受到拉伸，轴向力称为预紧力；另一方面又因螺纹中阻力矩的作用而受到扭转，因而，危险截面上既有拉应力 σ，又有扭转切应力 τ。在计算时，可以只按拉伸强度来计算，并将所受的拉力增大 30% 来考虑扭转剪力的影响，即

$$F = 1.3F_0 \tag{13-6}$$

式中　　F_0——预紧力，N；

　　　　F——计算载荷，N。

强度条件为

$$\sigma = \frac{F}{A} = \frac{1.3F_0}{\frac{\pi d_1^2}{4}} = \frac{5.2F_0}{\pi d_1^2} \leqslant [\sigma] \tag{13-7}$$

设计公式为

$$d_1 \geqslant \sqrt{\frac{5.2F_0}{\pi [\sigma]}} \tag{13-8}$$

式中　$[\sigma]$——紧螺栓连接的许用应力，MPa，其值可按式（13-16）计算。

B　受预紧力和轴向载荷的紧螺栓连接

这种受力形式的紧螺栓连接应用最广，也是最重要的一种螺栓连接形式。常见于压力容器端盖螺栓连接、气缸中的凸缘连接等。

如图 13-29（a）所示为螺栓未被拧紧，螺栓与被连接件均不受力时的情况。图 13-29（b）所示为螺栓被拧紧后，螺栓受预紧力 F_0，被连接件在预紧力 F_0 的作用而产生压缩变形 δ_1 的情况。图 13-29（c）所示为螺栓受到轴向外载荷 F 作用时的情况，螺栓被拉伸，变形量减小为 δ_2 的情况。此时被连接件受到的压缩减小为 F'，F' 称为残余预紧力。此时螺栓所受的轴向总拉力 F_Σ 应为其所受的工作载荷 F 与残余预紧力 F' 之和，即：

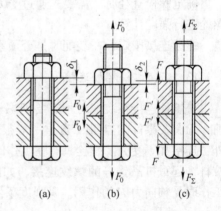

图 13-29　螺栓受力变形

$$F_\Sigma = F + F' \tag{13-9}$$

为了保证连接的紧密性，残余预紧力 F' 必须保持一定的数值。F' 的取值范围是：静载，$F' = (0.2 \sim 0.6)F$；动载，$F' = (0.6 \sim 1.0)F$；紧密压力容器，如气缸、液压缸等，$F' = (1.5 \sim 1.8)F$。

强度条件为

$$\sigma = \frac{1.3F_\Sigma}{\dfrac{\pi d_1^2}{4}} = \frac{5.2F_\Sigma}{\pi d_1^2} \leqslant [\sigma] \qquad (13\text{-}10)$$

设计公式为

$$d_1 \geqslant \sqrt{\frac{5.2F_\Sigma}{\pi[\sigma]}} \qquad (13\text{-}11)$$

C 承受横向载荷的紧螺栓连接

如图 13-30 所示，螺栓承受预紧力 F_0 和横向载荷 F_R。主要靠接合面间的摩擦力来抵抗横向载荷。受载后，接合面有一个滑移趋势，在接合面之间就产生摩擦力 $F_0 \cdot f$（为接合面间的摩擦系数）。要使板不移动，必须使

$$F_0 f \geqslant F_R$$

或考虑连接的可靠性及接合面的数目，则上式可改写成

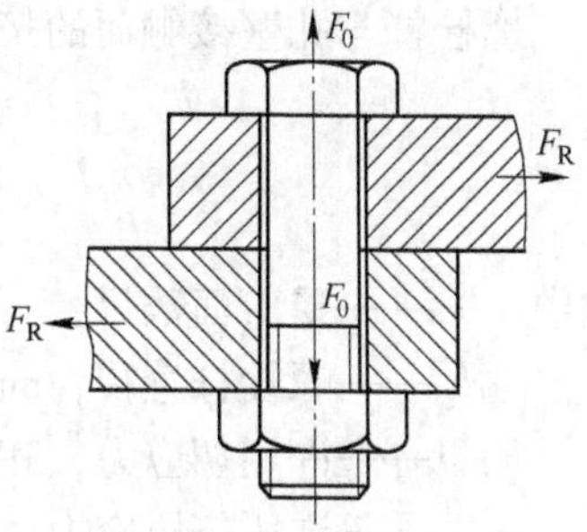

$$F_0 fn \geqslant KF_R$$

得

$$F_0 \geqslant \frac{KF_R}{fn} \qquad (13\text{-}12)$$

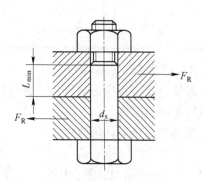

图 13-30 受横向载荷的
紧螺栓连接

式中 F_R ——螺栓组所承受的横向载荷，N；

F_0 ——单个螺栓的预紧力，N；

f ——被连接件接合面的摩擦因数，通常取 $f = 0.15 \sim 0.2$；

n ——接合面数；

K ——可靠性系数，通常取 $K = 1.1 \sim 1.3$；

当 $f = 0.15$、$K = 1.1$、$n = 1$ 时，代入式（13-12）可得

$$F_0 \geqslant \frac{1.1F_R}{0.15 \times 1} \approx 7F_R$$

从上式可见，当承受横向载荷 F_R 时，要使连接不发生滑移，螺栓上要承受 7 倍于横向载荷的预紧力，这样设计出的螺栓结构笨重、尺寸大、不经济，尤其在冲击、振动载荷的作用下连接更为不可靠，因此应设法避免这种结构，而采用新结构。

13.1.7.3 受剪螺栓的强度计算

螺栓连接受横向载荷时，为避免普通螺栓连接的缺点，可采用铰制孔螺栓连接，即受剪螺栓连接，如图 13-31 所示。在这种连接中，横向载荷 F_R 靠螺栓的剪切和挤压作用来平衡。因此，对于受剪螺栓连接来说，应按剪切和挤压强度进行计算。

螺栓杆的剪切强度条件为

图 13-31 受剪螺栓连接

$$\tau = \frac{F_{\mathrm{R}}}{n\dfrac{\pi d_{\mathrm{s}}^2}{4}} \leqslant [\tau] \tag{13-13}$$

设计公式为

$$d_{\mathrm{s}} \geqslant \sqrt{\frac{4F_{\mathrm{R}}}{n\pi[\tau]}} \tag{13-14}$$

螺栓杆与孔壁接触面的挤压强度条件为

$$\sigma_{\mathrm{p}} = \frac{F_{\mathrm{R}}}{nd_{\mathrm{s}}L_{\min}} \leqslant [\sigma_{\mathrm{p}}] \tag{13-15}$$

式中　　n——受剪面数目；

　　　d_{s}——螺栓杆直径，mm；

　　　$[\tau]$——许用切应力，MPa，见表 13-3；

　　　$[\sigma_{\mathrm{p}}]$——许用挤压应力，MPa，见表 13-3；

　　　F_{R}——单个螺栓所承受的横向载荷，N；

　　$L_{\min}$——螺栓杆与孔壁接触表面的最小长度，设计时应取 $L_{\min} = 1.25d_{\mathrm{s}}$。

13.1.7.4　螺纹连接件常用材料及许用应力

A　螺纹连接件常用材料

螺纹连接件的常用材料为 Q215、Q235、35 和 45 钢；对于重要或特殊用途的螺纹连接件，可采用 15Cr、40Cr、15MnVB 等合金钢。螺纹连接件常用材料的力学性能见表 13-1。

表 13-1　螺纹连接件常用材料的力学性能　　　　　　　　（MPa）

钢　号	抗拉强度 σ_{b}	屈服极限 σ_{s}	疲劳极限	
			弯曲 σ_{-1}	抗拉 $\sigma_{-1\mathrm{r}}$
Q215	340~420	220		
Q235	410~470	240	170~220	120~160
35	540	320	220~300	170~220
45	610	360	250~340	190~250
40Cr	750~1000	650~900	320~440	240~340

B　螺纹连接许用应力

螺纹连接许用应力与连接是否拧紧、是否控制预紧力、受力性质（静载荷、动载荷）和材料等因素有关。

紧螺栓连接的许用应力

$$[\sigma] = \sigma_{\mathrm{s}}/S \tag{13-16}$$

式中　σ_{s}——屈服极限，MPa，见表 13-1；

　　　S——安全系数，见表 13-2。

表 13-2　受拉紧螺栓连接的安全系数 S

控制预紧力		1.2~1.5				
不控制 预紧力	材料	静载荷			动载荷	
		M6~M16	M16~M30	M30~M60	M6~M16	M16~M30
	碳钢	4~3	3~2	2~1.3	10~6.5	6.5
	合金钢	5~4	4~2.5	2.5	7.5~5	5

受剪螺栓的许用应力由被连接件的材料决定，其值见表 13-3。

表 13-3　受剪螺栓的许用应力

名　称	被连接件材料	剪　切		挤　压	
		许用应力	S	许用应力	S
静载荷	钢	$[\tau] = \sigma_s/S$	2.5	$[\sigma_p] = \sigma_s/S$	1.25
	铸铁			$[\sigma_p] = \sigma_b/S$	2~2.5
动载荷	钢、铸铁	$[\tau] = \sigma_s/S$	3.5~5	$[\sigma_p]$ 按静载荷取值的 70%~80% 计算	

13.1.8　螺栓组连接的结构设计

机器设备中螺栓连接一般都是成组使用的，在结构设计时，应考虑以下几方面的问题。

（1）在连接的结合面上，合理地布置螺栓。螺栓组的布置应尽可能对称，以使接合面受力比较均匀。一般都将接合面设计成对称的简单几何形状，并使螺栓组的对称中心与接合面的几何形心重合。为了便于划线钻孔，螺栓应布置在同一圆周上，并取易于等分圆周的螺栓个数，如 3、4、6、8、12 等，如图 13-32 所示。

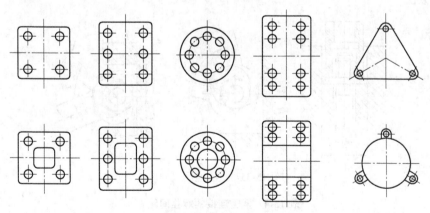

图 13-32　螺栓的布置

（2）螺栓受力应合理。如图 13-33 所示，普通螺栓连接受较大的横向载荷时，可用销、套筒、键等零件来分担横向载荷，以减小螺栓的预紧力和结构尺寸。如图 13-34 所示，当螺栓组连接承受弯矩和扭矩时，应使螺栓的位置适当靠近接合面的边缘，以减少螺栓受力。

（3）螺栓选用应合理。在一般情况下，为了安装方便，同一组螺栓中不论其受力大小，均采用同样的材料和尺寸。

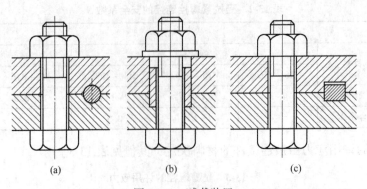

图 13-33　减载装置

(a) 用减载销；(b) 用减载套筒；(c) 用减载键

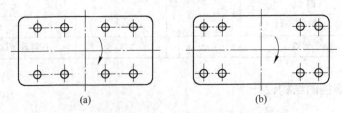

图 13-34　螺栓组受弯矩或扭矩时螺栓的布置

(a) 不合理；(b) 合理

（4）螺栓布置要有合理的距离。在布置螺栓时，螺栓中心线与机体壁之间、螺栓相互之间的距离，要根据扳手活动所需的空间大小来决定，如图 13-35 所示。扳手空间的尺寸可查阅有关手册。对于压力容器等紧密性要求较高的连接，螺栓间距 t 不得大于表 13-4 所推荐的数值。

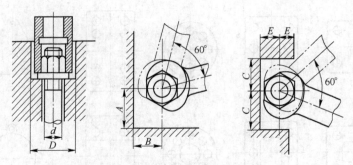

图 13-35　扳手空间尺寸

表 13-4　紧密连接的螺栓间距 t

	容器工作压力 p/MPa					
	≤1.6	1.6~4	4~10	10~16	16~20	20~30
	t/mm					
	7d	4.5d	4.5d	4d	3.5d	3d

（5）避免螺栓承受附加弯曲应力。当支撑面不平整［图 13-36（a）］或倾斜［图 13-36（b）］时，螺栓承受偏心载荷，引起附加弯矩，故支撑面应加工。常将支撑面做成凸台［图 13-36（c）］或凹坑［图 13-36（d）］等。为了适应斜面等特殊的支撑面，可采用斜垫圈［图 13-36（e）］等。

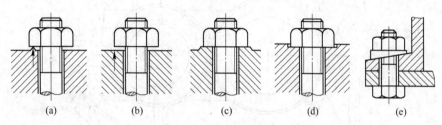

$$（a）\qquad（b）\qquad（c）\qquad（d）\qquad（e）$$

图 13-36 避免承受附加弯曲应力措施

13.1.9 减速器螺栓设计

螺栓的主要尺寸是公称直径 d 和长度 l，通常按被连接件的结构、尺寸和要求，由经验公式确定。现以图 13-37 所示减速器箱体为例，介绍确定螺栓直径的经验公式。

（1）箱体与机座相连的地脚螺栓 1。$d_1 = 0.036a + 12\text{mm}$，$a$ 为齿轮传动的中心距；

（2）箱盖与箱体相连的地脚螺栓 2。$d_2 = (0.5 \sim 0.6)d_1$；

（3）轴承两侧的螺栓 3。$d_3 = 0.75d_1$；

（4）轴承盖螺钉 4。d_4 由滚动轴承外径 D 决定，见表 13-5。

表 13-5 轴承盖螺钉直径及个数

轴承外径 D	60～100	110～130	140～230
螺钉直径 d	8～10	10～12	12～16
螺钉个数 z	4	6	6

（5）盖板螺钉 5。d_5 一般取 M6～M8。因为盖板螺钉不承受载荷，只需将盖板连接在箱体上便可。

螺栓长度 l 可参考图 13-12 和图 13-13 中计算式确定。

13.1.10 螺栓组连接的受力分析

螺栓组连接受力分析是求出连接中各螺栓受力的大小，特别是其中受力最大的螺栓及其载荷。分析时，通常作以下假设：（1）被连接件为刚体；（2）各螺栓的拉伸刚度或剪切刚度（即各螺栓的材料、直径和长度）及预紧力都相同；（3）螺栓的应变没有超出弹性范围。

13.1.10.1 受轴向载荷 F_Q 的螺栓组连接

图 13-38 所示为压力容器端盖螺栓连接，其载荷通过螺栓组形心，因此各螺栓分担的工作载荷 F 相同。设螺栓数目为 z，则

$$F = \frac{F_Q}{z} \tag{13-17}$$

因 $F_Q = p \cdot \dfrac{\pi D^2}{4}$，故 $F = \dfrac{p\pi D^2}{4z}$。

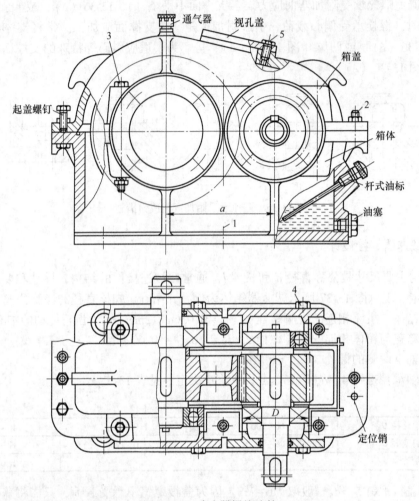

图 13-37　减速器螺纹连接

1—箱体与机座连接螺栓；2—箱盖与箱体连接螺栓；3—轴承两侧螺栓；4—轴承盖螺钉；5—视孔盖螺钉

13.1.10.2　受横向载荷 F_R 的螺栓组连接

如图 13-39 所示为板件连接，螺栓沿载荷方向布置。承受载荷可以有两种不同的连接方式：如图 13-39（a）所示为采用普通螺栓连接承载；如图 13-39（b）所示为采用受剪螺栓连接承载。

（1）采用普通螺栓连接。可根据式（13-12）分析得出每个螺栓所受的预紧力 F_0 为

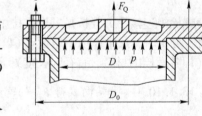

图 13-38　受轴向力的螺栓组连接

$$F_0 \geq \frac{KF_R}{zfn} \qquad (13\text{-}18)$$

式中　　z ——螺栓组中螺栓数目。

（2）采用铰制孔用螺栓连接（受剪螺栓连接）。靠螺栓受剪和螺栓与被连接件相互挤

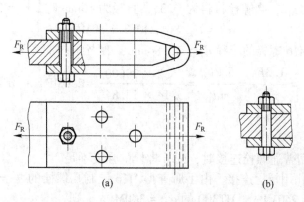

图 13-39 受横向力的螺栓组连接

（a）采用普通螺栓连接；（b）采用铰制孔螺栓连接

压时的变形来传递载荷。由于拧紧，连接中有预紧力和摩擦力，但一般忽略不计，假设各螺栓所受的工作载荷均为 F_s ，则

$$F_s = F_R/z \tag{13-19}$$

受横向载荷时，用普通螺栓连接时的螺栓直径比用铰制孔螺栓连接时的螺栓直径增大，因此，受横向载荷的螺栓连接应尽量采用铰制孔螺栓连接。

【**例 13-1**】 如图 13-40 所示的凸缘联轴器，传递的最大转矩 $T = 1.5 \text{kN} \cdot \text{m}$ ，载荷平稳，用 4 个材料为 Q235 钢的 M16 螺栓连接，螺栓均匀分布在直径 $D_0 = 155 \text{mm}$ 的圆周上，联轴器材料为 HT300，凸缘厚 $h = 23 \text{mm}$ 。试分别校核采用普通螺栓连接和铰制孔螺栓连接时螺栓的强度。

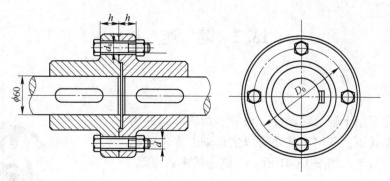

图 13-40 凸缘联轴器

解：（1）采用普通螺栓连接。螺栓与孔壁间有间隙，必须拧紧螺母，使两接触面间产生足够的摩擦力来传递转矩。当联轴器传递转矩 T 时，每个螺栓受到的横向载荷为

$$T = 4F_R \frac{D_0}{2}$$

$$F_R = \frac{T}{2D_0} = \frac{1.5 \times 10^6}{2 \times 155} = 4840 \text{N}$$

取 $K = 1.2, f = 0.2, n = 1$ ，则

$$F_0 = KF_R/fn = 1.2 \times 4840/0.2 \times 1 = 29000 \text{N}$$

查表 13-1、表 13-2，当螺栓材料为 Q235，直径为 16mm 时，$\sigma_s = 240MPa$，$S = 3$。

则　　　　　　　　　　　$[\sigma] = \sigma_s/S = 240/3 = 80MPa$

查机械手册，M16 螺栓的小径 $d_1 = 13.84mm$，螺栓的拉应力为

$$\sigma = \frac{1.3F_0}{\dfrac{\pi d_1^2}{4}} = \frac{5.2F_0}{\pi d_1^2} = \frac{5.2 \times 29000}{3.14 \times 13.84^2} = 250MPa > [\sigma]$$

则 $\sigma > [\sigma]$。

结果表明，采用普通螺栓连接时，M16 螺栓的强度不足。

（2）采用铰制孔用螺栓连接。由手册查得 M16 铰制孔螺栓的 $d_s = 17mm$，查表 13-1 得：Q235 钢的 $\sigma_s = 240MPa$，HT300 的 $\sigma_b = 300MPa$，则

$$[\tau] = \sigma_s/2.5 = 240/2.5 = 96MPa$$
$$[\sigma_p] = \sigma_b/2.5 = 300/2.5 = 120MPa$$

当螺栓受到的横向载荷为 4840N 时，螺栓的切应力为

$$\tau = \frac{4F_R}{\pi d_s^2} = \frac{4 \times 4840}{3.14 \times 17^2} = 21.3MPa < [\tau]$$

联轴器的挤压应力为

$$\sigma_p = \frac{F_R}{d_s L_{min}} = \frac{4840}{d_s \times 1.25 d_s} = \frac{4840}{1.25 \times 17^2} = 13.4MPa < [\sigma_P]$$

计算结果表明，采用铰制孔螺栓连接，剪切强度和挤压强度都足够。

由此可见，采用铰制孔螺栓连接可以大大减少螺栓连接的尺寸或使联轴器传递更大的转矩。

13.2　键　连　接

13.2.1　概述

键连接主要用于轴与轮毂件（齿轮、带轮等）的周向固定并传递转矩，其中有些还可以实现轴上零件的轴向固定或轴向滑动。如图 13-41 所示，键连接主要由键、轴和轮毂组成。

键是一种标准件，其截面尺寸按国家标准制造，长度根据需要在键长系列中选取，常用材料为中碳钢。

键连接选用和计算的主要任务是：

（1）根据工作情况和特点选择键的类型；

（2）根据轴的直径和轮毂的长度确定键的尺寸；

（3）对连接进行强度校核。

图 13-41　键连接的组成

13.2.2　键连接的类型、特点和应用

键连接的主要类型有：平键连接、半圆键连接、楔键连接、切向键连接和花键连接。

它们均已标准化。

13.2.2.1 平键连接

平键按用途分为三种：普通平键、导向平键和滑键。

A 普通平键连接

普通平键用于静连接，即轴与轮毂之间无轴向相对移动。根据键的端部形状不同，平键分为圆头（A 型）、方头（B 型）、半圆头（C 型）3 种类型。形状和连接形式如图 13-42、图 13-43 所示。

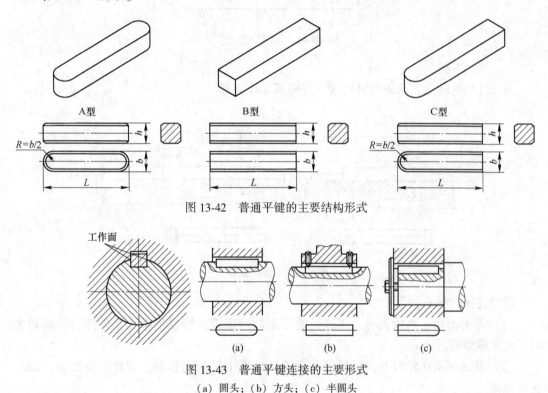

图 13-42 普通平键的主要结构形式

图 13-43 普通平键连接的主要形式
(a) 圆头；(b) 方头；(c) 半圆头

(1) 使用 A 型平键时，键放置在与其形状相同的键槽中，因此键的轴向定位好，应用最广泛，但键槽会使轴产生较大的应力集中。

(2) 使用 B 型平键时，由于轴上键槽是用盘形铣刀加工的，避免了圆头平键的缺点，但键在键槽中固定不良，常用螺钉将其紧定在轴上键槽中，以防松动。

(3) C 型平键常用于轴端与毂类零件的连接。

B 导向平键连接

如图 13-44 所示，认识导向平键连接，注意与普通平键连接的区别。

导向平键连接的特点如下：

(1) 导向平键是一种较长的平键，用螺钉将其固定在轴的键槽中。

(2) 导向平键除实现周向固定外，由于轮毂与轴之间均为间隙配合，允许零件沿键槽做轴向移动，构成动连接。

(3) 为装拆方便，在键的中部设有起键螺孔。

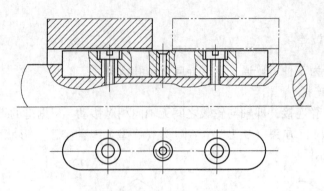

图 13-44　导向平键连接

C　滑键连接

如图 13-45 所示，认识滑键连接，理解其工作原理。

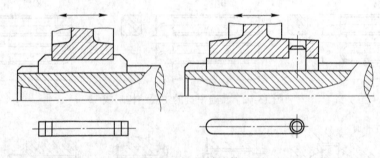

图 13-45　滑键连接

滑键连接的特点如下：

（1）因为滑移距离较大时，用过长的平键制造困难，所以当轴上零件滑移距离较大时，宜采用滑键。

（2）滑键固定在轮毂上，轮毂带动滑键在轴槽中做轴向移动，因此需要在轴上加工长的键槽。

通过对以上 3 种平键连接的叙述，总结其特点如下：

（1）平键安装后依靠键与键槽侧面相互配合来传递转矩，键的两侧面是工作面。在键槽内，键的上表面和轮毂槽底之间留有空隙。

（2）平键连接结构简单，装拆方便，加工容易，对中性好，应用广泛。

13.2.2.2　半圆键连接

如图 13-46 所示，认识半圆键连接，总结其特点和工作原理。

半圆键连接的主要特点如下：

（1）半圆键呈半圆形，用于静连接。

（2）与平键一样，键的两侧面为工作面。这种键连接的优点是工艺好，缺点是轴上键槽较深，对轴的强度削弱较大，故主要用于轻载和锥形轴端的连接。

（3）半圆键连接具有调心性能，装配方便，尤其适合于锥形轴与轮毂的连接。

13.2.2.3　楔键连接

如图 13-47 所示，认识楔键连接，
总结它的特点和工作原理。

楔键包括普通楔键和钩头楔键两种
类型，如图 13-48 所示。

楔键连接的主要特点如下：

（1）楔键连接只用于静连接，楔键
的上、下表面是工作面，其上表面和轮毂
槽底均有 1∶100 的斜度，装配时需打入。

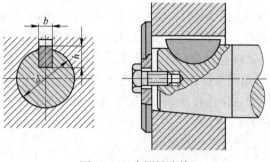

图 13-46　半圆键连接

（2）装配后，键的上，下表面与毂和轴上的键槽底面压紧，工作时，靠键、轮毂、
轴之间的摩擦力来传递转矩。由于键本身具有一定的斜度，故这种键能承受单方向的轴向
载荷，对轮毂起到轴向定位作用。

（3）楔键连接易松动，主要用于定心精度不高、载荷平稳和低速的场合。

（4）楔键分为普通楔键和钩头楔键，钩头楔键的钩头是为了便于拆卸，用于轴端时，
为了安全，应加防护罩。

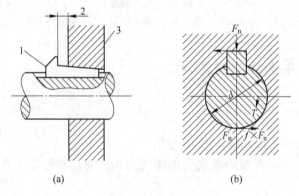

图 13-47　楔键连接

（a）连接结构；（b）楔键的受力

1—安装时用力打入；2—拆卸空间；3—轮毂斜度 1∶100

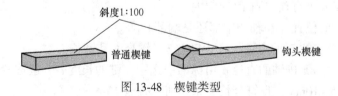

图 13-48　楔键类型

13.2.2.4　切向键连接

如图 13-49 所示，认识切向键连接，总结它的特点和工作原理。

切向键连接的特点如下：

（1）切向键连接用于静连接，切向键由一对斜度为 1∶100 的普通楔键组成。

（2）两个楔键沿斜面拼合后，相互平行的上下两面是工作面。装配时，把一对楔键分别从轮毂两端打入并楔紧，其中之一的工作面通过轴心线的平面，使工作面上压力沿轴的切线方向作用，因此切向键连接能传递很大的转矩。

（3）切向键工作时靠工作面间的相互挤压和轴与轮毂的摩擦力传递转矩。若采用一个切向键连接，则只能传递单向转矩，如图 13-49（b）所示；当有反转要求时，就必须用两个切向键，同时为了不削弱轴的强度，两个切向键应相隔 120°～130° 布置，如图 13-49（c）所示。

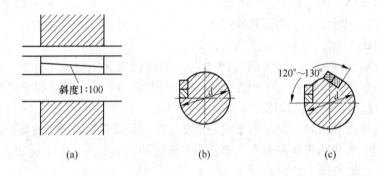

图 13-49　切向键连接

（a）切向键的结构；（b）一对切向键；（c）两对切向键

13. 2. 3　键的选择和平键连接的强度校核

13. 2. 3. 1　键的选择

键一般采用中碳钢制造，通常用 45 号钢。

（1）类型选择：键的类型应根据键连接的结构、使用特性及工作条件来选择。选择时应考虑以下因素：

1）需要传递转矩的大小；

2）轮毂是否需要沿轴滑动及滑动距离的长短；

3）连接的对中性要求；

4）键是否需要具有轴向固定的作用；

5）键在轴上的位置（在轴的中部还是端部）等。

（2）尺寸选择：平键的主要尺寸为键宽 b、键高 h 和键长 L。

键的剖面尺寸 $b×h$ 按轴的直径 d 由标准中选定。键的长度 L 一般按轮毂宽度定，要求键长比轮毂略短 5～10mm，且符合长度系列值，查表 13-6。

13. 2. 3. 2　平键连接的强度校核

平键连接的主要失效形式是工作面的挤压损坏（静连接）或过度磨损（动连接）。除非有严重过载，一般不会出现键的剪断（见图 13-50，沿 $a—a$ 面剪断）。

设载荷为均匀分布，由图 13-50 可得平键连接的挤压强度条件。

表 13-6　平键连接尺寸（摘自 GB/T 1096—2003）　　　　　　　（mm）

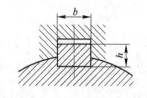 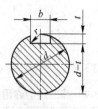 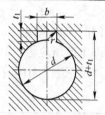

轴的直径 d	键		键 槽		
	b	h	t	t_1	半径 r
6~8	2	2	1.2	1	
> 8~10	3	3	1.8	1.4	0.08~0.16
> 10~12	4	4	2.5	1.8	
> 12~17	5	5	3.0	2.3	
> 17~22	6	6	3.5	2.8	
> 22~30	8	7	4.0	3.3	
> 30~38	10	8	5.0	3.3	
> 38~44	12	8	5.0	3.3	0.16~0.25
> 44~50	14	9	5.5	3.8	
> 50~58	16	10	6.0	4.3	
> 58~65	18	11	7.0	4.4	
> 65~75	20	12	7.5	4.9	
> 75~85	22	14	9.0	5.4	0.4~0.6
键的长度系列	6, 8, 10, 12, 14, 16, 18, 20, 22, 25, 28　32, 36, 40, 45, 50, 56, 63, 70, 80, 90, 100, 110, 125, 140, 160, 180, 200, 220, 250, 280, 320, 360				

注：在工作图中，轴槽深用 $d - t$ 或 t 标注，毂深用 $d + t$ 标注。

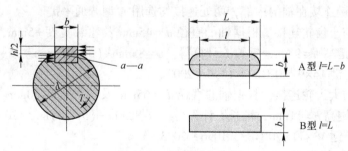

图 13-50　平键受力分析

$$\sigma_{\mathrm{p}} = \frac{4T}{dhl} \leqslant [\sigma_{\mathrm{p}}] \tag{13-20}$$

对于导向平键、滑键组成的动连接，计算依据是磨损，应限制压强，即

$$p = \frac{4T}{dhl} \leqslant [p] \tag{13-21}$$

式中　T——传递的转矩，N·mm；

d——轴的直径，mm；

h——键高，mm；

l——键的工作长度，mm；

$[\sigma_p]$——许用挤压应力，MPa；

$[p]$——许用压强，MPa（见表 13-7）。计算时应取连接中较弱材料的许用值。

表 13-7　键连接的许用应力　　　　　　　　　　　　　　（MPa）

许用值	连接方式	连接中薄弱零件的材料	载荷性质		
			静载荷	轻微冲击	冲击
$[\sigma_p]$	静连接	铸铁	70~80	50~60	30~45
		钢	125~150	100~120	60~90
$[p]$	动连接	钢	50	40	30

经校核如果连接强度不够，可采取以下措施：

（1）适当增加轮毂和键的长度，但键长不宜大于 2.5d；

（2）用两个键相隔 180° 布置，考虑到载荷分布的不均匀性，在强度校核中按 1.5 个键计算。

【例 13-2】　完成单级减速器中两个齿轮与轴的键连接选用（见图 13-51）。由前面的设计可知：轴Ⅰ传递的功率 $P_1=9.6$kW，主动轮（小齿轮）转速 n_1=323r/min，轴Ⅱ传递的功率 $P_2=9.13$kW，从动轮（大齿轮）转速 $n_2=100$r/min，齿轮相对轴承为对称布置，单向运转。两连接处，主动轴的直径 $d_1=$45mm，从动轴的直径 $d_2=65$mm，主动轴上小齿轮轮毂宽度 85mm，从动轴上大齿轮轮毂宽度 80mm。

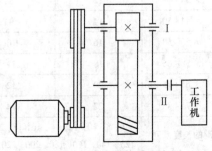

图 13-51　减速器传动方案图

解：（1）键的类型与尺寸选择。

齿轮与轴的键连接在轴的中部，两处连接均选用 A 型普通平键。

1）主动轴与小齿轮连接。根据轴的直径 $d=45$mm 及轮毂宽度 85mm，查表 13-6 得：键宽 $b=14$mm，键高 $h=9$mm，键长 L 计算得：$L=85$mm$-(5\sim10)$mm$=75\sim80$mm，取 $L=$80mm，标记为：键 14×9×80 GB/T 1096—2003。

2）从动轴与大齿轮连接。根据轴的直径 $d=65$mm 及轮毂宽度 80mm，查表 13-6 得：键宽 $b=18$mm，键高 $h=11$mm，键长 L 计算得：$L=80$mm$-(5\sim10)$mm$=70\sim75$mm，取 $L=$70mm，标记为：键 18×11×70 GB/T 1096—2003。

（2）强度校核计算。

1）主动轴与小齿轮连接。

转矩　　　　　　　　$T_1=9550\dfrac{P_1}{n_1}=9550\times\dfrac{9.6}{323}=283.8$N·m

由表 13-7 查得 $[\sigma_p]=100\sim120$MPa，键的工作长度 $l=80-14=66$mm，则

$$\sigma_p=\frac{4T_1}{d_1hl}=\frac{4\times283.8\times10^3}{45\times9\times66}=42.5\text{MPa}<[\sigma_p]$$

2) 从主动轴与大齿轮连接。

转矩

$$T_2 = 9550 \frac{P_2}{n_2} = 9550 \times \frac{9.13}{100} = 871.9 \text{N} \cdot \text{m}$$

由表 13-7 查得 $[\sigma_p] = 100 \sim 120 \text{MPa}$，键的工作长度 $l = 70 - 18 = 52 \text{mm}$，则

$$\sigma_p = \frac{4T_2}{d_2 hl} = \frac{4 \times 871.9 \times 10^3}{65 \times 11 \times 52} = 93.8 \text{MPa} \leqslant [\sigma_p]$$

故所选平键连接满足强度要求。

13.3 花键连接

花键连接由轴和轮毂孔上的多个键齿和键槽组成，如图 13-52 所示。键齿侧面是工作面，靠键齿侧面的挤压来传递转矩。花键连接具有较高的承载能力，定心精度高，导向性能好，可实现静连接或动连接。因此，在飞机、汽车、拖拉机、机床和农业机械中得到广泛的应用。

图 13-52 花键连接

花键连接已标准化，按齿形不同，分为矩形花键、渐开线花键两种。

13.3.1 矩形花键连接

为适应不同载荷情况，矩形花键按齿高的不同，在标准中规定了两个尺寸系列：轻系列和中系列。轻系列多用于轻载连接或静连接；中系列多用于中载连接。矩形花键连接的定心方式为小径定心（图 13-53）。此时轴、孔的花键定心面均可进行磨削，定心精度高。

13.3.2 渐开线花键连接

渐开线花键的齿形为渐开线，其分度圆压力角有 30° 和 45° 两种，如图 13-54 所示。渐开线花键可以用加工齿轮的方法加工，工艺性较好，制造精度较高，齿根部较厚，键齿强度高，当传递的转矩较大及轴径也较大时，宜采用渐开线花键连接。压力角为 45° 的渐开线花键由于键齿数多而细小，故适用于轻载和直径较小的静连接，特别适用于薄壁零件的连接。渐开线花键连接的定心方式为齿形定心。由于各齿面径向力的作用，可使连接自动定心，有利于各齿受载均匀。

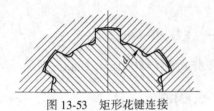

图 13-53　矩形花键连接

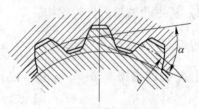

图 13-54　渐开线花键连接

花键连接的主要特点如下：

（1）由于其工作面为均布多齿的齿侧面，故承载能力高。

（2）轴上零件和轴的对中性好，导向性好，键槽浅，齿根应力集中小，对轴和轮毂的强度影响小。

（3）加工时需要专用设备、量具和刀具，制造成本高。

（4）适用于载荷较大、定心要求较高的静连接和动连接，在汽车、拖拉机、机床制造和农业机械中有较广泛的应用。

13.4　销　连　接

销的主要用途是确定零件间的相互位置，即起定位作用，是装配机器时的重要辅件，同时也可用于轴与轮毂的连接并传递不大的载荷。

13.4.1　销连接的类型

销主要包括以下 3 种类型：

（1）定位销：主要用于零件间位置定位，如图 13-55（a）所示，常用作组合加工和装配时的主要辅助零件。

（2）连接销：主要用于零件间的连锁或锁定，如图 13-55（b）所示，可传递不大的载荷。

（3）安全销：主要用于安全保护装置中的过载剪断元件，如图 13-55（c）所示。

13.4.2　销连接的应用

销是标准件，通常用于零件间的连接或定位。常用的销有圆柱销、圆锥销和开口销。图 13-56 为开口销应用实例。开口销用在带孔螺栓和带槽螺母上，将其插入槽型螺母的槽口和带孔螺栓的孔，并将销的尾部叉开，以防止螺栓松脱。它具有工作可靠、拆卸方便等特点。

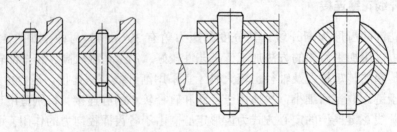

　　　　　（a）　　　　　　　　　　　　　　　　　（b）

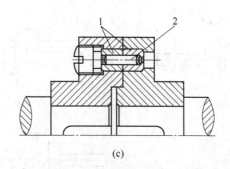

(c)

图 13-55　销连接的基本形式
（a）定位销；（b）连接销；（c）安全销
1—销套；2—安全销

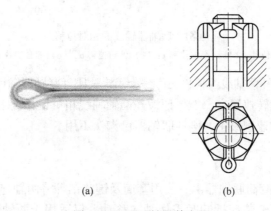

(a)　　　　　　　　　(b)

图 13-56　开口销及其应用
（a）开口销；（b）开口销应用实例

13.5　联轴器与离合器

联轴器和离合器是连接两轴使其一同回转并传递转矩的一种部件。其主要功用是实现轴与轴之间的连接与分离，并传递转矩，有时也可作安全装置，以防止机械过载。

联轴器与离合器的区别在于：联轴器只有在机械停转后才能将连接的两轴分离，离合器则可以在机械的运转过程中根据需要使两轴随时接合或分离。

13.5.1　联轴器

联轴器连接的两轴之间，由于制造和安装误差、受载和受热后的变形以及传动过程中的振动等因素，常产生轴向、径向、偏角、综合等位移，如图 13-57 所示。因此联轴器应具有补偿轴线偏移和缓冲、吸振的能力。

联轴器按有无弹性元件可分为刚性联轴器和弹性联轴器两类。

13.5.1.1　刚性联轴器

刚性联轴器适用于两轴能严格对中并在工作中不发生相对位移的地方。其无弹性元件，

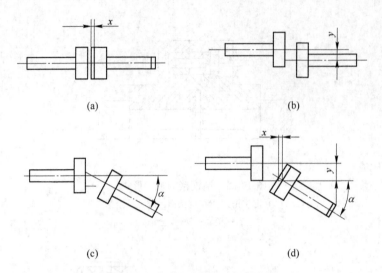

图 13-57　联轴器轴线的相对位移

（a）轴向位移 x；（b）径向位移 y；（c）偏角位移 α；（d）综合位数 x、y、α

不能缓冲吸振；按能否补偿轴线的偏移又可分为固定式刚性联轴器和可移动式刚性联轴器。

　　只有在载荷平稳，转速稳定，能保证被连两轴轴线相对偏移极小的情况下，才可选用刚性联轴器。在先进工业国家中，刚性联轴器已淘汰不用。

　　A　固定式刚性联轴器

　　a　套筒联轴器

　　如图 13-58 所示，套筒联轴器由一公用套筒及键或销等将两轴连接。其结构简单、径向尺寸小、制作方便，但装配拆卸时需做轴向移动，仅适用于两轴直径较小、同轴度较高、轻载荷、低转速、无振动、无冲击、工作平稳的场合。

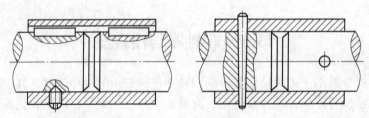

图 13-58　套筒联轴器

　　b　凸缘联轴器

　　如图 13-59 所示，凸缘联轴器是刚性联轴器中应用最广泛的一种，其由两个带凸缘的半联轴器组成，两个半联轴器通过键与轴连接，用螺栓将两半联轴器连成一体进行动力传递。

　　凸缘联轴器结构简单、价格便宜、维护方便、能传递较大的转矩，要求两轴必须严格对中。由于没有弹性元件，故不能补偿两轴的偏移，也不能缓冲吸振。

　　c　夹壳联轴器

　　如图 13-60 所示，夹壳联轴器由纵向剖分的两半筒形夹壳和连接它们的螺栓组成，靠夹壳与轴之间的摩擦力或键来传递转矩。由于这种联轴器是剖分结构，在装卸时不用移动轴，所以使用起来很方便。夹壳材料一般为铸铁，少数用钢。

图 13-59　凸缘联轴器

图 13-60　夹壳联轴器

夹壳联轴器主要用于低速、工作平稳的场合。

B　可移动式刚性联轴器

a　十字滑块联轴器

十字滑块联轴器如图 13-61 所示，由两个端面上开有凹槽的半联轴器和一个两面上都有凸榫的十字滑块组成，两凸榫的中线互相垂直并通过滑块的轴线。工作时若两轴不同心，则中间的十字滑块在半联轴器的凹槽内滑动，从而补偿两轴的径向位移。适用于轴线间相对位移较大，无剧烈冲击且转速较低的场合。

b　齿式联轴器

齿式联轴器如图 13-62 所示，由两个具有外齿和凸缘的内套筒和两个带内齿及凸缘的外套筒组成。用螺栓相联，外套筒内储有润滑油。联轴器工作时通过旋转将润滑油向四周喷洒以润滑啮合齿轮，从而减小啮合齿轮间的摩擦阻力，降低作用在轴和轴承上的附加载荷。

齿式联轴器结构紧凑，有较大的综合补偿能力，由于是多齿同时啮合，故承载能力大，工作可靠，但其制造成本高，一般用于起动频繁，经常正、反转，传递运动要求准确的场合。

c　万向联轴器

万向联轴器如图 13-63 所示，由两个轴叉分别与中间的十字轴以铰链相联而成，万向联轴器两端间的夹角可达 45°。单个万向联轴器工作时，即使主动轴以等角速度转动，从

图 13-61　十字滑块联轴器

图 13-62　齿式联轴器

动轴也可作变角速度转动，从而会引起动载荷。为了消除上述缺点，常将万向联轴器成对使用，以保证从动轴与主动轴均以同一角速度旋转，这就是双万向联轴器。

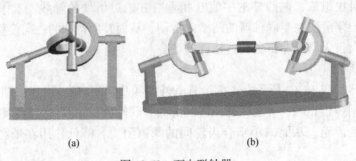

(a)　　　　　　　　　　　　　　(b)

图 13-63　万向联轴器

(a) 单万向联轴器；(b) 双万向联轴器

13.5.1.2　弹性联轴器

弹性联轴器适用于两轴有偏斜时的连接，图 13-57 中（a）、（b）所示为同轴向和平行轴向，图 13-57（c）、（d）所示为相交轴向，或在工作中有相对位移的地方。其有弹性元件，工作时具有缓冲吸振作用，并能补偿由于振动等原因引起的偏移。

A　弹性套柱销联轴器

如图 13-64 所示，其结构与凸缘联轴器相似，也有两个带凸缘的半联轴器分别与主、从动轴相连，采用了带有弹性套的柱销代替螺栓进行连接。这种联轴器制造简单、拆装方便、成本较低，但弹性套易磨损，寿命较短，适用于载荷平稳，需正、反转或起动频繁，传递中小转矩的轴。

B　弹性柱销联轴器

如图 13-65 所示，采用尼龙柱销将两个半联轴器连接起来，为防止柱销滑出，在两侧装有挡圈。这种联轴器与弹性套柱销联轴器结构类似，更换柱销方便，对偏移量的补偿不大，其应用与弹性套柱销联轴器类似。

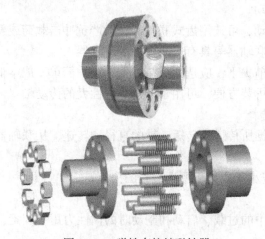

图 13-64　弹性套柱销联轴器

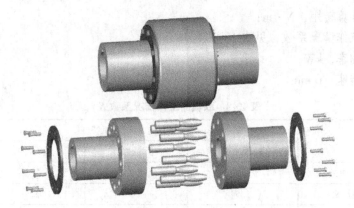

图 13-65　弹性柱销联轴器

13.5.1.3　联轴器的选择

常用联轴器的种类很多，大多数已标准化和系列化，一般不需要设计，直接从标准中选用即可。选择联轴器的步骤是：先选择联轴器的类型，再选择型号。

A　联轴器类型的选择

联轴器的类型应根据机器的工作特点和要求，结合各类联轴器的性能，并参照同类机器的使用来选择。

如两轴的对中要求较高，轴的刚度大，传递的转矩较大，可选用套筒联轴器或凸缘联轴器。

当安装调整后，难以保持两轴严格精确对中、工作过程中两轴将产生较大的位移时，应选用有补偿作用的联轴器。例如当径向位移较大时，可选用十字滑块联轴器，角位移较大时或相交两轴的连接可用万向联轴器等。

两轴对中困难、轴的刚度较小、轴的转速较高且有振动时，则应选用对轴的偏移具有补偿能力的弹性联轴器；特别是非金属弹性元件联轴器，由于具有良好的综合性能，广泛适用于一般中小功率传动。

对大功率的重载传动，可选用齿式联轴器；对严重冲击载荷或要求消除轴系扭转振动的传动，可选用轮胎式联轴器等具有较高弹性的联轴器。

在满足使用性能的前提下，应选用拆装方便、维护简单、成本低的联轴器。例如刚性联轴器不但简单，而且拆装方便，可用于低速、刚性大的传动轴。

B　联轴器型号的选择

联轴器的型号是根据所传递的转矩、轴的直径和转速，从联轴器标准中选用的。选择型号应满足如下条件。

（1）计算转矩 T_C 应小于或等于所选型号的公称转矩 T_n，即

$$T_C \leqslant T_n \tag{13-22}$$

考虑到在工作过程中的过载、启动和制动时的惯性力矩等因素，联轴器的计算转矩可按下式计算

$$T_C = KT = 9550K \frac{P}{n} \tag{13-23}$$

式中　T_C——计算转矩，N·m；

　　　K——工作情况系数，见表 13-8；

　　　P——功率，kW；

　　　n——转速，r/min。

表 13-8　联轴器工作情况系数 K

原动机	工作机特性			
	轻微冲击	中等冲击	重大冲击	特大冲击
电动机、气动机	1.3	1.7	2.3	3.1
四缸及以上内燃机	1.5	1.9	2.5	3.3
双缸内燃机	1.8	2.2	2.8	3.6
单缸内燃机	2.2	2.6	3.2	4.0

（2）轴的转速应小于或等于所选型号的许用转速，即

$$n \leqslant [n] \tag{13-24}$$

（3）轴的直径应在所选型号的孔径范围内。

13.5.2 离合器

离合器在工作时需要随时分离或接合被连接的两根轴，不可避免地受到摩擦、发热、冲击、磨损等作用，因而要求离合器接合平稳，分离迅速，操纵省力方便，同时结构简单，散热好，耐磨损，寿命长。

离合器按其接合元件传动的工作原理，可分为嵌合式离合器和摩擦式离合器两大类。前者利用接合元件的啮合来传递转矩，后者则依靠接合面间的摩擦力来传递转矩。

嵌合式离合器的主要优点是结构简单，外廓尺寸小，传递的转矩大，但接合只能在停车或低速下进行。

摩擦式离合器的主要优点是接合平稳，可在较高的转速差下接合，但接合中摩擦面间必将发生相对滑动，这种滑动要消耗一部分能量，并引起摩擦面间的发热和磨损。

离合器按其实现离、合动作的过程可分为操纵式和自动式离合器。下面介绍两种常用的操纵式离合器。

13.5.2.1 牙嵌式离合器

如图 13-66 所示，牙嵌式离合器主要由两个半离合器组成，半离合器的端面加工有若干个嵌牙。其中一个半离合器固定在主动轴上，另一个半离合器用导向键与从动轴相联。在半离合器上固定有对中环，从动轴可在对中环中自由转动，通过滑环的轴向移动来操纵离合器的接合和分离。

图 13-66 牙嵌式离合器

牙嵌式离合器结构简单、外廓尺寸小，两轴向无相对滑动，转速准确，转速差大时不易接合。

13.5.2.2 摩擦离合器

a 单片式摩擦离合器

如图 13-67 (a) 所示，主要是利用两摩擦圆盘的压紧或松开，使两接合面的摩擦力产生或消失，以实现两轴的接合或分离。其结构简单，分离彻底，但径向尺寸较大，常用于轻型机械中。

b 多片式摩擦离合器

如图 13-67 (b) 所示，多片式摩擦离合器有两组摩擦片，外摩擦片与外套筒，内摩擦片与内套筒，分别用花键相连。外套筒、内套筒分别用平键与主动轴和从动轴相固定。在传动转矩较大时，往往采用多片式摩擦离合器，但摩擦片片数过多会影响分离动作的灵活性，所以摩擦片数量一般为 10~15 对。

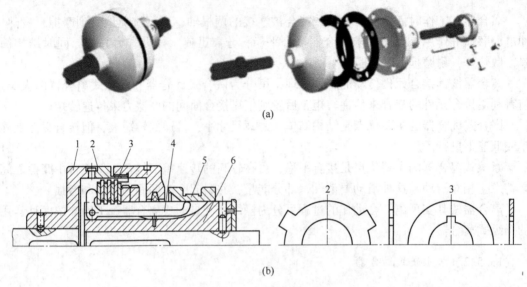

(a)

(b)

图 13-67　摩擦离合器
(a) 单片式摩擦离合器；(b) 多片式摩擦离合器
1—外壳；2—外摩擦片；3—内摩擦片；4—杠杆；5—滑环；6—套筒

习　题

13-1 填空

（1）按照连接后零件之间有无相对运动，机械连接分为_____连接和_____连接。

（2）螺纹按旋向分为_____螺纹和_____螺纹。

（3）螺纹按牙型分为_____形、_____形、_____形和_____形 4 种。

（4）在工件上加工出内、外螺纹的方法，主要有_____、_____两类。

（5）螺纹连接的基本类型有_____、_____、_____和_____。

（6）螺纹连接的防松方法有_____、_____、_____、_____和_____防松。

（7）键连接可以分为_____连接、_____连接、_____连接、_____连接和_____连接。

（8）普通平键端部结构有_____、_____、_____ 3 种类型。

（9）平键连接中，键的_____面为工作面。

（10）联轴器可分为_____性联轴器和_____性联轴器两大类。

（11）固定式刚性联轴器没有补偿两轴_____的能力。

（12）对中困难，轴的刚度性较差时可选用具有补偿能力的_____联轴器。

（13）两轴间有较大角位移或相交两轴的连接，可选用_____联轴器。

（14）对大功率的重载传动，两轴间有较大综合位移时可选用_____联轴器。

（15）要求两轴在任何转速下都能接合，应选用＿＿＿＿＿离合器。

13-2　判断

（1）外螺纹大径指最大直径，内螺纹大径指最小直径。　　　　　　　　（　　）

（2）三角螺纹、单线螺纹多用于连接。　　　　　　　　　　　　　　　（　　）

（3）螺纹的导程 S 、螺距 P 和线数 n 应满足：$P = Sn$ 。　　　　　（　　）

（4）平键连接是靠键两侧面承受挤压力来传递扭矩的。　　　　　　　（　　）

（5）花键具有承载能力强、受力均匀、导向性好的特点。　　　　　　（　　）

（6）楔键连接承载大，对中性好。　　　　　　　　　　　　　　　　　（　　）

（7）松键连接的顶面与轮毂槽的底面有间隙。　　　　　　　　　　　（　　）

（8）楔紧后在楔键的两侧面产生较大的摩擦力传递转矩。　　　　　　（　　）

（9）离合器只有在机器停止运转并把离合器拆开的情况下，才能把两轴分开。

　　　　　　　　　　　　　　　　　　　　　　　　　　　　　　　　（　　）

（10）联轴器能随时将两轴接合或分离。　　　　　　　　　　　　　（　　）

（11）刚性固定式联轴器具有补偿位移和偏斜的能力。　　　　　　　（　　）

（12）弹性联轴器不仅能补偿两轴线间的位移，还具有缓冲减振的作用。（　　）

13-3　选择

（1）用于连接的螺纹线数一般是＿＿＿＿。

　　A. 单线；　　　　　　　　B. 双线；　　　　　　　　C. 四线。

（2）螺纹按用途不同，可分为＿＿＿＿两大类。

　　A. 外螺纹和内螺纹；　　　　　　　　　　B. 右旋螺纹和左旋螺纹；

　　C. 连接螺纹和传动螺纹。

（3）受拉螺栓连接的特点是＿＿＿＿。

　　A. 螺栓与螺栓孔直径相等；

　　B. 与螺栓相配的螺母必须拧紧；

　　C. 螺栓可有定位作用。

（4）螺纹的公称直径是＿＿＿＿。

　　A. 大径；　　　　　　B. 小径；　　　　　　C. 中径。

（5）相邻两螺纹牙对应点的轴向距离是指＿＿＿＿。

　　A. 螺距；　　　　　　B. 导程；　　　　　　C. 小径。

（6）同一条螺旋线上相邻两螺纹牙对应点的轴向距离是指＿＿＿＿。

　　A. 螺距；　　　　　　B. 导程；　　　　　　C. 中径。

（7）在螺纹轴面内螺纹牙型两侧边的夹角是＿＿＿＿。

　　A. 牙型角；　　　　　　B. 牙侧角；　　　　　　C. 螺纹升角。

（8）键是连接件，用以连接轴与齿轮等轮毂，并传递扭矩。其中＿＿＿＿应用最为广泛。

　　A. 普通平键；　　　B. 半圆键；　　　C. 导向平键；　　　D. 花键。

（9）回转零件在轴上能作轴向移动时，可用＿＿＿＿。

　　A. 普通平键连接；　　B. 紧键连接；　　　C. 导向键连接。

（10）若两轴刚性较好，且安装时能精确对中，可选用＿＿＿＿。

　　A. 凸缘联轴器；　　　B. 齿式联轴器；　　　C. 弹性柱销联轴器。

（11）若传递扭矩大，补偿较大的综合位移应选用____。

　　A. 万向联轴器；　　　　B. 齿式联轴器；　　　　C. 十字滑块联轴器。

（12）对中困难，轴的刚度性差，传动的转矩不大，需要缓冲吸振应选用____。

　　A. 凸缘联轴器；　　　　B. 齿式联轴器；　　　　C. 弹性柱销联轴器。

13-4 简答

（1）螺纹连接有哪几种类型？

（2）螺栓连接为什么要防松？常用的防松方法有哪些？

（3）松键连接的常用类型和工作特点。

（4）销有哪些种类？销连接有哪些应用特点？

习　题　答　案

13-1 填空

（1）机械静连接、机械动连接。

（2）左旋、右旋。

（3）三角、矩、梯、锯齿。

（4）切削加工、滚压加工。

（5）螺栓连接、双头螺柱连接、螺钉连接和紧定螺钉连接。

（6）双螺母防松、弹簧垫圈防松、串联金属丝和开口螺母防松、止动垫圈防松、焊接和冲点防松。

（7）平键、半圆键、楔键、切向键、花键。

（8）圆头、方头、半圆头。

（9）两侧。

（10）刚、弹。

（11）偏移。

（12）弹性。

（13）万向。

（14）齿式。

（15）摩擦式。

13-2 判断

（1）×；（2）√；（3）×；（4）√；（5）√；（6）×；（7）√；（8）×；（9）×；（10）×；（11）×；（12）√。

13-3 选择

（1）A；（2）C；（3）B；（4）A；（5）A；（6）B；（7）A；（8）A；（9）C；（10）A；（11）B；（12）C。

13-4 简答

（1）螺纹连接的常用类型有：螺栓连接、双头螺柱连接、螺钉连接和紧定螺钉连接。

（2）为了增强连接的可靠性、紧密性和坚固性，螺纹连接件在承受载荷之前需要拧紧，使其受到一定的预紧力作用。螺纹连接拧紧后，一般在静载荷和温度不变的情况下，不会自动松动，但在冲击、振动、变载或高温时，螺纹副间摩擦力可能会减小，从而导致螺纹连接松动，所以必须采取防松措施。

常用的防松方法有：双螺母防松、弹簧垫圈防松、串联金属丝和开口螺母防松、止动垫圈防松、焊接和冲点防松。

（3）松键连接有平键、半圆键和花键连接，其以键的两个侧面为工作面，键与键槽的侧面需要紧密配合，键的顶面与轴上键连接零件间留有一定的间隙。松键连接时轴与轴上零件的对中性好，尤其在高速精密传动中应用较多。松键连接不能承受轴向力，轴上零件需要轴向固定时，应采用其他固定方法。

（4）销主要有定位销、连接销：安全销 3 种类型。

定位销：主要用于零件间位置定位，常用作组合加工和装配时的主要辅助零件。

连接销：主要用于零件间的连锁或锁定，可传递不大的载荷。

安全销：主要用于安全保护装置中的过载剪断元件。

14 实训：减速器的设计

在减速器设计中，一般的已知条件为：工作机功率 P_W 的大小、工作机输入轴的转速 n_w、工作情况、使用年限等。

设计的内容包括：选择电动机、计算总传动比及分配各级传动比、运动参数及动力参数计算、齿轮的设计计算、轴的设计计算、滚动轴承的选择及校核计算、键连接的选择及校核计算、联轴器的选择、润滑方式的选择、减速器箱体及附件设计、减速器装配图与各零件图的绘制等。

具体设计步骤如下。

14.1 拟定传动方案

减速器传动方案有很多，如单级直齿轮减速器［图 14-1（a）］、二级斜齿轮减速器［图 14-1（b）、（c）］、无皮带轮传动［图 14-1（a）、（d）、（e）］及有皮带轮传动［图 14-1（b）、（c）］等，也可采用圆锥齿轮减速器［图 14-1（d）］或蜗杆减速器［图 14-1（e）］等。具体应根据实际使用条件及工作情况等选取。

现以方案［图 14-1（b）］为例说明减速器的设计过程。

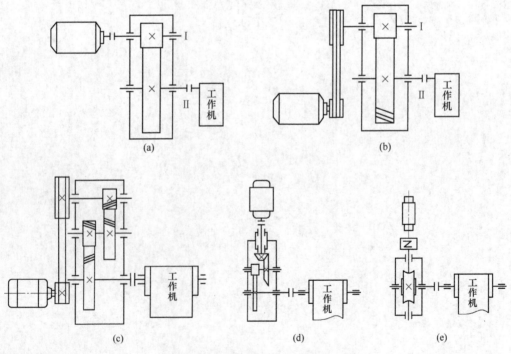

图 14-1 减速器传动方案图

14.2 选择电动机

14.2.1 确定电动机功率

电动机输出功率为

$$P_d = \frac{P_W}{\eta}$$

式中 P_W——工作机所需输入功率，kW；

η ——电动机至工作机主动端之间的总效率。

由电动机至工作机的传动总效率 η 为

$$\eta = \eta_1 \cdot \eta_2 \cdot \eta_3 \cdots \cdot \eta_n$$

其中，η_1，η_2，η_3，$\cdots$，η_n 分别为传动装置中各传动副（齿轮、蜗杆、带或链）、轴承、联轴器的效率。

14.2.2 确定电动机转速

可由工作机的转速要求和传动机构合理传动比范围，推算出电动机转速的可选范围，即

$$n_d = (i_1 \cdot i_2 \cdots \cdot i_n) n_W$$

式中 n_d——电动机可选转速范围；

i_1，i_2，$\cdots$，i_n——各级传动机构的合理传动比范围。

具体电动机的选择过程可参考绪论中的例 1-1。

14.3 确定传动比及动力参数

14.3.1 总传动比的计算

由选定电动机的满载转速 n_m 和工作机的转速 n_W，可得传动装置的总传动比为

$$i = \frac{n_m}{n_W}$$

对于多级传动 i 为

$$i = i_1 \cdot i_2 \cdot i_3 \cdots \cdot i_n$$

14.3.2 传动比的分配

一般对于展开式二级圆柱齿轮减速器，推荐高速级传动比取 $i_1 = (1.3 \sim 1.5) i_2$，同轴式减速器则取 $i_1 = i_2$。

14.3.3 传动装置的运动和动力参数

14.3.3.1 各轴输入功率的计算

Ⅰ轴的输入功率 $\qquad P_{\mathrm{I}} = P_{\mathrm{d}} \cdot \eta_{0\mathrm{I}}$

Ⅱ轴的输入功率 $\qquad P_{\mathrm{II}} = P_{\mathrm{I}} \cdot \eta_{\mathrm{I}\mathrm{II}}$

工作机的输入功率 $\qquad P_{\mathrm{W}} = P_{\mathrm{II}} \cdot \eta_{\mathrm{II}\mathrm{W}}$

式中 $\qquad P_{\mathrm{d}}$——电动机的输出功率，kW；

$\eta_{0\mathrm{I}}$，$\eta_{\mathrm{I}\mathrm{II}}$，$\eta_{\mathrm{II}\mathrm{W}}$——依次为电动机 0 轴与Ⅰ轴，Ⅰ、Ⅱ轴，Ⅱ、W 轴间的传动效率。W 轴为工作机输入轴。

14.3.3.2 各轴转速的计算

$$n_0 = n_{\mathrm{m}}$$

$$n_{\mathrm{I}} = \frac{n_{\mathrm{m}}}{i_{0\mathrm{I}}}$$

$$n_{\mathrm{II}} = \frac{n_{\mathrm{I}}}{i_{\mathrm{I}\mathrm{II}}}$$

$$n_{\mathrm{W}} = n_{\mathrm{II}}$$

式中　n_{m}——电动机满载转速，r/min；

$i_{0\mathrm{I}}$——电动机至Ⅰ轴的传动比；

$i_{\mathrm{I}\mathrm{II}}$——Ⅰ轴至Ⅱ轴的传动比。

14.3.3.3 各轴输入转矩的计算

$$T_0 = 9550 \frac{P_{\mathrm{d}}}{n_{\mathrm{m}}} \quad (\mathrm{N \cdot m})$$

$$T_{\mathrm{I}} = 9550 \frac{P_{\mathrm{I}}}{n_{\mathrm{I}}} \quad (\mathrm{N \cdot m})$$

$$T_{\mathrm{II}} = 9550 \frac{P_{\mathrm{II}}}{n_{\mathrm{II}}} \quad (\mathrm{N \cdot m})$$

$$T_{\mathrm{W}} = 9550 \frac{P_{\mathrm{W}}}{n_{\mathrm{W}}} \quad (\mathrm{N \cdot m})$$

详细过程见绪论中案例。

14.4　带传动设计

普通 V 带传动设计的主要内容是：确定 V 带型号、长度和根数，带轮的材料和结构、尺寸，传动中心距及轴上压力的大小和方向，并验算实际传动比。

详细设计过程见第 8 章中例 8-1。

14.5　齿轮的设计计算

软齿面闭式齿轮传动齿面接触疲劳强度较低，可先按齿面接触疲劳强度条件进行设计，确定中心距或小齿轮分度圆直径后，选择齿数和模数，然后校核齿根弯曲疲劳强度。硬齿面闭式齿轮传动的承载能力主要取决于齿根弯曲疲劳强度，常按齿要弯曲疲劳强度进行设计，然后校核齿面接触疲劳强度。具体方法和步骤可参考教材第 6 章中例 6-2。

14.6　轴的设计计算

对于外伸轴，一般是初步估算轴的外伸端直径；对于非外伸轴，初算直径为安装传动件处的直径。

详细设计过程见第 11 章中例 11-1。

14.7　轴承的选择及校核

工程中绝大多数常用的中小型减速器均采用滚动轴承作支撑，只有在重型减速器中，才采用滑动轴承。减速器工作的可靠性，在很大的程度上取决于轴承组合设计是否合理，轴承安装和维护是否正确。

滚动轴承组合设计包含两个方面的内容。

14.7.1　滚动轴承的选择

（1）选择轴承的类型；

（2）选择轴承的尺寸（轴承型号）；

（3）选择轴承的精度等级。

14.7.2　滚动轴承组合的结构设计

综合考虑轴承的固定、定位、间隙调整、拆装、支撑部位的刚度与同轴度、轴承配合、润滑和密封等问题。

详细设计过程见第 12 章中例 12-2。

14.8　键的选择及校核

选择键的类型及尺寸并校核其挤压强度，详细过程见第 13 章中例 13-2。

14.9　联轴器的选择

联轴器一般选用弹性联轴器，详细选择方法见第 13 章中联轴器的选择。

14.10　润滑方式的选择

详细选择方法见第6章。

14.11　箱体及附件设计

箱体结构可采用剖分式箱体，具体结构如图 14-2 所示。各尺寸计算见机械设计手册。

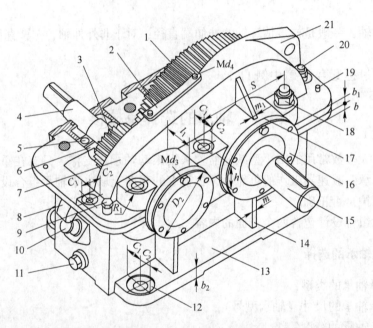

图 14-2　减速器箱体结构及附件

1—大齿轮；2—观察孔盖，通气器；3—小齿轮；4—高速轴；5—轴承；6—挡油环；

7—箱盖；8—吊钩；9—启盖螺钉；10—油标尺；11—油塞；12—地脚螺栓孔（Md_f）；13—箱座；

14—肋板；15—低速轴；16—轴承盖；17—调整垫片；18—轴承旁连接螺栓（Md_1）；

19—定位销；20—箱盖连接螺栓（Md_2）；21—吊耳

（1）观察孔和观察孔盖。为了能看到减速器箱体内传动零件的啮合处情况，以便检查齿面接触斑点和齿侧间隙，一般应在减速器上部开观察孔。另外，润滑油也由此注入箱体内，观察孔上有盖板，以防止污物进入箱体内和润滑油飞溅出来。

（2）放油螺塞。减速器底部应有放油孔，用于排出污油。

（3）油标。油标用来检查箱体内润滑油面高度，以保证有正常的油量。油标的种类结构较多，有些已定为标准件。

（4）通气器。减速器运转时，由于摩擦发热，使机体内温度升高，气压增大，导致润滑油从缝隙（如剖面、轴外伸处间隙）向外渗漏。所以多在机盖顶部或观察孔盖上安装通气器，使机体内热涨气体自由逸出，达到机体内外气压相等，提高机体有缝隙处的密封性能。

（5）启盖螺钉。机盖与机座接合面上常涂有水玻璃或密封胶，连接后接合较紧，不易分开。为便于取下机盖，在机盖凸缘上常装有 1~2 个启盖螺钉，在启盖时，可先拧动此螺钉顶起机盖。在轴承盖上也可以安装启盖螺钉，便于拆卸端盖。

（6）定位销。为了保证轴承座孔的安装精度，在机盖和机座用螺栓连接后，镗孔之前装上两个定位销，销孔位置尽量远些以保证定位精度。如机体结构是对称的，销孔位置不应对称布置，以免装反。

（7）调整垫片。调整垫片由多片很薄的软金属（铜片）制成，用以调整轴承间隙。有的垫片还要起传动零件轴向位置的定位作用。

（8）环首螺钉、吊环和吊钩。为了搬运或拆卸方便，在机盖上需装有起吊结构，一般可选用环首螺钉或铸出吊环或吊钩。为了搬运机座或整个减速器，一般在机座上铸出吊钩。应注意，机盖上的吊钩与机座上的吊钩用途不同。

（9）密封装置。在伸出轴与端盖之间有间隙，必须安装密封件，以防止漏油和污物进入机体内。密封件多为标准件，其密封效果相差很大，应根据具体情况选用。

14.12　绘制装配图与零件图

14.12.1　装配图的要求

（1）装配图可用 A0 或 A1 号图纸绘制，图纸幅面及图框格式应符合机械制图的标准。一般需选用三个视图布置形式，若减速器结构简单，也可用两个视图和附加必要的剖视图或局部视图来表达。

（2）标注尺寸包括特性尺寸、配合尺寸、安装尺寸和外形尺寸。

（3）编写技术要求。

（4）零件编号。

（5）绘制明细栏和标题栏。

14.12.2　零件图的要求

（1）标注尺寸及偏差。

（2）标注零件表面粗糙度。

（3）标注形位公差。

（4）编写技术要求。

（5）绘制标题栏。

14.12.3　装配图例

一级圆柱齿轮减速器，如图 14-3 所示。

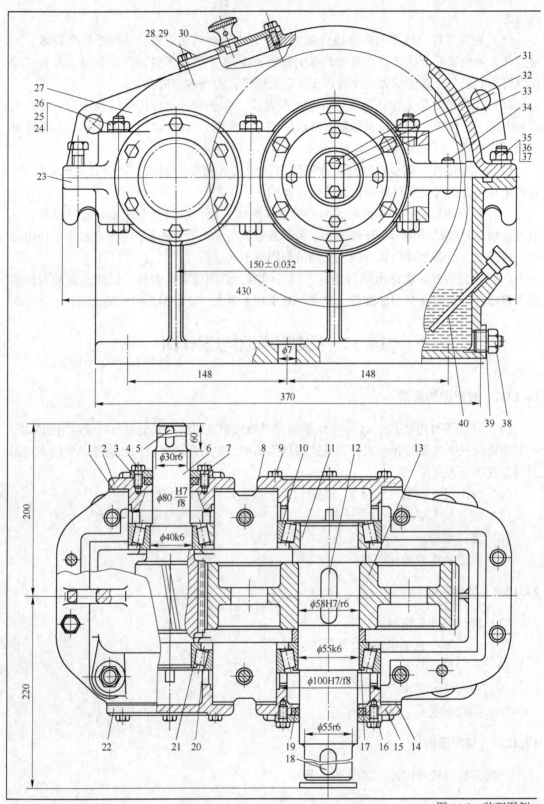

图 14-3 装配图例

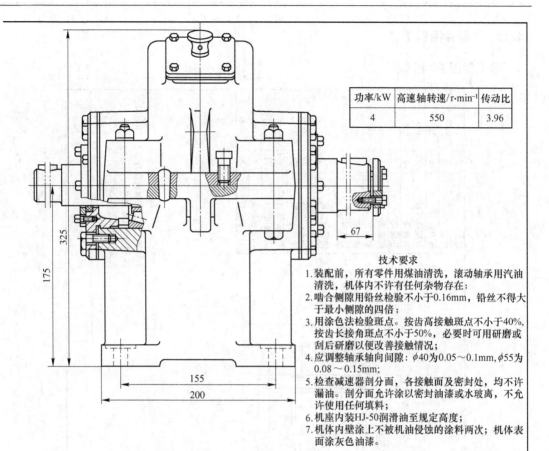

功率/kW	高速轴转速/r·min⁻¹	传动比
4	550	3.96

技术要求

1. 装配前，所有零件用煤油清洗，滚动轴承用汽油清洗，机体内不许有任何杂物存在，机体内不许有任何杂物存在；
2. 啮合侧隙用铅丝检验不小于0.16mm，铅丝不得大于最小侧隙的四倍；
3. 用涂色法检验斑点。按齿高接触斑点不小于40%，按齿长接角斑点不小于50%，必要时可用研磨或刮后研磨以便改善接触情况；
4. 应调整轴承轴向间隙：φ40为0.05～0.1mm，φ55为0.08～0.15mm；
5. 检查减速器剖分面，各接触面及密封处，均不许漏油。剖分面允许涂以密封油漆或水玻离，不允许使用任何填料；
6. 机座内装HJ-50润滑油至规定高度；
7. 机体内壁涂上不被机油侵蚀的涂料两次；机体表面涂灰色油漆。

40	油标尺M12	1		组合件		22	毡封油圈	1	半粗羊毡	JB/ZQ 4606—1986
39	垫片	1	半粗羊毛毡			21	键14×56	1	45	GB/T 1096—2003
38	螺塞M14×1.5	1	Q235	GB/T 5782—1990		20	定距环	1	A3	
40	垫圈	2	65Mn	GB/T 93—1987		19	密封盖	1	A3	
39	螺母M10	2	Q235	GB/T 6170—200		18	轴承端盖	1	HT150	
38	螺栓M10×35	3	Q235	GB/T 5782—2000		17	调整垫圈	2组	08F	成组
37	销B8×30	2	35	GB/T 117—2000		13	大齿轮	1	45	Mn=3, z=79
36	止动垫片	1	A2	GB/T 858—1988		12	键16×56	1	45	GB/T 1096—2003
35	轴承挡圈	1	Q235	GB 891—1986		11	轴	1	45	
34	螺钉M6×20	2	Q235	GB/T 170.1—2000		10	轴承7211E	2		GB/T 292—1994
33	通气器	1	Q235			9	螺栓M8×25	24	Q235	GB/T 5782—2000
32	窥视孔盖	1	Q235			8	轴承端盖	1	HT200	
31	毡封油圈	1	半粗羊毛毡			7	毡封油圈	1	半粗羊毛毡	
30	机盖	1	HT200			6	齿轮轴	1	35Cr	Mn=3, z=20
29	垫圈	6	65Mn	GB/T 93—1987		5	键8×50	1	45	GB/T 1096—2003
28	螺母M12	6	Q235	GB/T 6170—2000		4	螺钉M6×16	12	Q235	GB/T 170.1—2000
27	螺栓M12×98	6	Q235	GB/T 5782—2000		3	密封盖	1	A3	
26	机座	1	HT200			2	轴承端盖	1	HT200	
25	轴承端盖	1	HT150			1	调整垫圈	2组	08F	成组
24	轴承7208E	2		GB/T292—1994		序号	名称	数量	材料	备注
23	挡油环	2	Q235					(标题栏)		
序号	名称	数量	材料	备注						

（一级圆柱齿轮减速器）

14.12.4　零件图例Ⅰ

轴Ⅰ如图14-4所示。

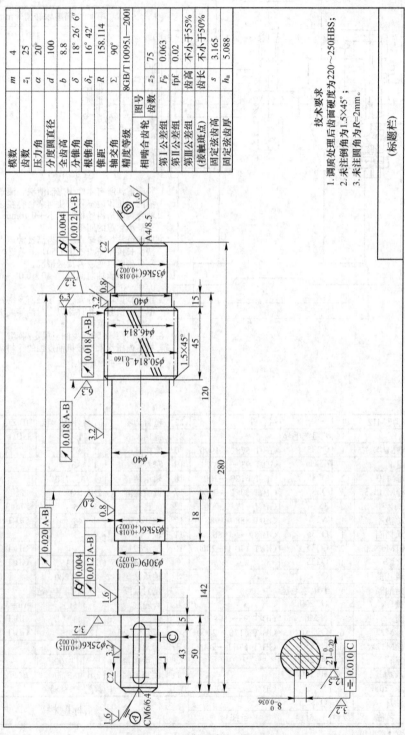

图 14-4　零件图例（轴Ⅰ）

模数	m	4
齿数	z_1	25
压力角	α	20°
分度圆直径	d	100
全齿高	b	8.8
分锥角	δ	18° 26′ 6″
根锥角	δ_r	16° 42′
锥距	R	158.114
轴交角	Σ	90°
精度等级		8GB/T 10095.1—2001
相啮合齿轮	图号	
	齿数	z_2	75
第Ⅰ公差组	F_p	0.063
第Ⅱ公差组	fpf	0.02
第Ⅲ公差组	齿高	不小于55%
（接触斑点）	齿长	不小于50%
固定弦齿高	s	3.165
固定弦齿厚	h_a	5.088

技术要求

1. 调质处理后齿面硬度为220～250HBS；
2. 未注倒角为1.5×45°；
3. 未注圆角为R=2mm。

（标题栏）

14.12.5　零件图例Ⅱ

轴Ⅱ如图 14-5 所示。

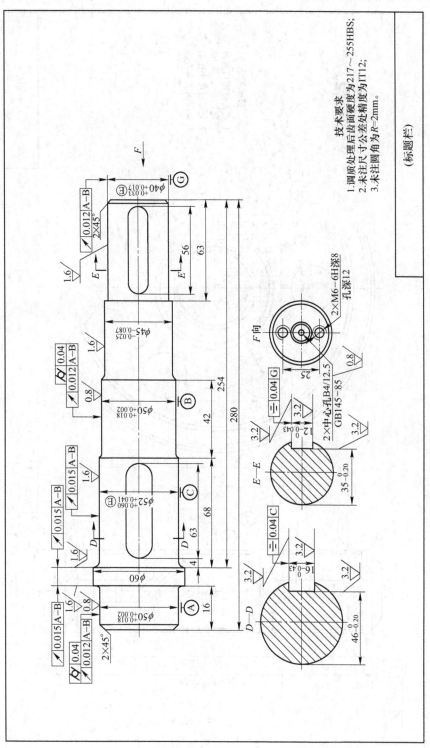

图 14-5　零件图例（轴Ⅱ）

14.12.6 齿轮零件图

齿轮零件图如图 14-6 所示。

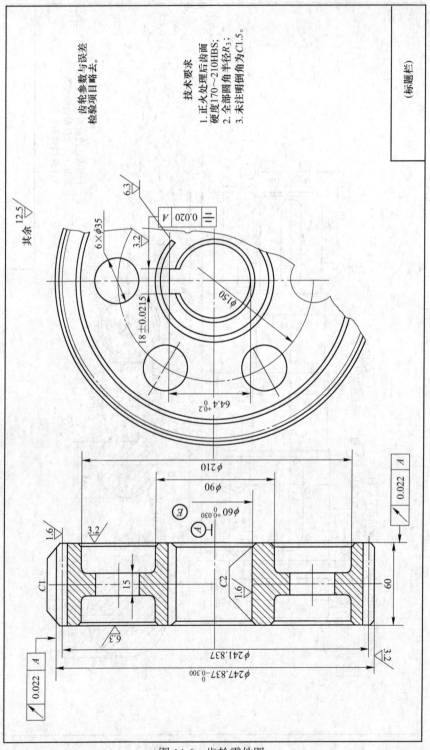

图 14-6 齿轮零件图

参 考 文 献

[1] 郭谆钦，金莹. 机械设计基础 [M]. 北京：中国海洋大学出版社，2011.

[2] 刘月花，郭谆钦. 机械设计基础 [M]. 长春：东北师范大学出版社，2010.

[3] 周志平，欧阳中和. 机械设计基础 [M]. 北京：冶金工业出版社，2008.

[4] 陈立德. 机械设计基础 [M]. 北京：高等教育出版社，2010.

[5] 杨可桢，程光蕴. 机械设计基础 [M]. 北京：高等教育出版社，2003.

[6] 郭红星，宋敏. 机械设计基础 [M]. 西安：西安电子科技大学出版社，2005.

[7] 徐春艳. 机械设计基础 [M]. 北京：北京理工大学出版社，2006.

[8] 何元庚. 机械原理与机械零件 [M]. 北京：高等教育出版社，1998.

[9] 李威. 机械设计基础 [M]. 北京：机械工业出版社，2009.

[10] 邓昭铭，王莹. 机械设计基础 [M]. 北京：高等教育出版社，2005.

[11] 吴宗泽. 机械设计师手册 [M]. 北京：机械工业出版社，2006.

[12] 李世维. 机械基础 [M]. 北京：高等教育出版社，2006.

[13] 陈霖，甘露萍. 机械设计基础 [M]. 北京：人民邮电出版社，2008.

[14] 吴联兴. 机械基础练习册 [M]. 北京：高等教育出版社，2006.

[15] 祖国庆. 机械基础 [M]. 北京：中国铁道出版社，2008.

[16] 李敏. 机械设计与应用 [M]. 北京：机械工业出版社，2010.

[17] 陈立德. 机械设计基础课程设计指导书 [M]. 北京：高等教育出版社，2004.

[18] 彭宇辉，杨红. 机械设计基础课程设计指导与简明手册 [M]. 长沙：中南大学出版社，2009.

冶金工业出版社部分图书推荐

书　名	作者	定价(元)
现代企业管理（第2版）（高职高专教材）	李　鹰	42.00
Pro/Engineer Wildfire 4.0（中文版）钣金设计与焊接设计教程（高职高专教材）	王新江	40.00
Pro/Engineer Wildfire 4.0（中文版）钣金设计与焊接设计教程实训指导（高职高专教材）	王新江	25.00
应用心理学基础（高职高专教材）	许丽遐	40.00
建筑力学（高职高专教材）	王　铁	38.00
建筑CAD（高职高专教材）	田春德	28.00
冶金生产计算机控制（高职高专教材）	郭爱民	30.00
冶金过程检测与控制（第3版）（高职高专国规教材）	郭爱民	48.00
天车工培训教程（高职高专教材）	时彦林	33.00
工程图样识读与绘制（高职高专教材）	梁国高	42.00
工程图样识读与绘制习题集（高职高专教材）	梁国高	35.00
电机拖动与继电器控制技术（高职高专教材）	程龙泉	45.00
金属矿地下开采（第2版）（高职高专教材）	陈国山	48.00
磁电选矿技术（培训教材）	陈　斌	30.00
自动检测及过程控制实验实训指导（高职高专教材）	张国勤	28.00
轧钢机械设备维护（高职高专教材）	袁建路	45.00
矿山地质（第2版）（高职高专教材）	包丽娜	39.00
地下采矿设计项目化教程（高职高专教材）	陈国山	45.00
矿井通风与防尘（第2版）（高职高专教材）	陈国山	36.00
单片机应用技术（高职高专教材）	程龙泉	45.00
焊接技能实训（高职高专教材）	任晓光	39.00
冶炼基础知识（高职高专教材）	王火清	40.00
高等数学简明教程（高职高专教材）	张永涛	36.00
管理学原理与实务（高职高专教材）	段学红	39.00
PLC编程与应用技术（高职高专教材）	程龙泉	48.00
变频器安装、调试与维护（高职高专教材）	满海波	36.00
连铸生产操作与控制（高职高专教材）	于万松	42.00
小棒材连轧生产实训（高职高专教材）	陈　涛	38.00
自动检测与仪表（本科教材）	刘玉长	38.00
电工与电子技术（第2版）（本科教材）	荣西林	49.00
计算机应用技术项目教程（本科教材）	时　魏	43.00
FORGE塑性成型有限元模拟教程（本科教材）	黄东男	32.00
自动检测和过程控制（第4版）（本科国规教材）	刘玉长	50.00